浙江伦理学论坛 Ⅲ

ZHEJIANG ETHICS FORUM Ⅲ

主　编　陈寿灿
副主编　郑根成

U1001537

浙江工商大学出版社
ZHEJIANG GONGSHANG UNIVERSITY PRESS

图书在版编目(CIP)数据

浙江伦理学论坛. Ⅲ / 陈寿灿主编. —杭州 ：浙江工商大学出版社，2016.11
ISBN 978-7-5178-1903-5

Ⅰ. ①浙… Ⅱ. ①陈… Ⅲ. ①伦理学－文集 Ⅳ. ①B82-53

中国版本图书馆 CIP 数据核字(2016)第 266112 号

浙江伦理学论坛Ⅲ
主编 陈寿灿　副主编 郑根成

责任编辑　沈明珠　任晓燕
责任校对　郑梅珍
封面设计　林朦朦
责任印制　包建辉
出版发行　浙江工商大学出版社
(杭州市教工路 198 号　邮政编码 310012)
(E-mail：zjgsupress@163.com)
(网址：http://www.zjgsupress.com)
电话：0571-88904980，88831806(传真)
排　　版　杭州朝曦图文设计有限公司
印　　刷　杭州五象印务有限公司
开　　本　710mm×1000mm　1/16
印　　张　18.75
字　　数　325 千
版 印 次　2016 年 11 月第 1 版　2016 年 11 月第 1 次印刷
书　　号　ISBN 978-7-5178-1903-5
定　　价　49.00 元

版权所有　翻印必究　印装差错　负责调换

浙江工商大学出版社营销部邮购电话　0571-88904970

序

伦理学以道德为研究对象，但这绝不意味着伦理学只研究关于道德的理论而不涉及其他。事实上，当伦理学家们说“伦理学以道德为研究对象”时，伦理学家们所要表达的意思是：其一，伦理学以道德为唯一的研究对象，这是使得伦理学区别于其他所有学科的独有规定性；其二，伦理学研究道德的全部内容，既包括关于道德的理论，也包括生活的道德实践，在这里，伦理学从来都是一个与道德生活实践有着高度同一性的概念；其三，道德是人的道德，只有“人”及其活动才具有道德属性。故伦理研究从来就是人对自身及其自身活动的“自研究”，是人对自身生活的自主反思与建构。正因为这样，伦理理念就不只是从“人应该做什么”“人何以为人”这些命题中引申出伦理、道德规范，而更要将这些命题与“专业的伦理学问题”“现实的伦理生活”结合起来探究，以“伦理学”的方式把握“存在”，以助益人们正视现实道德生活的丰富性、多样性、复杂性以及新的挑战性，尝试以哲学·伦理学的方式理解、回应、解释并重塑我们的道德观念和行为方式。

当下时代，我们所面临的道德事实是：在某种意义上，道德生活世界已然呈现出前所未有的碎片化困局。阿伦特的“传统的断裂”“权威的丧失”与“超越的不可能”等对现代社会的预言已经成为显明的现实，这不能不引起人们的反思。毫无疑问，这一现实也提出了当代伦理学研究的基本方向与使命，即伦理学研究应至少解决以下三个基本问题：其一，如何使人类在价值的多元中避免走向虚无主义；其二，如何探索共同体之中人的“好生活”；其三，如何在文化兴国、建设浙江文化强省与道德高地等实务中有所担纲。

浙江历史悠久，钟灵毓秀，伦理思想丰硕。汉代王充引领了当时的批判性思想，并在某种意义上开创了浙江文化“重现世、致功用”的学风；有宋一代，浙江伦理思想逐成江南最具盛势之力量，朱熹、陈亮、叶适等人的思想交相辉映，他们每个人都在承望的意义上建构了自己的伦理思想，在中国伦理学思想史上有着极其重要的地位；更为重要的是，他们在各自思想建构中的交互激昂更是铸就了中国伦理思想史上最灿烂的文化景观；明以降至近代，浙江伦理思想不仅光耀中华，更是引领了有明以来中国社会的启蒙、改革与救亡的先声：王阳明、黄宗羲、章学诚、龚自珍等都在自身伦理思想的建构中化身为浙江学术与中国实践的先行者。我们可以毫不夸张地说，在传统中国文化史中，浙江伦理学始终是中国传统伦理思想的主流力量之一。然而，新中国成立以来，浙江伦理学的发展却明显缺失了那种独有的锐利与魅力，与其经济发展、法治建设等领域的强势相比，浙江伦理学的发展却呈极不协调的后发态势。当代意义上的浙江伦理学的发展则要追溯至20世纪70年代末，这一发展伴随着反思“文革”和改革开放的进程而展开。不容否认的是，在30余年的发展中，浙江伦理学研究面向伦理实践，关注伦理思想的传承、社会主义道德建设、市场经济中的道德问题等，在元伦理学、伦理思想史和应用伦理学方面均获得了理论突破。然而，就全国范围来看，浙江伦理学界的话语仍相对较弱，特别是与北京、上海、江苏、湖南等伦理强省（市）相比，浙江伦理学界在学科建设、伦理研究、实践参与等方面尚有太多的欠缺。如何在研究队伍建设、学术研究的视野、内容、方法等方面致力革新，以及如何实现伦理研究自身化茧的同时实现伦理研究与本土经济、文化建设的互促互进已经成为浙江伦理学研究者所面临的重大而急迫的理论与实践任务。这一任务当然不是任何某一个人或任何某一个团体能在短时期内可以完成的，它需要浙江伦理学界长期的共同努力。值得振奋的是，在全国伦理学界前辈们的关怀与支持下，浙江伦理学人正振作了精神，勉力前行，且果累枝头。

基于是，浙江省伦理学会拟自2013年起，每年推出一部《浙江伦理学论坛》，其初衷有三：其一，以文字记录浙江伦理学的发展。在记录中呈现、反思伦理学者、学术、学科与时代之间的关联，旨在努力实现思想传播、理论创新与伦理践行的融合，以一个开放式的结构呈现浙江伦理学研究近况。主要围绕着伦理学基础理论研究、中西伦理思想史研究、应用伦理学前沿、社会热点问题探析、社会主义道德建设与浙江实践、伦理学与大学生德育、研究生论坛、新著简介、浙江伦理学研究年度综述、浙江伦理学名家访谈、浙江伦理学研究团队推介等设计、规划论坛主题，并不断探索浙江伦理学研究的新问题、新动向，完善论坛的内容，增强学术的丰富性。其二，构建一个学术交流的平台。《浙江伦理学论坛》拟动态呈现浙江伦理学研究的发展状况，本集作品多为浙江伦理学青年才俊之作，并不代表浙江伦理学的全部学者与实际水准，作品的集中更多的是旨在展现当代浙江伦理学人的伦理思考，并借名家访谈、浙江伦理学年度综述、学术团体推介等各类栏目增进浙江伦理学研究者间的相互了解；论坛的深层初衷实乃期待学人能在动态呈现中把握既有研究的不足，在批评与反思中确立新的研究方向与方法的逻辑起点。其三，助力浙江文化强省、道德高地建设。理论研究固然当执守其自身的逻辑进路与学术品格，但这一理论同时也意味着理论研究须能为现实提供合理解释与有效解决的思路借鉴与决策参考。在这个意义上，浙江伦理研究者的作为则在于为浙江经济、文化发展中的道德问题做合理解释，并为其有效解决提供决策参考，同时，亦须为现实道德建设提供理论支撑与方向指导。

是为序。

陈寿灿

2016 年 3 月

目 录

生态伦理思想研究

中西伦理思想史研究

伦理学前沿与热点

研究生论坛

◆生态伦理思想研究

历史唯物主义视域下的“两山”重要思想意义建构

陈寿灿[①]　于希勇[②]

【摘　要】习近平的生态文明建设思想，深刻阐述了“绿水青山”与“金山银山”的辩证关系，从而形成了富有时代特色的“两山”重要思想。“两山”重要思想既坚持了历史唯物主义，又在历史唯物主义中增添了新论断，创造了新理念，开辟了新境界。习近平的“两山”重要思想纳入中国特色社会主义理论体系之中，并转化为中国特色社会主义实践之路，这在浙江也有着生动体现。

【关键词】习近平；“两山”重要思想；历史唯物主义

“两山”，即“绿水青山”与“金山银山”；“两山”重要思想，即习近平总书记立足中国特色社会主义实践，围绕“绿水青山就是金山银山”的重要论断形成的生态文明建设重要思想的简称。“两山”重要思想的理论创造，丰富了历史唯物主义的理论宝库。习近平总书记非常重视历史唯物主义，他讲道：只有坚持历史唯物主义，我们才能不断把对中国特色社会主义规律的认识提高到新的水平，不断

---

① 陈寿灿，浙江工商大学教授，主要从事法治伦理研究。
② 于希勇，浙江工商大学马克思主义学院讲师，主要从事马克思主义伦理学研究。

开辟当代马克思主义发展的新境界。“两山”重要思想既坚持了历史唯物主义，又在历史唯物主义中增添了新论断，创造了新理念，开辟了新境界。

一、“两山”重要思想在历史唯物主义中增添了新论断

(一)在人化自然与自然人化思想中增添了新论断

习总书记说:“我们既要绿水青山，也要金山银山。宁要绿水青山，不要金山银山。而且绿水青山就是金山银山。”这个论断，是“两山”重要思想的集中体现；这个论断，在人化自然与自然人化思想中增添了新论断。

在人类历史的辩证发展过程中，如何处理人与自然的关系始终是一个重大课题。马克思、恩格斯在《德意志意识形态》中指出:“历史的每一阶段都遇到有一定的物质结果、一定数量的生产力总和，人和自然以及人与人之间在历史上形成的关系，都遇到有前一代传给后一代的大量生产力、资金和环境，尽管一方面这些生产力、资金和环境为新的一代所改变，但另一方面，它们也预先规定新的一代的生活条件，使它得到一定的发展和具有特殊的性质。由此可见，这种观点表明:人创造环境，同样环境也创造人。”[①]人类社会的历史是人与自然交互作用、相互制约的历史，是人化自然与自然人化的辩证发展史。人化自然表现为客观自然界不断进入人的活动的过程，亦即人的对象性活动在客观世界的展开过程。由于人的对象性活动，使得越来越多的天然生态系统变为人工生态系统的过程。自然人化包含外在自然和内在自然，前者是指客体世界为人所认识，而成为人类主体的工作对象；后者是指人类主体的理性世界，通过实践而从客体世界获得审美情感和审美体验。

在人类社会的发展过程中，人化自然与自然人化是辩证统一的。一方面，人类的本质力量越来越在自然界中对象化；另一方面，自然界的力量、原生态的魅力越来越影响到人类内心世界的构成。在人与自然与时偕行的进程中，要在合规律性的同时合目的性，就必须达致“人化自然”与“自然人化”之间整体性平衡。“绿水青山就是金山银山”的新论断，就是在对于人与自然关系的整体性思维中更加欣赏原生态的魅力、更加承认审美体验、更加强调“化入自然中”。

(二)在自然辩证法思想中增添了新论断

“两山”重要思想以“绿水青山就是金山银山”的论断为核心命题，是一系列

① [德]马克思、恩格斯:《马克思恩格斯选集》(第1卷)，人民出版社1995年版，第92页。

精辟论断的生动组合。其中,包含着对“只要金山银山,不要绿水青山”行为的批判,包含着对“既要金山银山,又要绿水青山”的向往,也包含着“宁要绿水青山,不要金山银山”的决断。习总书记从“绿水青山”与“金山银山”的矛盾关系内部,洞察到对立统一规律。“绿水青山就是金山银山”,这个论断中肯定前者就是承认后者,从而在自然辩证法思想中增添了精彩的新论断。

自然辩证法是研究“自然”(nature)的辩证法,也是研究“天道”(Nature)的辩证法。在人类历史上,如何寻找“天道”即人与自然关系的“平衡点”,经历了相当长的辩证发展过程。在此意义上,人化自然与自然人化的过程,同时也是文明自我否定过程。在原始文明时期,有绿水青山,无金山银山;在农业文明时期,多绿水青山,少金山银山;在工业文明时期,多金山银山,少绿水青山。那么,根据历史与逻辑相统一的原则进行推演,接下来的文明必将是:既要绿水青山,也要金山银山。

然而,既要绿水青山,也要金山银山,是一对矛盾。人类社会要生存和发展,必须要改造自然——这也是自然辩证法的难解课题。然而,习总书记从“绿水青山”中发现了潜藏着的“金山银山”,这个新论断蕴含着大智慧、大觉解、大和解。

(三)在历史辩证法思想中增添了新论断

历史唯物主义将人与自然都理解为历史演进过程。如果从历史唯物主义角度审视唯物辩证法,辩证法就不再是“变戏法”。我们也不应把辩证法单独地抽取出来进行论述,不应把它与它的抽象的承担者——与人的目的活动相分离的物质或自然结合起来进行论述,而是把辩证法和它的真正的载体——人类的生存实践活动结合起来进行论述。如是,唯物辩证法变成了历史辩证法。

作如是观,人类生存实践互动经历了否定之否定并不断扬弃自身的辩证发展过程。从野蛮到文明,构成了人类不可抗拒的历史命运。在人类历史实践中渐次展开,经过了辩证扬弃的否定之否定的过程。马克思在《1844 年经济学哲学手稿》中写道:“正像一切自然物必须形成一样,人也有自己的形成过程即历史。”这段历史从古至今的演进,梳理如下——

表 1　人类演进过程

演进阶段	蛮荒时代	农业时代	工业时代
时代课题	生命危机	生存危机	生态危机
生存状态	打磨石器	种地打鱼	办厂做工
文明表征	本色文明	黄色文明	黑色文明

续 表

演进阶段	蛮荒时代	农业时代	工业时代
两山关系	有绿水青山 无金山银山	多绿水青山 少金山银山	多金山银山 少绿水青山
人类命运	艰难地生存	辛勤地劳作	拼命地赚钱

在当代，文明正在向后工业时代演进。我们逐步摆脱了“生命危机”“生存危机”，我们需要摆脱“生态危机”，也正面临着“存在危机”。因此，我们应该建设“绿色文明”，为“精神觉醒”的生存状态创设前提。由此，守住绿水青山，创造金山银水，成为合乎文明历史与逻辑演进的必然。在此意义上，“绿水青山就是金山银山”之所以是新论断，就是在历史辩证法中融入了命运关切、内心觉醒。

二、“两山”重要思想创造了历史唯物主义的新理念

（一）“两山”重要思想在历史唯物主义中融合了中国传统生态文明理念

从历史与文化的角度来看，中华文明是我们共同的家园。在农业时代，中华文化实践传统中蕴藏着“天人合一”为主导的生存智慧。例如，“儒家生态伦理学思想作为儒家在理解和处理人与自然关系问题上的立场、观点和方法的有机统一，是以‘仁’为核心，以‘亲亲’为基础，以‘爱物’为指向，以‘亲亲而仁民，仁民而爱物’为思想进路和关系原理的生态伦理学人文主义的思想体系”①。

然而，传统文化中朴素的“人与自然和谐相处”思想，建立在农业生产方式基础之上。这种“和谐”不时地被天灾人祸所打破，“其兴也勃焉，其亡也忽焉”的历史周期律在王朝的轮回中一次次自我复制。但是，“历史不过是追求着自己目的的人的活动而已”。中国历史遵循了历史唯物主义的基本原理，实现了近现代的生产方式变革。

中国历史演进到当代，已经步入了社会三义生产方式。“两山”重要思想站在新的生产方式的高度，在与传统文化的生态智慧的对接中，创造出历史唯物主义的新理念：“绿水青山”不仅是“小写的自然”（nature），更是“大写的自然”

① 余卫国：《儒家生态伦理思想的核心价值和出场路径》，载《西南民族大学学报》（人文社会科学版）2014年第2期。

(Nature),是人生要符合人性、人道要合乎天道的自然——“是以自天佑之,吉无不利”。

(二)“两山”重要思想在历史唯物主义中融入了现代生态文明理念

习总书记说:“环境治理是一个系统工程,必须作为重大民生实事抓在手上。要按照系统工程的思路,抓好生态文明建设重点任务的落实,切实把能源资源保障好,把环境污染治理好,把生态环境建设好,为人民群众创造良好生产生活环境。”将良好的生态环境视为最惠普的民生福祉,是将人与自然视为一荣俱荣、一损俱损的命运共同体,是在将现代生态文明理念融入历史唯物主义之中。如是,创造出历史唯物主义的新理念。

历史唯物主义本来就承认自然、大地、山水等物质资源的价值。马克思在《政治经济学批判》(1857 年)中指出:“土地是一个大实验场,是一个武库,既提供劳动资料,又提供劳动材料,还提供共同体居住的地方,即共同体的基础。”① 马克思认为:历史是人的真正的自然史。恩格斯在《自然辩证法》中说,“我们不要过分陶醉于我们对自然界的胜利。对于每一次这样的胜利,自然界都报复了我们。每一次胜利,在第一步都确实取得了我们预期的结果,但是在第二步和第三步却有了完全不同的、出乎预料的影响,常常把第一个结果又取消了……我们统治自然界,决不象征服者统治异民族一样,决不象站在自然界以外的人一样,——相反地,我们连同我们的肉、血和头脑都是属于自然界,存在于自然界的;我们对自然界的整个统治,是在于我们比其他一切动物强,能够认识和正确运用自然规律。”②

在相当长的历史时期中,西方文明囿于人类中心主义,人与自然的关系并不对等。从亚里士多德到罗尔斯,虽然在正义理论上卓有建树,但他们对正义的考量并没有将自然纳入。罗尔斯将正义理论奠基于自由平等的理性主体,自然并没有资格成为这样的“主体”。即便作为罗尔斯的反对者麦金太尔,虽然发出了“谁之正义? 何种合理性?”的追问,但仍然搁置了对自然界生灵的关照。维特根斯坦曾言:“动物”之所以为“动物”,在于其被称为“动物”,一如人类。这个思想被麦金太尔进一步发挥,在其晚近著作《依赖性的理性动物》(*Dependent Rational Animals*)中得到了深入阐释。麦金太尔超脱了西方“人类中心主义”,提出必需从动物性中反观人类自身,承认人的脆弱性、依赖性与动物性。在承认

---

① [德]马克思、恩格斯:《马克思恩格斯全集》(第 30 卷),人民出版社 1995 年版,第 466 页。

② [德]马克思、恩格斯:《马克思恩格斯选集》(第 4 卷),人民出版社 1995 年版,第 383 页。

依赖性的基础上，建构“给予与接受社会关系网络”，从而满足共同体成员需要，并将通达“共同善”(common good)、获取“共同善物”(common goods)作为价值理想。麦金太尔对“依赖性的理性动物”的论述，融合了亚里士多德主义与托马斯主义，借鉴了动物学、女性主义、存在主义、结构主义、语言哲学、交往行为理论以及后现代主义等思想，不仅丰富与发展了德性伦理学，也扬弃了“主体性哲学”与“人类中心主义”。①

现代西方生态伦理学发展为系统化的生态伦理学理论：从“大地伦理学”到“深层生态学”，从马克思主义生态学到生态学马克思主义，从环保行动到“绿党”，西方的生态伦理理论转化为实践。环境（生态）伦理思想方法可以概括为：“道德扩展的思维和论证方式，其基本观念是，道德应包含人与大自然的关系，伦理学应从只关心人扩展到关心动物、植物、大地，甚至一般意义上的大自然或环境。”②西方环境伦理学的代表人物、被誉为“环境伦理学之父”的罗尔斯顿认为：“人类是一个有道德的物种，是地球上的道德监护人。人类应当从道德上关心其他物种，欣赏并尊重自然的内在价值。环境伦理学是最具有利他主义的伦理学，它真正地热爱他者，并把人类残存的私我提升为地球中的环境利他主义者。作为成熟的公民，我们每个人都应把这种环境伦理应用于自己的生存环境，从而诗意地栖居于地球。”③诺贝尔和平奖获得者阿尔贝特·施韦泽提出“敬畏生命”伦理思想。也有学者基于此提出“后敬畏生命观”：从敬畏一切生命体的生命，尤其是人的生命的高度来强调环境保护和环境支持，“人们在处理一切与生命体相关联的关系，即人与人、人与社会、人与自然的关系过程中持有的以敬重生命、珍惜生命、关爱生命为价值评判原则的基本立场、观点和方法。这一全新的生命价值观强调生命至高无上性，敬畏一切生命体生命，提倡人的生命优先性，引领人们关爱自然、关爱人类、关爱社会，树立生态和谐观、社会和谐观和文化和谐观”④。从英国哲学家 A. 利奥波德(Aldo Leopold)的“大地伦理”到挪威哲学家阿伦·奈斯(Arne Naess)的“深层生态学”，再到美国哲学家克里考特(J. Baird Callicott)的“两条二阶原则”(Two Second-Order Principles，简写为 SOP)，西方的生态伦理学日渐丰富并成体系。譬如，深层生态学批评了支撑现

① Alasdair Maicntyre：*Dependent Rational Animals*，Carus Publishing Company，2002.

② 李晔、苗青：《环境伦理学的理论方法、思想基础与论证逻辑》，载《吉首大学学报》(社会科学版)2007 年第 9 期。

③ 杨通进编：《生态十二讲》，天津人民出版社 2008 年版，第 310 页。

④ 夏东民、陆树程：《后敬畏生命观及其当代价值》，载《江苏社会科学》2009 年第 5 期。

代工业社会占统治地位的个体主义和还原论，赞同一种"形而上学的整体主义"："人基本上是其环境的一部分，他与其环境密不可分。人是由他与环境中的其他部分的联系造就的。在某种重要的意义上，环境决定着人的存在和人的本性，如果在人与人之间、人与自然之间不存在某种特定的关系，那么，人的存在将肯定是另外一种样子。"[①]也有国内外学者试图站在跨文化的视野，以"大自然/生态/环境"为主体开展更高层面的对话——"以人与其它形式的生命及共同身处的环境（或简单地说人与自然）的关系为主题的神学论述，可统称之为生态神学（ecological theology）"[②]。

可见，现代生态文明理念追求人与自然的全面和谐，强调在普遍平等的基础上实现人与自然的共存共荣、共生和谐。

"两山"重要思想立足中国特色社会主义实践，同时将现代生态文明理念融入历史唯物主义，从而将历史唯物主义立足于坚实的大地：在广袤的大地上实现生产力的发展与人的发展的统一，通过生产力发展彰显人的力量，在"人的本质力量对象化"的过程中实现人与自然的和谐与统一，实现人类共同体的持续繁衍生息与诗意栖居。如是，"两山"重要思想为历史唯物主义增添了"绿色"的浓墨重彩。

（三）"两山"重要思想内蕴着"美丽中国"实践的理念

习近平总书记指出，要把生态文明建设放在突出地位，融入经济建设、政治建设、文化建设、社会建设各方面和全过程，努力建设美丽中国，实现中华民族永续发展。"美丽中国"的"美丽"，体现在"绿水青山"和"金山银山"的交相辉映，体现在物质文明与精神文明的和谐变奏。"建设美丽中国"，就是通过生态文明建设，融入带动经济发展、政治文明、文化繁荣以及社会和谐——这是极具生存论智慧而又落实到实践的全新理念。

实践是历史唯物主义的基本概念，历史唯物主义高度重视实践活动。"绿水青山"与"金山银山"，在形式逻辑上是不能直接画等号的。但是在实践逻辑上，是可以画等号的——前提是正在从事实践活动。"两山"重要思想立足中国特色社会主义实践，在根本上超越了西方生态文明思想以及生态学马克思主义。"两山"重要思想一方面继承了西方各种生态学说环境理论的合理因素（如库兹涅茨

① 何怀宏主编：《生态伦理——精神资源与哲学基础》，河北大学出版社 2002 年版，第 507-508 页。

② 赖品超、林宏星：《人类中心主义与生态中心主义——生态神学与儒耶对话》，载《儒耶对话与生态关怀》，宗教文化出版社 2006 年版，第 85 页。

环境曲线等理论），另一方面通过中国特色社会主义实践活动破解了经济发展和环境保护这一“两难”选择，从而阐明：只有从传统现代化向绿色现代化转型，只有走出中国式现代化之路，才是符合中国和平发展要求的正确选择。

综上，“两山”重要思想在中西生态文明思想互释中挺立，以中国化的语言方式和生存智慧，创造性地表达了“生态兴则文明兴，生态衰则文明衰”的发展逻辑，“美丽中国”是在实践中既坚持又发展了历史唯物主义，为马克思主义中国化的实践增添了崭新文明理念。

三、“两山”重要思想开启了历史唯物主义的新境界

（一）“两山”重要思想开启了历史唯物主义经济生态化与生态经济化的统一之境

经济生态化与生态经济化是辩证关系。这种矛盾关系不难在思想中克服，但是只能在历史实践中才能真正加以解决。“两山”重要思想具有世界历史视野，依托在历史实践中渐次展开的辩证逻辑。根据辩证法思想，可对“绿水青山”与“金山银山”的关系诠释如下：

肯定：虽有绿水青山，没有金山银山；

否定：只要金山银山，不要绿水青山；

否定之否定：既要绿水青山，也要金山银山；

再否定：宁要绿水青山，不要金山银山；

最终肯定：绿水青山就是金山银山。

在第一阶段是原始的、自发的生态文明阶段，这个阶段有生态，但是处在短缺经济时代。在此阶段，是多“绿水青山”、少“金山银山”，因为人类改造自然能力有限。第二阶段是用“绿水青山”换“金山银山”，但是较少关注环境承载力。在此阶段，虽然告别了“短缺经济”走向了“消费经济”阶段，但是为了经济的发展忽视了生态文明。在第三阶段则是对前两个阶段的双重扬弃，意味着要实现经济生态化与生态经济化的和合建构。这个阶段是自觉意识到生态危机的阶段。所以，当开采“金山银山”与保护“绿水青山”发生冲突时，舍前者而取后者，是为“宁要绿水青山不要金山银山”。这个阶段也是自觉认识到“绿水青山”可以化为“金山银山”的阶段，所以种“常青树”就是栽下“摇钱树”，生态优势可以变成经济优势。

总之,“金山银山”,有良好的物质环境、充沛的物质财富以及富足的物质生活之意涵;“绿水青山”,有优良的生态环境、优质的生态产品以及优雅的生态生活之意蕴。由是,“绿水青山就是金山银山”的论断,蕴含着经济生态化与生态经济化的和合建构,物质与精神的相互促进,以及物质生活与精神生活的相辅相成——这呈现出历史唯物主义经济与生态相和合境界。

(二)“两山”重要思想赋予环境正义与环境审美的统一之境

习总书记说:“山水林田湖是一个生命共同体,人的命脉在田,田的命脉在水,水的命脉在山,山的命脉在土,土的命脉在树。”“人”与“山—水—林—田—湖”命脉相连、平等自由,这是多么精妙的环境正义思想,勾勒出多么富有中国画意蕴的“富春山居图”!

过去西方思想家并未将自然纳入正义的考量之中。因此,传统正义理论中正义与生态几无勾连,传统生态文明思想中也缺失正义关照。而现代生态文明思想注重环境正义,强调在人类和自然共存的背景下,人类的价值不应超越生态共同体的价值。因此,要实现环境权利保障与环境分配正义。在当代西方,已有学者依系罗尔斯等人的正义理论,提出环境正义论:“当人们的所欲超出他们所能够拥有时,包括环境正义这样一些议题在内的正义问题就产生出来。在这种至少有一部分人必须放弃他们想要的某些东西的情况下,立足正义原理的一个协议性的措施就具有了实际的必要性。没有协议,对稀缺物品的分配就可能取决于先到先得,人们可能会不择手段地获得他们想要的东西。每个人都将生活在暴力与危险之中。”①

正义是人类社会的首要美德,环境正义也应作如是观——“是人类面对人与自然关系的新变化所作出的制度安排与权利配置。坚持以伦理为基础,是环境权利保障与分配正义的实现,是种际正义、代内正义与代际正义的统一”②。恪守环境正义既是人类的生态美德,是人类在自然环境中的生命意味的体察,是在实践层面对环境美学主题的体现。正如美国新环境理论的创始者、“生态伦理之父”奥尔多·利奥波德在其所著的《沙乡年鉴》中指出:能有机会看到大雁要比看电视更为重要,能有机会看到一朵白头翁花就如同自由地谈话一样,是一种不可剥夺的权利。不仅如此,“两山”重要思想还赋予了历史唯物主义以审美意蕴,更加强调人与自然的“气息相通”——审美的视界在于环境正义与生态文明相统

① [美]彼得·S.温茨:《环境正义论》,朱丹琼、宋玉波译,上海人民出版社2007年版,第6页。
② 陈寿灿:《宪政伦理视野下的环境正义》,载《浙江工商大学学报》2013年第7期。

一。可见,“两山”重要思想阐扬了生态文明美的价值,注重人民大众的环境权利保障,彰显出环境正义与环境审美相统一的理论新境。

(三)“两山”重要思想开辟了生态文明理论与生态文明实践的统一之境

生态文明建设是理论,更是实践。认识真理永无止境,实践发展永无止境,理论创新永无止境。习总书记走遍中国,可谓读万卷书、行万里路、破万重关。正是在理论与实践的复合建构中,习总书记坚持、发展而又践行着历史唯物主义,从而开辟了历史唯物主义的新境界。习近平总书记说:“要正确处理好经济发展同生态环境保护的关系,牢固树立保护生态环境就是保护生产力、改善生态环境就是发展生产力的理念。”[①]习总书记说:要体现尊重自然、顺应自然、天人合一的理念,让城市融入大自然,让居民望得见山、看得见水、记得住乡愁;要融入现代元素,更要保护和弘扬传统优秀文化,延续城市历史文脉;在促进城乡一体化发展中,要注意保留村庄原始风貌,慎砍树、不填湖、少拆房,尽可能在原有村庄形态上改善居民生活条件。

历史唯物主义见物也见人、见物更见人。人生的意义世界不全然是功利的,还有超功利的一面。人生除了劳作,还需要终极关怀。人生劳作与关怀的合一,就是在对象性活动中确立文化自信、文化自觉。在此意义上,人都有挥不去的乡愁。乡愁是诗,是文化,是人的情结,是人的境界……乡愁既挥之不去,也不可避免,在实践意义上应该“重建”。“绿水青山”蕴含着生命的自然维度,“金山银山”蕴含着生命的社会维度。人类正是在自然维度与社会维度的张力中,不断扬弃原有的生存方式,辩证展开着自身的生存向度。“记得住乡愁”,就是人性的辩证回归,就是人类的历史回归,就是在思想感情上守望我们共有的家园,就是在实践活动中“诗意地栖居于大地”——这是历史唯物主义生态文明理论与生态文明实践的统一之境开启。

历史唯物主义认为人已经在变化的“现成世界”之中,人的一切感觉来自人化的自然界以及人化的社会(世界历史)。马克思在《1844年经济学哲学手稿》(笔记本Ⅲ)中做出论断:“不仅五官感觉,而且所谓精神感觉、实践感觉(意志、爱等等),一句话,人的感觉、感觉的人性,都只是由于它的对象的存在,由于人化的自然界,才产生出来的。五官感觉的形成是以往全部世界历史的产物。”“两山”

---

① 中共中央宣传部:《习近平总书记系列重要讲话读本》,学习出版社、人民出版社2014年版,第123页。

重要思想在理论与实践的复合建构中，将人的本质力量对象化视为不断跃升的历史过程，在当代展现为从工具理性向价值理性的提升过程，展现为人在自然审美中创造幸福感的过程，从而既坚持而又创造了历史唯物主义的新理念。在这个理念的指导下，我们必将达至“双重和解”：“社会化的人，联合起来的生产者，将合理地调节他们和自然之间的物质变换，把它置于他们的共同控制之下，而不让它作为盲目的力量来统治自己；靠消耗最小的力量，在最无愧于和最适合于他们的人类本性的条件下来进行这种物质变换。”①

四、结语：“两山”重要思想在浙江的萌芽、展开与实践

党的十八大以来，以习近平为总书记的党中央始终坚持把生态文明建设放在突出地位，融入经济建设、文化建设、社会建设各方面和全过程，努力建设美丽中国，实现中华民族永续发展，“两山”重要思想在全国范围内得以展现。2015年春，习近平总书记在视察浙江（舟山）时，又一次对经济发展与生态文明建设的科学辩证关系进行了突出强调。并提出进一步发挥浙江的生态优势，创建生态省，打造“绿色浙江”——“两山”重要思想又回到了“故乡”。

浙江江流曲折，山川秀美，化育出了河姆渡文化、马家浜文化与良渚文化，造就了吴越文化、江南文化与山水江南。我们有天籁西溪，我们有风雅钱塘，我们有如诗如画的富春江……浙江践行“两山”重要思想有着鲜活的生态优势。从历史发展过程来看，在农业时代，浙江是“丝绸之乡”“鱼米之乡”“书法之乡”；在工业时代，浙江是“轻纺之乡”“五金之乡”“电器之乡”。作为率先发展的省份，浙江崭露出“后工业时代”的曙光，理应成为生态文明建设的“领头羊”。当前，浙江正走向“知识之乡”“服务之乡”“生态之乡”，我们理应保持对“先污染、后治理”的警惕性，合力推进“五水共治”“五气共治”。在全面建成小康社会的历史新时期，浙江要守得住前辈留给我们的“金山银山”，保护好上天赐给我们的“绿水青山”；我们要走向全面建成小康社会的“康庄大道”，也要走向青山绿水之间的“乡间小道”。

现实世界是生命发展历程的外化，人类的自我觉解要经历一条“螺旋式”上升的道路。黑格尔在《小逻辑》中，对生命从“潜在的族类”到“自由的族类”进行过推演：“生命的理念不仅必须从任何一个特殊的直接的个体性里解放出来，而

---

① ［德］马克思、恩格斯：《马克思恩格斯文集》（第7卷），人民出版社2009年版，第928—929页。

且必须从这个最初的一般的直接性里解放出来。这样,它才能够达到它的自己本身,它的真理性。从而,它就能进到作为自由的族类为自己本身而实存。”①让我们以“一张蓝图绘到底”的担当精神,化“绿水青山”为“金山银山”,一道成为“自由的族类”!

参考文献

[1] MAICNTYRE A. Dependent Rational Animals [M]. Illinois: Carus Publishing Company, 2002.

[2] 何怀宏. 生态伦理——精神资源与哲学基础[M]. 保定:河北大学出版社,2002。

[3] 李晔,苗青. 环境伦理学的理论方法、思想基础与论证逻辑[J]. 吉首大学学报(社会科学版),2007(9).

[4] 杨通进. 生态十二讲[M]. 天津:天津人民出版社,2008.

[5] 夏东民,陆树程. 后敬畏生命观及其当代价值[J]. 江苏社会科学,2009 (5).

[6] 赖品超,林宏星. 人类中心主义与生态中心主义——生态神学与儒耶对话[M]//赖品超,林宏星. 儒耶对话与生态关怀. 北京:宗教文化出版社,2006 .

[7] 马克思,恩格斯. 马克思恩格斯选集:第 1 卷[M]. 北京:人民出版社,1995.

[8] 马克思,恩格斯. 马克思恩格斯选集:第 4 卷[M]. 北京:人民出版社,1995.

[9] 彼得·S. 温茨. 环境正义论[M]. 朱丹琼,宋玉波,译. 上海:上海人民出版社,2007.

[10] 中共中央宣传部. 习近平总书记系列重要讲话读本[M]. 北京:学习出版社,人民出版社,2014.

[11] 余卫国. 儒家生态伦理思想的核心价值和出场路径[J]. 西南民族大学学报(人文社会科学版),2014 (2).

[12] 陈寿灿. 宪政伦理视野下的环境正义[J]. 浙江工商大学学报,2013(7).

[13] 黑格尔. 小逻辑[M]. 贺麟,译. 北京:商务印书馆,1980.

[14] 马克思,恩格斯. 马克思恩格斯全集:第 30 卷[M]. 北京:人民出版社,1995.

[15] 马克思,恩格斯. 马克思恩格斯文集:第 7 卷[M]. 北京:人民出版社,2009.

---

① [德]黑格尔:《小逻辑》,贺麟译,商务印书馆 1980 年版,第 409 页。

走向生态福利主义的社会保障

汤剑波[①]

【摘　要】生态主义是当代社会的一种重要的福利意识形态，它扩大了社会福利政策的考虑范围。把生态视角引入社会保障领域，生态质量是社会福利的重要衡量指标之一。生态对社会福利价值观提出了根本性变革的要求：要打破经济永恒增长的信念，树立一种使用物质资源的新道德；要超越福利的狭隘经济含义，克服人类无限的物质欲望冲动，保证可持续发展；要摆脱征服自然的态度，超越狭隘的自利，树立起对整个生态的责任观。生态主义者主张用一种“福利的生态主义模式”去替代“福利的生产主义模式”，倾向于一种基于社群的社会保障政策。

【关键词】生态主义；生态福利主义；社会保障

现代社会保障最初是工业化过程的功能要求与逻辑产物，还是工业社会中解决阶级矛盾与实现阶级妥协的重要措施，受保守主义、自由主义、社会民主主义等各种意识形态的影响。进入 20 世纪中后期以后，推动社会发展的动力不只有阶级，还包括女性主义、生态主义、反种族主义、反战主义、反核主义等新社会运动。这些社会运动超越了阶级视角，聚焦特定群体或特定价值观生发的问题，活动范围具有超越国界的全球性；它们表达了对社会问题的更宽广价值态度，也试图运用政治手段去解决所关注的问题，因而也被纳入了“意识形态”分析框架。生态主义无疑是当代深刻影响社会保障政策的重要意识形态之一，它扩大了社会保障的价值考虑范围。当看到生态主义者宣扬“生态环境是人类精神的家园而不能沦落为财富的源泉”时，难道还能把社会保障看成社会秩序自发的功能性要求吗？

---

① 汤剑波，杭州师范大学教授，主要从事经济伦理、生态伦理研究。

一、生态视角的引入

生态问题愈来愈成为摆在当代人类社会面前的严峻现实，各式各样的生态主义思潮方兴未艾。生态主义不仅表现为价值观，而且呈现为在其指导下的政治实践，因此生态主义也被很多学者视为一种意识形态。正如英国政治学教授多布森(Andrew Dobson)指出的："对增长极限的现实关心和对非人自然世界的道德关注结合起来产生了生态主义这一独立的政治意识形态……因为，它首先拥有一个对政治与社会世界的描述——一副绿色眼睛——这有助于我们正确地观察它。它还拥有一个政治变化的纲领，而且关键的是，它形成了一个生态主义者认为我们应当居住的社会的图画——松散地描绘为'可持续社会'。"[①]

存在多种方式把生态视角与社会政策结合起来，英国社会政策学教授迪安(Hartley Dean)就区分了从生态角度思考社会政策的四种不同方法：生态现代化、生态社会主义、绿色社群主义、深层生态学。[②] 生态现代化体现的是"浅绿"或环保主义路径，主张依靠经济增长为基础的社会政策，以可持续发展体现生态保护，用高科技防止或解决生态问题，具体措施如清洁的生产技术、可再生能源与废物的利用；它本质上是一种自由主义思路，强调个人责任，赞成运用税收激励措施来鼓励公司和个人采用非污染技术或低能耗的生活方式。生态社会主义把生态问题归根于资本主义制度本身，认为把人类从资本主义剥削中解放出来是地球自身得到解放的必要条件；主张社会政策的"非生产主义设计"，把人类福祉与生态环境、社会正义结合起来；把经济生产局限于刚好满足人类需求的程度，通过再分配来满足每个人的基本需要，实现可持续的社会正义。绿色社群主义是一种保守主义思路，质疑科学技术的进步，着重点是自然而非社会，为了保护环境可以牺牲当代人的暂时福利水平。深层生态学持非人类中心主义，把地球利益放在首位，高于所有人类的利益，赞成强制性降低生活水平。概而言之，一般可以区分出"强生态主义"与"弱生态主义"：弱生态主义以人类中心主义为出发点，只是要求经济增长与消费应该是环境友好的，通过高技术与经济发展来处理环境问题；强生态主义坚信技术解决不了问题，必须减少经济增长与消费的

---

① [英]安德鲁·多布森：《绿色政治思想》，郇庆治译，山东大学出版社2005年版，第275页。

② 参见哈特利·迪安：《社会政策学十讲》，岳经纶等译，格致出版社、上海人民出版社2009年版，第41—44页。

欲望,必须树立一种非人类中心主义立场,唯有意识到生态系统中的所有物种都是平等的,才能解决环境问题。[①]

不管哪种生态主义,它们都一定程度上注意到:(1)人并非地球上唯一的物种,环境是人类生存的必要条件,毁坏自然的经济发展是不可持续的发展。(2)经济增长是有限的,无限的征服自然与扩张性经济增长是自我的毁灭。生态主义对社会保障政策的首要影响在于把"生态"引入了社会福利范围,突出环境对人类生活的价值,从而赋予福利以生态的内涵,生态以及人与自然的关系,构成度量人类生活质量的重要指标,而且,后代人也应该享有与当代人相似的生态福利。生态主义大都主张"可持续的社会",认为经济增长、物质消费、人类需要都应当相应地减少,以便保持社会发展的可持续性。生态主义批评了"物质利益刺激"的思路,突出精神的价值、机会的给予、不平等的矫正与欲望的节制,强调消除工业社会中异化的现象,建构伙伴关系与共同责任的合作机制。"总体来看,生态主义作为一种新的福利意识形态,强调生态环境问题对经济、政治和社会生活的意义,挑战传统的人类自我中心的经济、政治和社会概念,赋予社会福利概念以生态环境的内涵,主张人类生态环境的需求满足程度是人类衡量生活质量不可或缺的重要指标,认为没有生态质量的福利是过时的和残缺的。"[②]

二、生态价值观的转变

在生态主义看来,技术无法解决所有生态问题,需要转变的是观念,文化态度与生活方式的改变是保证人们有可持续生态福利的必要前提。人们的福利取决于他们确立新的社会价值观:一种超越人类利益的以整体方式看待生态的价值观。"要创建一个可持续的和使人满足的生存方式,必须以我们与非人自然世界的关系和我们的社会与政治生活模式的深刻改变为前提。"[③]

转变之一:要打破经济永恒增长的信念,树立一种使用物质资源的新道德。生态主义质疑工业社会的高增长、高技术、高消费的现代性目标,清醒认识到人类社会发展的资源极限,提倡可持续的生态社会。对于生态主义者来说,工业资本主义制度是浪费的、破坏的与不可持续的。无限经济增长是不可能的,无限消

---

① 参见 George Vic, Wilding Paul: *Welfare and Ideology*, Prentice Hall, 1993, pp. 162-163.

② 范斌:《福利社会学》,社会科学文献出版社 2006 年版,第 91 页。

③ 安德鲁·多布森:《绿色政治思想》,郇庆治译,山东大学出版社 2005 年版,第 2 页。

费是无法长久的，无限征服自然是具有毁灭性的。“只要‘福利’被理解为享有非生产性物品与服务，只要福利体系依赖于随着提高个人福利手段而带来的‘满足’数量的增长，那么，经济将受困于过度增长的环境剥削率，无法保证长期的可持续性。”[①]当然，不是不要增长而是要可持续增长，即增长处在地球能力的范围之内。

转变之二：要超越福利的狭隘经济含义，实现精神与生活类型的一种转变，克服人类无限的物质欲望冲动，通过约束自己的短期欲望来保证长期持续发展。“一个绿色社会不是物质丰富的大地，而是我们作为个人发展和以多样方式对共同体的善做出贡献的社会。”[②]生态主义战略包含两个方面：第一，坚持地球生产有限，持续不断增长的消费是不可能的，因此人类必须扼制自己的欲望；第二，坚持“弱物质主义”，区分“必需”（need）与“想要”（want），以更深刻的精神价值实现替代物质消费。[③] 美国绿党活动家科尔曼（Daniel A. Coleman）列出十大生态价值观：生态智慧、尊重多样性、权力下放、未来视角与可持续性、女性主义的仁爱与合作、社会正义、非暴力、个人与全球责任、基层民主、社群为本的经济。[④]

转变之三：要摆脱征服自然的态度，要超越狭隘的自利，树立起对整个生态的责任观。生态主义把个人对生态的责任置于首位，甚至压倒了人类权利的重要性。生态主义提倡共同责任的观念，生态的善是所有人类共同具有的善，每个人都应肩负起对环境的责任。存在一种“生态公民身份”（Ecological Citizenship），它把公民关系扩张到公民与自然之间。莫里斯·罗奇（Maurice Roche）提到了生态主义对公民资格理论的影响，“第一，它主张人类义务的重要性，事实上它主张这些义务在一些方面具有压倒人类权利的重要性。第二，它要求我们反思我们所认为的福利的含义，以求将环境因素和价值包括进来。第三，它从两个方面扩展了我们相关的公民社会和社会公民身份的领域：它将之从民族国家的层次扩展到全球层次，并将之扩展到从全球到地方的其他生态相关层次；同样它将之扩展到当代之外，要求我们考虑到我们的社会性和道德义务、公

① O'Brien, Martin and Penna, Sue: *Theorising Welfare: Enlightenment and Modern Society*, London: Aage Publications, 1998, p. 172.

② Taylor, Gary: *Ideology and Welfare*, Hampshire and NewYork: Palgrave Macmillan, 2007, p. 144.

③ 安德鲁·多布森：《绿色政治思想》，郇庆治译，山东大学出版社 2005 年版，第 22—23 页。

④ 丹尼尔·A. 科尔曼：《生态政治——建设一个绿色社会》，梅俊杰译，世纪出版股份有限公司 2006 年版，第 97—116 页。

民义务的代际间维度。”[①]首先，“生态公民身份”把环境关注引入到公民权利的理解中，环境权成为一项重要的公民权。在保护自然的前提下，个体享有生活在不受污染环境中的权利，能享用干净的水、呼吸清洁的空气等。其次，“生态公民身份”对公民提出了保护生态的义务，需要对整个生态共同体与未来后代负责，去建立一种生态友好型的社会，和谐处理后代人与当代人以及人与其他物种之间的关系。总之，人们有责任建立生态可持续的社会与环境安排，不仅对人类负有责任，还要对其他物种乃至整个生态负有责任；不仅满足当代人的需要，还要考虑未来人的需要。

三、生态主义的社会保障

就具体的社会保障领域来看，生态主义认为福利国家依旧保持着工业资本主义的扩张本性，权力集中的福利国家剥夺了个人与各种社群对自己事务的管理权力。福利国家的种种措施只是处理了表面症状而没有触及失业、污染、犯罪等社会问题的根源，这些问题大都根源于工业社会的本性，希望无限经济增长来解决这些问题，犹如缘木求鱼。生态主义从以下几方面批评了福利国家的理论与政策：(1)福利国家的永恒经济增长的假设；(2)福利国家使用大量高度复杂的技术而不顾环境的破坏；(3)福利国家的占有性和高度个人主义的伦理；(4)福利国家的总体性世界观是以人类为中心的。[②]

生态主义者批评现存的福利制度所依赖的生产主义模式，最终是不可持续的。生产主义是所有现存福利制度背后的支柱。右派把不断增长的物质财富视为自由市场资本主义的证明，社会政策的目的是通过维持社会秩序和强制自发市场所需要的规则来帮助市场。左派认为，高水平的经济增长支持下的社会政策，能支持满足基本需要的再分配正义，通过增加国民资源的总量来实现国民共享财富。[③] 生态主义者当然承认资源应以一种更为公平的方式被分配，但更为重要的是要建立一个更为节俭的社会，满足人的需要而不是无限的欲望。贫困来自财富分配上的不平等，这又源自富人垄断资源且以浪费的方式所造成的，归

---

① 莫里斯·罗奇：《重新思考公民身份——现代社会中的福利、意识形态和变迁》，郭忠华等译，吉林出版集团有限责任公司2010年版，第47—48页。

② 范斌：《福利社会学》，社会科学文献出版社2006年版，第91页。

③ Fitzpatrick Tony, Cahill Michael (eds): *Environment and Welfare: Towards a Green Social Policy*, Palgrave Macmillan, 2002, p. 6.

根结底还是在于消费主义的精神。

生态主义者主张用一种“福利的生态主义模式”去替代“福利的生产主义模式”:第一,“福利的生产主义模式”怀有一种现代经济所依赖的无限增长的欲望,“福利的生态主义模式”则突出可持续增长、稳定增长,甚至反增长,把生态作为社会发展的核心要素之一;第二,“福利的生产主义模式”信仰“就业伦理(employment ethic)”,强调市场经济中的有酬工作比其他非正式经济活动在价值上更重要,“福利的生态主义模式”则主张“劳动伦理(work ethic)”,强调非工资的、非正式活动的意义;第三,“福利的生产主义模式”把福利等同于所获得的物质财富,“福利的生态主义模式”则剥离个人价值感与生活水平之间的关系,强调在生活类型期望、价值观和意识上发生根本性转变。[①] 经过“生态福利主义”的重新审视,社会福利“是一个关于人类与地球的总体性概念”,“将可持续、生活质量以及参与式民主置于中心地位”。[②] 生态主义设想的理想社会政策应该坚持如下原则:平等主义,所有人基本需要的满足,社群与个人自力更生,公共参与,可持续性和尊重环境。[③]

生态主义者承认工作是一件高尚且值得做的事情,是个人对自己与社会的义务,具有提升个人创造精神、自立精神与维系社群的作用,而且对人类福利具有核心意义。不过,他们反对把工作缩减为只是市场有酬就业。传统失业问题的解决措施是使失业人员重回劳动力市场的有酬岗位,一旦工作就取消津贴补助或救济,由此扼制了人们从事临时性的、非经常性的工作。失业问题的生态方案则是消除工作与付薪之间的关联性,消除对非付酬工作的歧视,鼓励失业者在这些领域进行工作。“从绿色角度出发,非正式的、非现金的经济活动与工作模式,应该至少被看成与有酬正式就业同样重要(如果不是更重要的话)。”[④]生态主义者眼中的“工作超过了只是有酬就业。还包括妇女从事的无报酬家庭劳动,照顾病人或残疾人的无报酬工作,非正式部门中的所有类型工作。”这些工作有利于人类精神的健康发展,不仅为人们提供了经济好处,还提供了社会与情感的

---

① 参见 Pierson Christopher, Castles Francis(eds): *The Welfare State: A Reader*, Polity Press, 2000, p. 346-351。

② 贾森·安奈兹等:《解析社会福利运动》,王星译,格致出版社、上海人民出版社 2011 年版,第 183 页。

③ George Vic Wilding Paul: *Welfare and Ideology*, Prentice Hall, 1993, p. 185.

④ Deakin Nicholas(et al eds): *Welfare and The State :Critical Concepts in Political Science*(Vol IV), Routledge, 2004, p. 239.

满足。[1] 生态主义主张限制工资不平等在最低水准上，国家应该实施一种“最低收入计划”或“有保障的基本收入计划”，满足基本需要且不因收入小幅增加而被取消，也不会抑制失业者去从事临时性的、非经常性的工作。“一个基本收入计划旨在保证每一个男人、女人和儿童拥有足以满足其基本生活支出的独立收入的无条件的权利。它的主要目的是贫穷的预防，而不仅仅是贫穷的救济。”[2]

生态主义倾向于一种基于社群的社会保障政策，社群被看成是政治生活、经济生活与生态社会的基础。生态中心论者“憎恨中央集权和物质主义”，强调“分散化的、民主的和小规模的共同体”，“地方化行动却全球性思考”。[3] 这样做的理由在于：第一，基于社群的社会政策，有助于实现去中央化、民主化、地方化、自力更生等目标，它允许社群成员自己决定应该提供怎样的福利以及如何提供，鼓励成员尽可能减少对正式有酬就业或福利津贴的依赖，给予个人能力与权力去选择更为广泛的福利来源。[4] 第二，社会是各种小群体构成的网络，社群成员更能理解政治的意义，更能理解对共同体福利负有一定责任的重要性。因此，需要调动地区层面的积极性，促使各种社群直接参与和解决与个体休戚相关的问题。第三，社群中的个人责任与相互责任意识，能够在去中央化过程中牢固树立自助与互助的精神。“生态主义者想要我们与其他社区成员一起参与到自我供给和为邻居供给的活动中。生态主义者希望人们放弃隔离式社区成员的观念，认识到人们怀有互相责任和对环境负有责任。在这方面，人的福利和星球的福利能相互携手。”[5]第四，社群在生态主义者那里还有一种“家园”意义，社群依靠互相帮助、共同文化与归属感而凝聚起来。“家园意识感和家园归属感将引导人们注重依据某一地区的自然环境，过一种自立、可续的生活方式。”[6]人们在其社群中是积极的，肩负谋取共同福利的共同责任，选择绝不是在个人责任和福利服务的国家供给之间，“长期的福利依赖于社群的复兴，以及与当前大不相同的价值观的传播”。[7] 总之，生态主义者既不赞成福利的集中化，也反对自由放任主义的

---

① George Vic, Wilding Paul: *Welfare and Ideology*, Prentice Hall, 1993, p. 175.

② 安德鲁·多布森：《绿色政治思想》，郇庆治译，山东大学出版社 2005 年版，第 123 页。

③ 戴维·佩珀：《生态社会主义：从深生态学到社会正义》，刘颖译，山东大学出版社 2005 年版，第 48—49 页。

④ Deakin Nicholas(et al eds): *Welfare and The State: Critical Concepts in Political Science (Vol IV)*, Routledge, 2004, p. 240.

⑤ Taylor Gary: *Ideology and Welfare*, Palgrave Macmillan, 2007, p. 142.

⑥ 丹尼尔·A. 科尔曼：《生态政治——建设一个绿色社会》，梅俊杰译，世纪出版股份有限公司 2006 年版，第 123 页。

⑦ Taylor Gary: *Ideology and Welfare*, Palgrave Macmillan, 2007, p. 150.

自助精神,而是主张“国家提供一个普遍化的框架来进行管理、负责任和提供基本服务供给,但是更大的空间留给市民团体、去中央化的政策共同体或者合作群体,它们控制资金,允许福利‘接受者’成为他们自己的‘生产者’”[①]。

社会保障不只是上层政党团体斗争的产物,还是一种来自大众的抗争性政治过程。作为“抗争性政治”的传统社会福利运动,常常表现为争取平等权利、改善生活状况、摆脱贫困与苦难等物质要求。生态主义运动不再局限于物质利益的追求,而呈现出文化精神变革的倡导,关注的不只是分配问题,而是如何革新旧的生活态度,这表明一种更为宽广的伦理视角深入了社会保障领域。

① Fitzpatrick Tony, Cahill Michael (eds): *Environment and Welfare: Towards a Green Social Policy*, Palgrave Macmillan, 2002, p. 11.

“垃圾围城”视野下的生态伦理反思与法治回应

季长龙[①]

【摘　要】“垃圾围城”是我国城市化进程中难以绕过的难题，同时更难化解的是市民对待这一问题的环保伦理困境。面对日益增长的垃圾存量，必须寻求填埋以外的解决方式，即减量化、分类回收以及焚烧发电的方式。这就依赖于市民消费伦理的改变，以及承担起分类投放垃圾的社会责任。这一责任首先表现为伦理义务，但也有必要在某些方面转化为法律义务。于是，我们有必要对当前垃圾治理的伦理困境进行反思，在此基础上，探求法治的回应机制。

【关键词】垃圾围城；伦理反思；法治

2010年，中国城市环境卫生协会统计，我国每年产生近10亿吨垃圾，其中生活垃圾约4亿吨，建设垃圾5亿吨左右，此外还有餐厨垃圾1000万吨左右。全国600多座大中城市中，有2/3陷入垃圾的包围之中，且有1/4的城市已没有合适场所堆放垃圾。全国城市垃圾历年堆放总量高达70亿吨，而且产生量每年以约8.98%速度递增，随着我国城镇化进程的加快以及人民生活水平的提高，“垃圾围城”正在给中国的城市敲响了警钟。[②]

一、“垃圾围城”成因的伦理分析

“垃圾围城”的发生既有经济社会发展的原因，也有社会管理、生态伦理以及法制建设滞后等综合原因。破解“垃圾围城”既是政府的责任，也需要社会团体

---

① 季长龙，浙江工商大学法学院副教授，法治浙江研究院及浙江工商大学法治与伦理研究中心研究人员，主要从事法伦理学、立法学研究。

② 中国城市低碳经济网：《城市生活垃圾危局凸显，如何化解“垃圾围城”的困境》，http://www.cusdn.org.cn/news_detail.php? id=218202。

和公民的支持。这种支持既是一种伦理义务，也应在一定范围内上升为法律义务，而公民的生态伦理反思是更为基础性的前提条件。

(一)产品生产环节的利己主义

商品生产追求自身利益最大化并不错，但并不是没有限制的，它应受到社会公德和商业伦理的评价。粗制滥造和过度包装就是典型例子：粗制滥造导致产品在很短时间坏掉，变成垃圾，增加社会负担。过度包装不但有失诚信，并且造成了资源浪费和垃圾增量。不必要地增加包装层数，外观漂亮但质量一般，包装体积很大而实际产品很小，或者使用过厚的衬垫材料等均属过度包装。《中国青年报》社会调查中心 2012 年所做的一项调查显示，在受访的 4306 人当中，97.5%的受访者认为当前我国商品过度包装现象严重，其中 76.0%的人认为非常严重。[①] 这种在满足私利的同时，造成多方面社会损害的行为，显然是伦理上的恶。生产环节是产生垃圾的源头，产品种类和数量增加是人民生活提高的需要，但如果生产者只关心效益，而放任在源头上制造更多的潜在垃圾，就是对社会和民众的一种危害。商业伦理和社会公德建设需要对生产环节的过度包装给予伦理评价，形成舆论和制度的约束力。

(二)居民消费环节的享乐主义

随着收入水平的提高，市民的购买力显著增强，尤其是伴随电子商务的兴起，一些市民购买消费品陷入亢奋状态，大量频繁购买商品后，许多商品并不适合使用，新鲜过后往往搁置不用，直到草草抛弃成为垃圾。享乐消费在带来快乐享受的同时，没有充分发挥商品的价值，使商品很快进入垃圾治理环节，变成垃圾处理的负担，塑料袋的使用也是如此。国务院办公厅 2008 年 1 月发出“限塑令”，规定从同年 6 月 1 日起，在全国范围内，厚度小于 0.025 毫米的塑料购物袋，禁止生产、销售、使用。在所有超市、商场、集贸市场等商品零售场所，一律不得免费提供塑料购物袋。但是这一规章目前名存实亡，生产者被罚款后继续生产，超市塑料袋不再免费后消费者选择花钱购买，菜市场的塑料袋基本还是免费提供。也就是说，全民的环保伦理普遍很低，更多看重眼前的个人利益和便利，缺乏顾念他人及其子孙后代的公益精神。

(三)垃圾丢弃环节的方便主义

垃圾要丢在垃圾桶，随着垃圾桶的增加已经不是问题了。但新的问题产生

---

① 中国环境频道：《生产者应承担过度包装责任》，http://www.cctvhjpd.com/Article/Show.asp?ID=45292。

了，除了乱丢垃圾污染小区，更重要的是垃圾处理的末端，以填埋方式处理垃圾侵吞大量的土地，其中的有害垃圾还会污染土壤和水源，危害累积的结果必然是人类日益破坏自己的家园。短视心理和观望心态造成整体伦理水平的低位徘徊。垃圾焚烧和分类处理是垃圾治理的必由之路，但是垃圾分类已试点15年，市民的分类意识和行动好像刚刚开始。2000年6月，北京、上海、南京、杭州、桂林、广州、深圳、厦门被确定为全国8个垃圾分类收集试点城市。如今，试点城市市民大部分都知道垃圾分类的概念，但真正做到分类投放的寥寥无几，分类垃圾桶形同虚设。当然，能否做到分类投放，不能单纯依赖提高市民伦理水平一个要素，还要综合利用经济刺激等手段。20年前，玻璃瓶、废金属都可以卖很高的价钱，但是现在居民收入提高了，废金属反而便宜了，玻璃瓶更是一分不值了。改变可回收垃圾不值钱的状况也是促进垃圾分类的重要思路，不过，这种纯粹基于利益的分类与环保伦理无甚关联。真正的环保伦理，首先是基于对所在城市未来居住环境的关心，基于一种并非单纯自利、自己便利就好，同时兼顾利他的社会共同体的情感和意识。

二、“垃圾围城”视野下的生态伦理困境

“垃圾围城”固然与末端处理能力有直接关系，不过，从长远彻底解决方案看，推动落实源头减量、资源化利用和焚烧发电，形成循环经济产业链是最终的理想出路。但实现这一目标的关键环节和最大难点就是，城市居民改变消费习惯和自觉践行垃圾分类，之所以说是最大难点，是由于它存在若干生态伦理本身的固有困境和条件局限。

（一）垃圾治理伦理义务的认知难题

垃圾治理构成一项伦理义务，需要具备特定的环境条件，即随着垃圾总量的增加，垃圾治理已经无法单纯依靠政府解决，市民作为城市环境的受益者和垃圾的产生者，有必要承担相应的作为或不作为的伦理责任。换言之，产生某种伦理义务的特定条件发生了，使居民承担某种责任具有必要性和正当性。在远古的时候，哪怕是在新中国成立初期，都尚未形成这种条件，那个时候垃圾的产生量是很小的，并没有成为一种难解的社会问题。而现在则不同，“垃圾围城”的危险凸显了垃圾治理成为社会问题和城市管理问题的重要性，作为个人共同体的城市以及全社会，就需要酝酿产生化解这种危机的伦理规范。

但是问题在于，这种伦理规范的酝酿直至明晰化，不仅需要学者、官员或者环保人士的认同和呼吁，还需要广泛开展关于垃圾治理的知识普及和伦理宣传。不知者不为过，这句话在法律上虽然不成立，但是在伦理上颇有些道理。如果人们都不知道某种伦理规范的知识背景，如何从内心去确信这种规范的意义？如果某种伦理规范没有通过公共媒体表达出来，如何获得普遍的知晓？目前我们的情况就是这样，不少城市的分类垃圾桶早已配置了，但是相关的知识介绍、舆论宣传以及伦理规范的表述并没有落实。二是，此种伦理困境并非真正意义的伦理困境，即那种明知某种伦理存在，但不愿意去遵守的困境(例如见到有老人摔倒应当去搀扶，这样的伦理义务应该说尽人皆知，但是出于避险考虑许多人不会搀扶)，它毋宁说是那种“垃圾围城”形势非常紧急，但相应的伦理意识尚未形成的困境。这种困境产生的重要原因在于随着城市人口的增加，自发的共识形成更加缓慢；媒体的舆论宣传力度不大，难以做到持续性和全方位的覆盖；市民对垃圾治理知识选择性忽略和遗忘等，这些因素都制约着相关伦理意识和伦理规范的形成。

(二)垃圾治理伦理义务的义利纠葛

市民在垃圾治理中的伦理义务，即在生态伦理的层面上，为了维护共同的生态环境，需要个人自觉承受的符合道义地做出或不得做出某种行为的负担。这种行为的结果是一种善，这决定了它是符合伦理的。同时这种善不是单纯的利他，即它不同于见义勇为和助人为乐，它是利他和利己的混合。因为，如果发生了“垃圾围城”，他人和自己都是受害者。不过，这里的利他和利己都不是直接的，而是间接的利益，不是立竿见影的受益或受害，而是具有时间上的滞后性，也可能永远没有发生“垃圾围城”，只不过造成了环境污染，或者增加了政府垃圾治理的难度和开支。于是，在是否主动减量以及进行分类投放的问题上，就存在方便自己还是考虑环境公益的选择，这就是一种利与义的纠葛。这种纠葛的核心在于，二者存在矛盾性，不可兼得，只能选择其一。而且更大的问题在于，主导行为选择的是这样一种心理逻辑：利己的方面其效果是立即显现的，随时都在享受方便，而利他的效果比较模糊，也得不到政府和他人的肯定和奖励；更重要的是，即便不进行利他性选择，也不会受到来自政府和他人的负面评价。换言之，这种伦理义务的强制力仅仅依靠自觉，而得不到来自社会和他人的任何制约。从此种意义上看，垃圾治理的伦理义务处于弱化和不完全的状态。当然，不仅垃圾治理方面是这样，由于人与人关系从熟人社会向陌生人社会转变，只要不直接针对具体个人，有损公益的不道德行为便极少受到他人谴责，社会公德基本失去了外部强制力，变成了内心的乌托邦。

(三)垃圾治理伦理义务的保障缺失

任何规则的实施都需要保障机制，除非自觉履行，内心的强制和外在的强制是两种最重要的保障机制。在特定社会环境下，内心强制也具有很大的制约力，例如那种通过伦理教化和成功的教育活动，人们更加追求内心充实而非物资富有的时代，人们会因为做了对他人和社会不利的事情而内心自责，这样的时代大概就是未来的共产主义社会吧。在社会文明和人的素养尚未达到相当高的水平之前，所谓的内心强制即便存在，也形同虚设。在相当程度上讲，缺乏外在强制的社会规范就近似于没有任何规范。目前我国垃圾治理伦理义务就陷入了这样的处境：一方面，相关的知识宣传还不到位，导致伦理规范尚未清晰表达；另一方面，即便表达了这种规范，也缺乏足够的外在强制，无论是来自政府的还是来自民众的舆论压力都近乎空白。如果能够把垃圾分类情况纳入征信系统，就是这样一种外在强制，把市民的分类投放情况加以记录，如果存在不良记录，将在银行贷款等方面受到限制。但是，推出这样的举措还需要很长的时间。

三、“垃圾围城”视野下的生态伦理反思

生态伦理的反思需要两种机制：一种是居民的自发生成，一种是借力政府和社会团体的推动。自发生成是客观存在，不需人为努力，不在讨论范围。若要加快某种生态伦理的形成和实施，在任何时代都离不开政府和社会团体的工作。这种工作包括法律和非法律的机制，法律机制将在下一部分探讨，这里主要谈谈非法律机制在伦理规范确立和实施中的重要意义。

(一)政府主动承担起垃圾治理宣传教育义务

培养垃圾治理的伦理意识，广泛而持续的宣传教育是其基础。针对学生的教育可以通过学校进行，而针对一般市民的教育主要依靠各类媒体的宣传，以及举办各种培训和专项宣传活动。无论通过何种途径的教育或宣传，政府都扮演着非常重要的角色，包括宣传教育的顶层设计，内容安排，各类宣传教育的组织实施、经费开支，等等，这些都是政府在垃圾治理方面的伦理义务。宣传的内容包括“垃圾围城”的险境、垃圾治理的世界经验、本地垃圾治理的基本思路和举措、要求市民配合的减量化和垃圾分类伦理义务等。宣传的途径主要是政府掌握的电视台、报纸、网络等各种官方媒体，以及广场、公园、车站、码头和机场等的

广告平台。政府可以下达宣传任务,要求这些媒体和平台每月或每日发布特定数量或比例的垃圾治理公益广告。此外,社区的宣传活动也非常重要,通过各城区垃圾减量责任考核,各城区再将任务分解到各个社区,每个社区承担起垃圾分类的宣传指导工作,可以通过标语横幅、宣传橱窗、电子显示屏、社区网站等资源,积极宣传垃圾分类知识。这些工作是政府的伦理义务,如果政府不能营造这样的舆论氛围,市民就难以获得足够的垃圾分类知识,相应的伦理意识和习惯养成就成为无源之水。

(二)学校把垃圾治理作为伦理教育内容

无论是伦理还是法治,都是一种学问,要在社会治理中落地生根,都离不开特定的教育体系,其对应的学科就是伦理学和法学。除了作为一种大学专业设置的伦理学以外,我们还需要把伦理知识列入常识教育或通识教育的课程体系。塑造健全人格是学校教育的最重要目标之一,也是学习其他学科知识的基础。作为人格教育的基本方面,伦理教育从小学到大学应当一以贯之,不应缺位。大学阶段开设思想道德修养和法律基础课程,小学和中学阶段也需要开设类似的伦理教育课程。而在这些伦理课程中,生态伦理作为基本组成部分,应当将垃圾治理问题纳入其中。任何伦理教育都要针对具体问题展开,在现实案例中展开探讨。除了共性的伦理问题以外,每个时期都有其特殊的伦理话题。这些伦理话题应当是学生身边的,甚至每天都要面对的事情。例如,债务人恶意逃债、老人跌倒没人管、垃圾分类难等,就是当前十分突出的伦理问题。中小学伦理课程应当对这些热点伦理现象给予关注,纳入课程内容。除了课程讲授以外,实践类学习也不可缺少,例如定期让中小学生参观垃圾分类宣教中心或环境教育基地,通过视频培训、案例展示、游戏体验、参与互动等方式培养垃圾分类的基础知识和伦理情感。

(三)构建垃圾治理伦理义务的保障机制

任何社会规则都离不开保障机制,伦理规则由于较高的利他属性,自觉遵守的概率比自觉守法的概率要低。当然,根据伦理义务利他程度的高低,以及必须遵守的程度,伦理规则可以区分为强义务伦理规则和弱义务伦理规则。例如公平、诚信等伦理规则(包含的义务并非纯粹利他性的,而且一旦违反将造成显著的社会危害)属于强义务伦理规则,其中的一部分甚至通过立法成为法律规则。余下的部分虽然作为纯粹的伦理规则,即弱义务伦理规则,也应通过团体规章、贷款政策等法律外的强制措施加以保障,否则放任市民随意遵守或违反,将造成劣币驱逐良币的伦理恶果。对于公交车上主动让座、自愿献血、为灾区捐款捐物等，由于具有纯粹的利他属性，即便不去做也不会造成重大的伦理后果，属于弱义务伦理规则，这些规则一般通过媒体宣传加以提倡即可，不需要出台强制措施去推行。那么垃圾治理伦理规则属于何种伦理规则呢，这要区别对待，对于生产者的过度包装，生产不符合特定规格的垃圾袋，市民不遵守垃圾分类的要求等，都属于强义务伦理规则，甚至可以通过立法加以强制保障。对于市民理性购买环保型消费品，则属于弱义务伦理规则。对于垃圾治理中的强义务性伦理规则，我国相关的立法基本是空白，在加强立法工作的同时，也需要加快法律外约束机制的建设，特别是垃圾分类征信体系的建设。

四、“垃圾围城”视野下生态伦理反思的法治回应

(一)“垃圾围城”的伦理反思与法治回应必须并重

由于垃圾治理的伦理规则基本属于强义务规则，因此应当加强外部约束机制的构建，而不可仰赖市民自发伦理反思的漫长过程。由于其强义务规则的属性，表明它既作为伦理规则，同时也进入了法律规则的视野，只不过法律进入的方式和程度有待探讨。伦理规则和法律规则并没有绝对清晰的界限，更不会有永远不变的边界，当然，其中纯粹思想性，而没有表达出来，或者虽然表达出来但没有广泛传播的部分，基本不会进入法律的范围。伦理规则只要以作为的方式表现出来，就为法律的介入提供了初步条件。因为，法律调整人的外部行为，而不调整纯粹的思想。当然，垃圾治理问题，首先要充分发挥伦理规则的功能，这是法治回应的前提基础。因为任何时候，如果缺乏广泛的伦理认同，急功近利的立法工作就难以取得实效。正如前面伦理反思部分所提到的，首先要通过宣传教育等措施对垃圾治理领域相关知识进行充分的传播，将其作为产生伦理意识的思维材料。任何意识都不可能凭空产生，凭空地被要求作为一种正当的义务。法是理与力的结合[①]，这一结论也适用于伦理。伦理规则也需要对相关的道理、规律进行足够的宣传，让这种规则给人以基本合理和正当的心理认可。

在充分宣传形成伦理意识的基础上，伦理规则的内心强制机制已经形成，但这种内部强制的效果不会太乐观，构建相应的外部强制机制十分必要。同时，由

---

① 孙国华:《法理求索》,中国检察出版社 2003 年版,第 242 页。

于人们之间的陌生化，舆论强制几乎没有作用，构建外部强制机制存在相当的困难，例如征信系统建设短期内难以完成。在伦理意识形成的基础上，相应的立法工作可以及时跟进。在立法过程中，可以通过征集草案、公布立法调研报告、公开立法座谈会纪要、公开法律法规草案等方式，既发挥知识宣传的功能，又广泛推进伦理教育和法治教育。由此可见，生态伦理反思需要法治回应，这种回应的过程，既是一种宣传教育的强化，也是一种政府决心以外部强制保障伦理规则的宣示。绝大多数法律规则都不是伦理无涉的，它们需要伦理意识和伦理规则的形成作为立法铺垫，作为其立法的理论基础和民意基础，伦理规则的酝酿与形成就是夯实法治地基的过程。同时，相关法律规则的创制与发布，则是对相应伦理规则的宣传和保障。二者的关系类似伯尔曼所讲的宗教与法律的关系，一荣俱荣，一损俱损。①

（二）“垃圾围城”伦理反思法治回应的若干方面

伦理反思指明了市民的伦理义务，即我们每个人应该怎样做，以及为什么这样做。有了明确的教育和告知，仍然违反伦理规则的人，除了对其进行伦理强制以外，根据事先制定的法律进行法律制裁也是正当的。孔子反对缺乏伦理基础的法律制裁，他把这种现象视为从政的四种恶行之首。“子张曰：‘何谓四恶？’子曰：‘不教而杀谓之虐；不戒视成谓之暴；慢令致期谓之贼；犹之与人也，出纳之吝谓之有司。’”②意思是说，不教育就杀，叫残酷；不事先告诉却突然看成果，叫粗暴；开始慢吞吞，突然限期要求，叫害人；在应有支付上吝啬，叫小会计。孔子的名言对我们很有启发，其精髓在于政府对市民进行附加义务的举措时，都应进行充分的宣传教育，给市民充分的准备时间，并且在应该拨款时，就不要逃避责任。

1. 生产环节伦理反思的法治回应

对垃圾治理进行法律调整，需要选择适当的细分领域，即针对适合法律调整的特定问题，然后采用恰当的法律调整方法。从细分领域来看，生产环节的过度包装、消费领域的塑料袋滥用以及垃圾搜集领域的分类投放，都适合采取法律调整，以弥补伦理调整约束力不足的短板。至于垃圾转运和末端处理环节，目前的问题主要在技术和经营方式方面，伦理困境尚不显著，不在我们讨论范围内，我们仅对前三个方面加以分析。在限制过度包装方面，相关的技术标准和地方性法规已经出台，国家质检总局、国家标准委发布的《限制商品过度包装要求　食

① ［美］伯尔曼：《法律与宗教》，梁治平译，商务印书馆 2013 年版，第 29 页。

② 李泽厚：《论语今读》，三联书店 2004 年版，第 532 页。

品和化妆品》于2010年4月1日实施,《广州市限制商品过度包装管理暂行办法》于2014年10月1日生效,国家标准和广州的暂行办法都对月饼、粽子、酒类、化妆品等特定商品包装的层数、空隙率以及包装成本不得超过总价值的比率等进行了规定,后者还对具体的法律责任进行了规定。

2.流通与消费环节伦理反思的法治回应

在限制塑料袋滥用方面,2008年6月1日起,我国正式施行"限塑令",超市、商场等实行塑料袋有偿使用,但是实施效果并不理想。2015年1月1日《吉林省禁止生产销售和提供一次性不可降解塑料购物袋、塑料餐具规定》开始施行,成为全面禁塑的省份。从实施情况看,其难点在于执法监管。在符合伦理和法律,替代措施可行,也具备足够民意支持的条件下,禁塑令的阻力在于短期内会给企业和市民带来一定损失和不便,但只要集中执法力量,持之以恒严查违法,就会逐渐完成伦理意识向伦理行为的转变。

3.垃圾投放环节伦理反思的法治回应

在垃圾分类方面,一些城市先后出台了生活垃圾管理条例。其中将于2015年12月1日生效的《杭州市生活垃圾管理条例》规定,违反本条例规定投放生活垃圾的,由城市管理行政执法部门责令改正;拒不改正的,对个人处50元以上200元以下罚款,对单位处5000元以上50000元以下罚款。这是一种较为大胆的尝试,执行效果还不可知。在过去,市民随意投放垃圾不会遭到追究,纯粹由伦理规则加以调整。而现在,这种行为受到伦理规则和法律规则的双重制约,这是对"垃圾围城"伦理反思进行法治回应的重要表现之一。

五、结　语

尽管目前垃圾治理的相关立法并不完善,执法力量也未必充足,但至少这是在社会难题方面,伦理规则与法律规则合作的又一次尝试。这样的合作已经大量存在并且还在继续展开。问题在于,每一次法律参与本来伦理规则调整的问题时,都需要对该问题的伦理困境进行充分的分析,如果伦理规则十分清晰,并可以有效解决那个问题,法律的介入就是不必要的。而对于陷入伦理困境的社会难题,立法的时候也要在立法程序、立法技术等方面谨慎对待,通过立法信息公开给予市民充分的参与机会,更多实现立法的科学性,避免陷入立法盲动,不但无法对伦理困境给予缓解,反倒损害法治自身的理性品质。

马克思主义生态哲学视域下县域生态文明建设研究
——以天台县为例

石怀春[①]

【摘　要】县域地区如何摆脱落后、发展经济,又要搞好生态文明建设,这不仅是一个重大理论问题,也是一个重大实践问题。本课题从马克思主义生态哲学的理论高度审视地方生态文明建设,分析天台县生态文明建设的现状及其制约因素,从而理清当前县域地区生态文明建设的路径。

【关键词】马克思主义生态哲学;县域地区;生态文明建设;现实路径

县域地区是我国经济社会发展的基本单位。如何搞好县域地区生态文明建设,不仅关乎中国整个生态文明建设的进程,更有利于中国经济社会的全面发展。

一、马克思主义生态哲学思想探微

(一)人与自然之间的关系

人与自然的关系是马克思主义生态哲学的核心思想,它是研究当前县域地区生态文明建设的理论渊源。

1.人类依赖自然界才能生存和发展

首先,人类的物质生活来源于自然界。马克思指出:"人靠无机界生活,而人比动物越有普遍性,人赖以生活的无机界的范围就越广阔……人在肉体上只有靠这些自然产品才能生活,不管这些产品是以食物、燃料、衣着的形式还是以住

① 石怀春,中共天台县委党校教师,哲学硕士,主要从事马克思主义哲学、生态哲学研究。

房的形式表现出来。”[①]马克思的这一观点深刻说明了人类对自然界的物质依赖性。换句话说，如果没有自然界给我们提供的这些自然产品(物质产品)，人类就无法生存，更谈不上发展，所以说，人依赖自然才能生存和发展。

其次，人类的精神生活来源于自然界。“从理论领域来说，植物、动物、石头、空气、光等等，一方面作为自然科学的对象，一方面作为艺术的对象，都是人的意识的一部分，是人的精神的无机界，是人必须事先进行加工的以便享用和消化的精神食粮。”[②]自然界赋予人丰富的情感和英明的智慧。人的宽容、合作、审美等高贵品质都源于自然界。在人类改造自然、满足物质需要的同时，也从自然界中获得了精神需要，转变了人的观念，丰富了人的情感、升华了人的道德，使人们的认知能力和审美能力得到进一步深化。

2. 自然界的存在和变化也与人类的活动分不开

马克思主义认为，如果没有人类的参与，单纯的谈论自然界是毫无意义的。“对人类来说，孤立的、被固定的、与人类分离的自然界是不存在的。”[③]这说明自然界的存在不能离开人类的活动。再者，自然界的变化也与人类的活动息息相关。作为一个完整的生态系统，自然界有其自身的产生、变化的过程，人类的活动或推动或阻碍自然界的这种变化过程。平地起高楼、沙漠变绿洲，说明了人类活动推动了自然界进程；而环境污染、气候变暖，说明人类活动阻碍了自然界进程。

(二)人与自然之间的“和解”

人与自然之间的“和解”是处理好人与自然之间关系的最终目的，那么如何才能达到人与自然之间的“和解”呢？我们主要以生产力和生产关系为基本维度进行以下三个方面的探究。

1. 变革不合理的社会制度

马克思、恩格斯一生的理论和实践集中表现为“两个和解”思想：一是“人与自然的和解”，二是“人类本身的和解”。人与自然之间的“和解”必然要求人类本身的“和解”。马克思在《资本论》中写道：“社会化的人，联合起来的生产者，将合理地调节他们和自然之间的物质变换，把它置于他们共同的控制之下，而不让它作为盲目的力量来统治自己；靠消耗最少的力量，在最无愧于和最适合于他们的

---

① [德]马克思、恩格斯：《马克思恩格斯全集》第42卷，人民出版社1979年版，第95页。

② [德]马克思、恩格斯：《马克思恩格斯全集》第3卷，人民出版社2002年版，第272页。

③ [德]马克思、恩格斯：《马克思恩格斯全集》第42卷，人民出版社1995年版，第178页。

人类本性的条件下进行这种物质变换。”①这种论断说明人与自然之间的“和解”问题。恩格斯也指出:“要实行这种调节,仅仅有认识还是不够的,为此需要对我们的、直到目前为止的生产方式,以及同这种生产方式一起,对于我们的、现今的整个社会制度实行完全的变革。”②由马克思、恩格斯的论断,我们可以看出,生产关系和社会制度必然会影响人与自然的和解,而马克思主义要求变革不合理的生产关系和社会制度以达到人与自然的“和解”。

2.发展社会生产力

社会生产力,主要涉及的是人与自然的关系问题,即人类改造自然的能力问题。马克思曾指出:“无论哪一个社会形态,在它所能容纳的全部生产力发挥出来以前,是决不会灭亡的;而新的更高级的生产关系,在它的物质存在条件在旧社会的胎胞中成熟以前,是决不会出现的。”③由此我们可以看到,解决生产关系和社会制度内部的矛盾,必须以社会生产力作为前提。根据马克思主义的观点,要想达到人与自然之间的“和解”,人类必须变革不合理的生产关系和社会制度,走共产主义道路,实现共产主义社会。这是一种“完美”的社会,只有真正实现了这种社会,才能解决生产关系和社会制度内部的矛盾,从而达到人与自然的“和解”。我们也知道,共产主义社会是人类有史以来最合理、最美好的社会制度,这种社会制度的物质基础是社会生产力的高度发达。因此,我们可以说,大力发展社会生产力是实现人与自然之间“和解”的物质条件。

3.发展科学技术

在马克思看来,实现人与自然的“和解”与科学技术的进步是密切相关的。根据相关文献,我们认为马克思是最早肯定科学技术对解决生态环境问题具有积极作用的思想家。恩格斯也认为:“在马克思看来,科学是一种在历史上起推动作用的、革命的力量。”④但是,马克思也同样能意识到,科学技术也具有矛盾性,它既能加速人与自然的“和解”,从而造福人类,也会造成环境的污染、生态的破坏。他认为,要把科学技术运用在先进的生产关系和社会制度下,科学技术才能得到合理的利用;否则,就会造成资源的浪费与生态的破坏。

马克思提出用科学技术的进步来解决生态问题,这一思想主要集中表现为

① [德]马克思:《资本论》第3卷,人民出版社1975年版,第926—927页。

② [德]恩格斯:《自然辩证法》,人民出版社1971年版,第160页。

③ [德]马克思、恩格斯:《马克思恩格斯选集》第2卷,人民出版社1995年版,第33页。

④ [德]马克思、恩格斯:《马克思恩格斯选集》第3卷,人民出版社1972年版,第575页。

他的循环利用理论。“机器的改良，使那些在原有形式上本来不能利用的物质，获得一种在新的生产中可以利用的形态。”[①]“化学工业提供了废物利用的最显著的例子；它不仅发现新的方法来利用本工业的废料，例如，把以前几乎毫无用处的煤焦油，变成苯胺染料，茜红染料，近来甚至把它变成药品。”[②]马克思的这些循环利用理论，对于我们今天研究和解决地区生态问题具有重要的指导价值，值得我们学习和借鉴。

二、天台县生态文明建设现状

(一)环境质量

近三年来，天台县域环境空气(PM10)优良天数达标率在95%以上；饮用水水源地水质达标率为100%，地表水水质满足水功能区与水环境功能区要求；2013年出境断面地表水水质达标率为95.8%。2014年，天台县政府编制了《天台县水域功能区划调整方案》，目前已征求各部门意见后正式上报；出台《天台县2014年“空气清新”行动方案》《天台县大气重污染应急预案》《天台县大气污染防治工作计划(2014—2017年)》《2014年大气污染防治工作计划》。根据我们调研，天台县2014年1—10月交接断面水质综合评价结果为良好；10月PM2.5均值为44，在全省58个县级市中排名第24；城市区域环境噪声为49.3分贝。

(二)生态环境功能区划

天台县在浙江省处于浙中丘陵农业生态亚区。全县共分为禁止准入区、限制准入区、重点准入区和优化准入区四个功能区，实行污染物总量目标控制。2013年天台县生态环境功能区划修编通过浙江环保厅的批准。

禁止准入区占全县土地面积的11.49%，包括各级自然保护区、饮用水源保护区、风景名胜区以及森林公园，禁止与保护目标无关的一切建设项目的准入；限制准入区占全县土地面积的76.81%，主要包括受保护农田和林业用地，严格限制与保护目标无关的建设项目的准入；重点准入区占全县土地面积的2.26%，主要为新城和老城基础设施相对完善的区域，承担城镇化、工业化创新发展的重点建设项目；优化准入区占全县土地面积的9.44%，主要为各工业功

① [德]马克思:《资本论》第3卷，人民出版社1975年版，第117页。
② [德]马克思、恩格斯《马克思恩格斯全集》第25卷，人民出版社1972年版，第118页。

能区的集聚区，因城镇基础设施及产业层次较低，污染排放量较大，亟须加快城镇产业优化发展。

(三)节能减排措施

天台县大力开展能源紧缺体验、能源执法检查活动，加大对清洁生产能源体系建设、节水型企业、新能源利用等示范企业的报道宣传。狠抓项目源头控制，严格落实节能评估工作，坚决控制高能耗项目进入，完成70个项目的节能审查，组织27个项目的节能评估工作，年综合等价能耗50005.35吨标煤，年用电量14433.8万千瓦时。2014年1—11月份，县规上企业单位工业增加值能耗同比下降8.18%，煤炭消费总量64774吨，完成年度节能工作。全面推广清洁生产审核，增强企业自觉开展清洁生产环保意识，完成万胜、华基环保、天新药业、严牌过滤布等4家企业清洁生产审核，现等待市里验收。制定了《天台县2014年主要污染物减排工作计划》，完成3家减排项目、4家关停企业的结构减排项目、6家规模化畜禽养殖场减排项目、35个农村生活污水处理减排项目。根据核算，2014年全县COD削减5.65%、氨氮削减6.36%、二氧化硫削减11.12%、氮氧化物削减13.75%，完成年度减排任务。

(四)生态补偿机制

根据《浙江省人民政府关于进一步完善生态补偿机制的若干意见》《浙江省生态环保财力转移支付试行办法》和《台州市人民政府关于建立健全生态补偿机制的若干意见》，天台县作为浙江省45个主要水系源头之一，每年按照环境质量和生态功能状况，获得最高额度的省级生态环保财力转移支付资金。近几年来，天台县设立了生态公益林管护补助资金、矿产资源开发基础备用金、生态县建设专用资金等，组织实施“异地搬迁”“生态公益林建设”“万里清水河道建设”、农村生活污染治理以及环境基础设施建设等重点工程，为天台县建立完善的生态补偿机制奠定坚实的基础。

三、制约天台县生态文明建设的主要因素

(一)体制机制的缺失和不完善

近年来，生态问题逐渐引起县域地区政府和人民的重视。问题在于，尽管人们认识了这一点，但由于经济因素的影响，还是很少有人会自愿放弃掠夺自然资源及污染环境的行为。这也说明了在生态文明建设中体制机制的缺失性和滞后

性。体制机制的缺失和不完善严重影响生态文明建设的进程，因而，县域地区应该通过不断建立健全体制机制去规范人的行为。

从近年生态文明评价指数看，天台县的“生态制度”一项排名在全省比较落后，2011 年为第 50 位，2012 年为第 33 位。这说明天台县在制度建立和完善上需要加大力度。针对天台县在生态文明建设中的体制机制问题，我们课题组经过实地调研，概括为以下几个方面。

1. 生态空间管制缺乏统筹

目前天台县的现状是缺乏长期规划，空间发展上缺少统筹协调，造成工业功能区数量多、布置散，甚至与城镇居民区混杂，对生态及人居环境造成严重影响。

2. 生态补偿机制还未建立

天台县生态补偿工作还未能形成制度化，资源有偿使用制度还不够完善，在财政支付过程中往往把生态建设、资源有偿使用与生态补偿相混淆，体现生态补偿要求不清晰，资源使用和保护投入没有充分反映自然资源本身价值。

3. 公众参与机制不健全

欠发达地区居民特别重视改善当前的经济条件，往往对眼前的生态问题表现较为漠然，除非与自身利益息息相关才积极参与；民间环保机构之间没有形成互相配合、加强协调与合作的氛围，也没有形成信息共享的机制。

(二)科学技术的相对落后性

科学技术水平不仅会制约一个地区的经济发展进程，也会制约其生态文明建设进程。县域地区生态文明建设更易受到区域科学技术的制约。天台县作为浙江省一个典型的山区县，科学技术与省内发达地区相比还存在很大差距，大多数企业科技含量不高，工业技术装备较为落后，环保基础设施落后，有些乡镇工业企业污染不能很好地得到控制；从另一方面说，天台县的科学技术相对落后性也表现为县域高科技人才的缺乏，且近年来有些关键领域的高科技人才有流失倾向。科技水平不高及高科技人才缺乏，势必会影响天台县科技的竞争力，影响到生态文明建设的整体效益，严重制约了天台的经济社会和生态效益的协调发展。

(三)其他因素

环境基础设施管护方面，虽然天台县建成了城市污水处理厂、乡镇污水处理站、垃圾填埋场、垃圾中转站，但城市污水收集系统维护和乡镇、村级管护人员力量较为薄弱，并缺乏长效管理机制，保证不了正常的运作管理；工业污染源治理方面，天台县大多数工业企业规模较小，工艺相对落后，环保基础设施落后，甚至工业功能区还没有集中的污水处理设施。坡塘区域化工业企业在没有搬迁前污染无法得到根治，污染反弹时有发生；农业面源污染方面，畜禽养殖配套土地不足，大量未经处理的畜禽粪便排入溪、田、塘。实施"肥药双控"的力度还不够大，可以接纳畜禽粪便的绿色有机农场基地数量和规模偏小，致使地表径流污染严重。除此以外，建筑垃圾、医疗垃圾以及生活垃圾的任意堆放也造成了环境污染，影响到生态文明建设的进程。

四、天台县生态文明建设的现实路径

（一）探索建立生态空间管制制度

县域地区应遵循本县人口资源环境相统一的准则，有效控制国土资源开发，促进生产空间、生活空间、生态空间适度合理利用。

近年来，天台县划定生态保护红线，建立生态保护红线体系，依靠省政府立法来严守耕地红线、水资源红线、生态红线，以解决水污染、大气污染、土壤污染等突出的环境问题。建立生态空间集约利用机制，通过对各生态环境功能小区污染物总量控制，严格实行对生态功能用地的监督，理顺工业功能区与居民生活区的空间配置关系。拓展生态空间培育保护机制，完善生态公益林管护机制，建立湿地生态效益补偿机制，制止溪滩改田，杜绝河岸硬化。坚决在必要的区块实施退耕还湿，修复始丰溪两岸湿地生态系统，恢复蓄洪防旱、降解污染能力。定期定量对始丰溪、三茅溪等进行补水，保证河流的生态需水和河流物种多样化。

（二）建立生态补偿机制，完善资源有偿使用制度

加大财政转移支付对生态补偿的支持力度，建立生态补偿投融资体系是加强生态环境保护、统筹城乡协调发展的有效途径，是全面推进县域地区生态文明建设的重要举措。完善资源有偿使用制度，进一步完善土地、矿产、水等各种资源费的征收使用管理体制。

根据区域特点，天台县建立生态补偿机制，完善资源有偿使用制度的举措主要有以下几个方面。

1. 水资源保护方面

提高水资源保护费的征收基准，扩大水资源保护费的征收范围，提取水资源

保护费并充实到水资源保护生态补偿资金中，用于县内重要水资源保护区的生态补偿及奖励；积极创造条件，尽快实行阶梯式计量水价制度，核定企业和居民用水额度，超量征收的差价部分费用纳入水资源保护生态补偿专用资金。

2.排污权方面

建立排污权交易和排污权有偿使用制度，采用市场杠杆对污染物进行控制和管理，把环境保护问题、排污权交易同市场经济有机结合起来。建立排污权交易市场，由政府来保护和监督排污权交易市场，一旦发现问题及时处理和纠正。全面开展刷卡排污制度，加快排污系统建设，实现对企业环境管理从单浓度控制，向浓度、总量"双控制"转变的管理制度。

3.生态补偿试点方面

生态补偿涉及复杂的利益关系调整，我们要通过在典型生态区对典型生态类型开展试点探索以总结经验。如全县人民的大水缸石梁镇黄龙水库饮用水源地，库区集雨面积为29.2平方公里，总库容1625万立方米，承担县城日供水10万吨的任务；里石门水库饮用水源地，集雨面积为296平方公里，总库容1.99亿立方米，承担全县饮用水备用水源和始丰溪两岸18万亩农田灌溉的任务，这两个水库都是饮用水源保护生态环境功能区，属于天台县生态环境功能区划的禁止准入区，主要以生态保护和修复为主，是探索建立和完善生态补偿机制政策和技术体系的理想试点区。将旅游业做大做强，并使其成为拉动当地经济发展的循环发展模式。

（三）加大科技创新和招才引智力度，创新区域经济发展模式

1.加大科技创新力度，大力发展循环经济

大力发展循环经济，利用科技的引进和创新保护生态环境、提高资源利用率，从而促进区域经济社会和生态环境的协调发展，这已成为县域地区当前生态文明建设的"双赢"之路。天台县以科技创新为动力，加快形成节约能源资源和保护生态环境的经济发展模式，努力实现人与自然的和谐发展。第一，推进工业循环发展。抓好天台县医药、橡塑、汽车用品等重点行业的资源消耗减量化。在产业集聚区、工业园区内搭建具有地方特色的循环经济产业链，着力构筑县域循环经济产业发展新常态。第二，促进农业循环发展。大力推进资源节约型农业技术和农业废弃物资源化利用技术，建立健全生态循环农业县域模式。第三，加快生态旅游业循环发展。充分利用天台县的生态优势，树立品牌意识。

2.完善人才引进政策,加大招才引智力度

科技创新离不开人才的支撑,但是很多县域地区经济发展水平相对滞后,又处于偏远山区,交通不发达,因此很难吸引高科技人才。我们要做的就是在大力发展经济的同时,不断完善人才政策。近年来,天台传统的机械、生物医药等产业发展迅速,科技人才供需矛盾成为困扰当地企业发展和生态建设的头号难题。为此,天台县要进一步创新机制、优化服务,已有的人才政策制度将继续坚持,不够到位的方面要着重完善和解决,争取用优惠的人才政策招到企业需要的高科技人才并留住他们。用人才优势促成科技创新,用科技创新促进经济发展,用经济发展催进生态建设。

3.根据区域特征,大力发展生态经济

县域地区的生态文明建设要突出地方特色,使其生态产业和循环产业能够交叉互动发展。天台县拥有独特的生态优势和资源优势,在经济社会发展中适合将生态产业和循环产业有机结合起来。

发展生态经济,必须依靠政府运用财政、金融、价格等经济手段,以低碳、绿色、循环的生态理念,立足天台的山区特点和循环经济特征,加快地区经济发展方式转变,大力发展生态工业;加快区域农业经营模式转变,大力发展生态农业;加快地方特色旅游资源开发力度,大力发展生态旅游业。使生态工业、生态农业及生态旅游业融入循环产业链之中,达到生态产业和循环产业的和谐统一。

(四)健全环境准入制度,加大环保执法力度

健全环境准入制度和主要污染物控制制度,严格控制不符合规划、不符合天台县产业政策的、重污染高能耗的企业进入。完善排污许可证制度,严禁无证排污、超标排污。实行严格的水资源管理制度,探索中水回用、再生水利用,推行水污染第三方治理和污染源在线监测第三方运营。严格实行生态环境质量问责制度,对污染环境、破坏生态的行为加大责任追究和违法惩治力度,切实保护公民环境权益。继续实行“3255”分类考核,增加生态保护和环境质量的权重,探索建立绿色GDP核算制度。加大环保执法力度,加强重点流域、重点区域,重点行业的执法监管,加强城市重点工业污染源和农业面源污染的执法监管,深入持久地开展各类环保专项行动,严厉打击各类破坏生态环境的违法行为。完善环保、公安等多部门联动执法机制,让各部门进行良性互动,通过环保执法联动响应程序,集生态诉讼案件、环保联动执法、环保警示教育于一体。

(五)加强生态文化建设,为生态文明建设提供思想支撑

1. 发展地方特色生态文化

县域地区虽然经济发展相对滞后,但各地的自然条件、资源禀赋、人文风情等都各具特色。我们应该因地制宜地挖掘具有地方特色的生态文化,并将其打造为地方的生态品牌,从而带动地方特色的生态文化的创新,再促进生态品牌知名度提升。这是一个生态文化与生态品牌良性循环的过程,不仅体现了可持续发展的内在本质,也是县域地区实现经济发展和环境保护"双赢"的必然之路。天台县依托自身的区域特点和资源优势,全力打造生态旅游,不但拥有了生态品牌效应,也发展了生态文化,使人与自然和谐相处。

2. 健全生态环保公众参与机制

公众参与机制,是我国环境法中的一项基本原则。该原则有助于提高环境决策的民主性和生态文明建设的科学性。集中民智、凝聚民力、体现民意,健全符合生态文明建设规律的公众参与制度,以保障公众对环境保护的言语权、对环境污染的知情权、对生态文明建设的监督权。积极发挥环保协会、环保志愿者协会等社会团体的宣传和监督作用,让没有直接利益关系的人也能就环境公益的损害提起诉讼,使生态文明建设处于社会团体和公众的参与和监督之下。

3. 开展生态文明宣教活动

大力开展广泛生动的社会宣传,充分利用现代科技手段,向公众传递生态文明的重要信息,潜移默化地引导公众,使之形成稳定的生态文明理念。首先,在理论宣传中宣传生态文明。宣传国家有关环境保护和可持续发展的方针政策、法律法规和标准规范,使之能深入人心。其次,在生产活动中宣传生态文明。提倡劳动者发展绿色生产,倡导企业开发循环产业。通过宣传教育将经济理念和生态理念融为一体,使之转化为人们的生态文明的自觉行动。最后,在生活行为中宣传生态文明。在日常生活中,鼓励人们平时使用低碳的生活用品,杜绝使用一次性水杯、筷子等易耗品以及对环境保护有威胁的商品,鼓励大家用公共交通或者步行等绿色方式代替对环境有破坏的出行方式。

参考文献

[1] 马克思,恩格斯.马克思恩格斯选集:第1,3,4卷[M].第2版.北京:人民出版社,1995.
[2] 约翰·贝拉米·福斯特.马克思的生态学:唯物主义与自然[M].刘仁胜,肖峰,译.北京:高等教育出版社,2006.

[3] 钱俊生,余谋昌.生态哲学[M].北京:中共中央党校出版社,2004.
[4] 马克思.1844年经济学哲学手稿[M].北京:人民出版社,2000.
[5] 余谋昌.生态哲学[M].西安:陕西人民教育出版社,2000.
[6] 佘正荣.生态智慧论[M].北京:人民出版社,2002.
[7] 余谋昌.创造生态文明新的制度模式[J].林业经济,2014(6).
[8] 黄承梁.生态文明建设的重要意义和战略任务[N].人民日报,2012-08-20(19).
[9] 詹姆斯·奥康纳.自然的理由:生态马克思主义研究[M].唐正东,臧佩洪,译.南京大学出版社,2003.
[10] 天台县环保局.天台县生态文明建设成效报告[R].2014-04.
[11] 中共天台县委,天台县人民政府.天台县创建国家生态县工作报告[R].2012-10.

复合联动:“五水共治”的机制创新与路径完善

——缘于Y县的实证研究

林婷婷[①] 陈 君[②]

【摘 要】“五水共治”,是浙江省实现“四个全面”战略布局和建设美丽浙江的重大举措,也是有效推进经济社会可持续发展的引擎,是社会各界所关注的焦点。囿于单纯由政府推动“五水共治”的成本过高,且极易陷入传统公共行政效率低下的困境,出现“行政失效”和“政府失灵”的可能危机。因此,“五水共治”的治理结构创新问题是当前社会治理亟待突破的现实课题。本文以Y县为研究个案,运用多中心治理理论分析并解读Y县“五水共治”创新机制的运行机制及逻辑生成,进一步探讨“五水共治”“多中心”复合联动治理的创新机制和完善路径,促进社会治理权力主体复合联动,有效地突破当前“五水共治”的运动式困境,最终实现社会治理新常态,也为其他地区“五水共治”工作提供些许思考和借鉴。

【关键词】复合联动;五水共治;多中心治理;机制创新;路径完善;Y县

一、引 言

“五水共治”是一项动态开放、惠及民生的系统工程,也是一项长期的战略任务。随着产业转型升级的现实需求和美丽浙江建设的社会诉求日趋强烈,有效推进“五水共治”工作成为摆在当前政府面前的重大现实课题。“五水共治”涉及社会政治经济生活的方方面面,若单纯由权力集中的政府一方推动,极易陷入传统公共行政效率低下、成本过高、能力不足的尴尬境地,出现“行政失效”和“政府

---

① 林婷婷,中共玉环县委党校高级讲师,主要从事社会治理问题研究。
② 陈君,中共玉环县委党校讲师,主要从事社会治理问题研究。

失灵”的可能危机；也极易因推进中的矛盾冲突解决不良，使政府与社会公民关系出现负面的变化。为应对这一问题，需要创新“五水共治”的治理结构，拓宽其社会资本网络，获得社会生态环境支撑，增进“五水共治”的社会资本存量，进而提升治理效能。其中，多中心复合联动机制是“五水共治”治理结构的重大创新，它从根本上倡导多元化的参与主体，实现多方复合联动治理，给予现代社会治理价值导向的积极回应。同时党的十八届三中全会也明确提出，创新社会治理机制，激发社会组织活力，提升社会治理水平。[①] 因此，政府应该重新定位自身角色，让渡更大的治理空间和行政权力给社会治理权力主体，使政府的行政权力与社会组织的自治权力趋于平衡，在“复合联动”中实现“协同治理”，最终实现“常态化治理”，并主动适应经济发展新常态。

本文考察的Y县是全国13个海岛县之一，地处浙江省东南沿海，是民营经济较发达的县域之一。随着市场经济的不断深入，Y县的民营经济得到了快速发展，成为Y县经济增长的重要支柱之一，形成了汽摩配、水暖阀门、家具、眼镜配件、金属制品、医药包装等特色产业集群。[②] Y县发展前期过于追求经济效益导致自然环境受到严重破坏，空气、淡水、植被等人居环境急剧恶化；工业污水违规排放问题突出，水环境污染严重，使水资源原本贫瘠的Y县遭遇了发展的瓶颈，生产生活供水无法自给。因此，创新Y县“五水共治”的治理机制，探索破解Y县社会经济持续发展的瓶颈之道，是新常态下亟待解决的重大课题。结合Y县的经济状况、产业结构及环境资源等因素，选取Y县为实证研究的样本极具实践研究价值和代表性。

二、理论背景

（一）多中心治理理论

多中心治理理论是当今西方学术界最流行的理论之一。“多中心治理”是“多中心”与“治理”两者的有效结合。“治理”是20世纪80年代西方国家面对传统社会管理的“政府失灵”和“合约失效”的危机及社会失序的问题而产生的治理

① 新华网:《中国共产党十八届三中全会公报全文》，http://news.xinhuanet.com/house/tj/2013-11-14/c_118121513.htm。

② 2015年Y县情概要。

方式变革。[①] 其目的在于通过政府组织、非政府组织及社会公众等行动主体组织化合作动员，获取政府让渡的公共治理的权力，协同参与社会公共事务的治理，实现自发秩序的生成与社会公共利益的最大化，创建一个以公民为中心的复合治理结构的复兴实验过程。迈克尔·波兰尼在《自由的逻辑》中最早区分了"一元的秩序"与"多中心的秩序"这两种组织社会任务的秩序，"多中心治理"的核心概念正是来源于此。奥斯特罗姆于20世纪70年代末在迈克尔·波兰尼"多中心"概念的基础上发展并完善了多中心治理理论，在公共事务治理中引入了自主参与的"第三部门"，打破了以往学界在解决公共事务治理之道的常规思维，实现多元主体参与治理的可能。之后，多中心治理理论逐渐发展成为公共物品生产与公共事务的治理模式之一。多中心治理理论认为，政府不是管理现代公共事务的唯一的公共权力中心，还需要诸多相互依存的社会性组织参与社会事务的管理与调节；现代公共事务的治理应该是多元主体上下互动、纵横交错的治理过程，而非仅仅运用政府的政治权威对社会公共事务的单一向度的治理，应该借助多元化的权力和政府来解决不同范围的公共治理问题，从而达到治理的最佳状态。[②] 这种"权力分散、管理复合联动和市场社会多元共治"的多中心治理理论，成为满足民众多元需求、提高效率和降低成本的理想模式。该理论在一定程度上丰富了公共管理理论，成为解读公共治理问题的重要理论框架。可以说，多中心治理理论为本研究提供了解读"五水共治"模式的思维方式和理论框架。

有关多中心治理理论的研究，学术界各有侧重。王兴伦(2005)较早关注多中心治理理论，梳理国外学者对多中心治理理论的解释并改造加工，指出多中心是指多个权力中心和组织机制治理公共事务。陈艳敏(2007)认为，多中心治理理论是公共事务自主治理的制度理论，其核心内容是自主治理和自主组织，其中心问题是相互依存的行动主体如何组织化动员合作，实现自主治理，取得共同利益的实现。[③] 张振华(2011)、苟欢(2012)、邓悦(2013)等学者从多中心治理视野研究公共产品供给模式，探讨了公共服务(产品)的多中心供给实施机制。李金龙(2008)、应珊艳(2008)、纪泽民(2014)等学者则运用多中心治理理论研究公共

---

① [美]博克斯：《公民治理：引领21世纪的美国社区》，中国人民大学出版社2005年版。

② 陶建钟：《复合治理下的国家主导与社会自主——社会管理及其制度创新》，载《浙江学刊》2014年第1期。

③ 陈艳敏：《多中心治理理论：一种公共事物自主治理的制度理论》，载《新疆社科论坛》2007年第3期。

事务治理。其中李金龙分析了多中心治理视角下的长株潭区域合作治理状况，提出多元的治理主体、多维的权力向度、混合的治理机制及多中心的制度设计是长株潭区域合作治理的创新手段。[①] 纪泽民以天津生态城为例，探索了生态城市多元共治建设的治理模式，指出政府、社会组织和市场三协同合作是建设生态城市的有力路径。应珊艳(2008)提出，在农村基础设施建设和提供过程中，建立互动的多中心治理模式，政府、市场和社会复合，解决农村基础设施问题。这些研究对本研究的思路构建和理论阐述起到了一定的指导作用。

(二)"五水共治"

"五水共治"是浙江省全面深化改革、倒逼产业转型升级、建设美丽浙江的战略举措，也是有效推进台州市"一都三城"建设的重要抓手。鉴于"五水共治"是浙江省政府近期推出的大政方针，省外学者鲜有涉及此问题的研究，部分省内学者从不同的角度开展了研究，尤其是从本土化视角讨论"五水共治"的模式、机制引导及路径方式的研究，取得了创见性的成果。主要有：(1)许光(2014)等学者侧重实证研究，评价现行的治理模式并提出完善治理的路径选择。许光在对浦江县"五水共治"进行实证调研的基础上，梳理和总结了浦江水晶行业整治提升的主要举措及成效，并从产业转型升级的视角探讨了"五水共治"的创新路径。(2)蔡建旺(2014)重点探索社会组织如何参与"五水共治"问题，并从建立枢纽型社会组织、建立"五水共治"民间基金会、加大政府购买社会组织参与"五水共治"力度、支持水环境社会组织实体化运作、整合社区社会组织资源、建立"五水共治"公益创投项目库等方面完善治理模式。[②]

目前学界对"五水共治"的整体研究取得了阶段性的成果;但过多地停留在"五水共治"模式的梳理与总结，缺少有效的理论分析和实证研究。为此，本文拟以Y县为个案，从多中心治理理论角度实证分析Y县"五水共治"创新机制的运行机制，进一步探讨"五水共治""多中心"复合联动治理的创新机制和完善路径，为其他地区"五水共治"工作提供些许思考和借鉴。

---

① 李金龙:《多中心治理视角下的长株潭区域合作治理》，载《经济地理》2008年第3期。

② 蔡建旺:《参与式社会治理的温州三重奏》，http://www.participation.cn/liluntantao/baogao/18684.html。

三、复合联动的秩序生成：Y县“五水共治”的运行机制

Y县积极探索“五水共治”创新模式，着力破解传统公共行政效率的低能化、公众参与动力的孱弱化的困境，形成“政府主导、社会自主”的多方复合联动治理模式。经过近两年的有益探索，Y县开创“五水共治”工作新局面，多次受到社会公众的认同和省市领导的批示肯定；“五水共治”在M市督评中位列第一，在强县板块评比中多次名列第一，Y县被省水利厅评为河道长效管理示范县、全国节水型社会示范县。

Y县五水共治运行机制的成功，从本质上看在于其本身就是一个多中心治理的和谐产物。政府部门、村居、民间组织、社会群众、企业商家等多元主体共同参与到政策规制、宣传动员、互动反馈、奖惩落实等多个环节，通过信息收集、情况调查、政策发布、听证会、网络检举、媒体报道、公益广告、模范评选、公开奖惩等多种渠道实现了运行与参与中的相互监督、多元联动、沟通顺畅、信息透明。这一机制打破了单一的权力集中与固定式分配走向，行政治理权力社会化，扩充了参与主体的范围，使治理的不同主体间建构合作关系，并通过环环相扣的工作步骤，形成不同于原有的“中心—边缘”的治理结构，释放了治理活力，规范了行政权力的运行(见图1)。

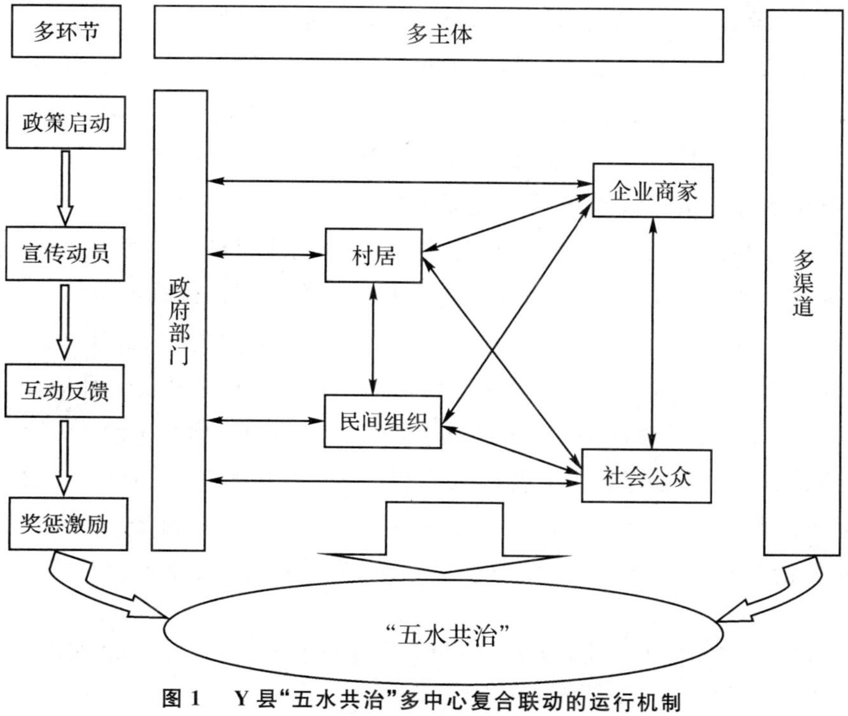

图1　Y县“五水共治”多中心复合联动的运行机制

(一)多主体参与

多方参与主体的有效进驻,能固化多中心治理的各项优势,增强力量间的协调整合,强化规则之下的调适性互助协作,从而推进"五水共治"工作的有序化发展。

Y县通过组建多方复合联动参与机制,政府部门、村居、企业商家、民间组织及社会公众等行动主体组织合作化动员参与,形成上下互动、纵横交错治理网络。特别是社会民间组织、社会公众等利益相关者的直接参与监督,较好地将五水共治的治理秩序、资源进行整合,实现政府的外在秩序与社会个体的自发秩序的生成及外在控制和内在控制的合力,共同构成社会秩序的生产者和社会服务的供应者。[①] 社会治理权力主体自主进入"五水共治"的场域,重构个体的现代公共价值和认同自我公共责任、身份,时刻注重保持自身优势,提高部门竞争力,强化监督机制,实现多方参与协同治水,有效推进"五水共治"健康持续运行。

1.政府部门联动推进

全面建立"河长制",县四套班子领导担任"总河长",乡镇级和村级河道按照属地管理的原则,探索建立"河长—河道警长—河道纪检员—河道督查员—河道环保卫士—环保技术指导员"联动治水机制。截至2014年底,Y县完成105个治水项目,投资6.98亿元,开展专项整治,共拆除关停非法畜禽养殖场232家(其中50头以上养猪场141家),整治洗车行业13家等;清理垃圾河263.7公里,治理黑河、臭河35.5公里,基本消灭了黑河、臭河和垃圾河。2015年计划投入近138261万元用于"五水共治"项目(见表1)。法院、检察院等10余个单位成立县治水综合执法队,实现常态化联合执法。县检察院专门开展了加强"环保检察",服务和保障"五水共治"专项行动,监督有关部门对污染河道的企业进行查处整治。截至目前,共对涉水环境违法行为立案64起、行政拘留31人、刑事拘留44人、判刑9人,充分发挥检察机关打击、教育、监督等职能,有力震慑了环境违法行为。充分发挥人大的民主监督和政协的建言献策功能。开展助推"五水共治"专项民主监督活动,围绕"五水共治"工作,协商提出全民治水、依法治水等意见建议。坚持委派民主监督员工作和专项民主监督活动相结合,全面开展助推"五水共治"专项民主监督活动,向乡镇(街道)派驻民主监督小组,全员参与"五水共治",开展"五水共治"视察监督活动70多次,上交建议100多条,出台

① 陶建钟:《复合治理下的国家主导与社会自主——社会管理及其制度创新》,载《浙江学刊》2014年第1期。

《关于全县“五水共治”工作的建议》。①

表 1　Y 县五水共治 2015 年度投资项目计划

项目名称		总投资(万元)	建设单位
治污水	污水处理厂及配套管网、各建成区截污、河流整治等工程	29257	各乡镇(街道)、城市建设集团公司、农办、住房和城乡建设规划局等
防洪水	沿海防波堤坝整固修复、山塘水库加固延建及标准海塘排涝等工程	21252	水利局、海洋经济开发投资公司、各乡镇(街道)等
排涝水	Y 县沿海排涝工程、玉坎河段治理工程等	79964	水利局、海洋经济开发投资公司、各乡镇(街道)等
保供水	城乡饮水安全提升工程等	7788	水利局、自来水公司等
	合计	138261	

2. 社会组织协同治理

Y 县社会民间组织积极助力“五水共治”活动，协同推进 Y 县“五水共治”工作的进程，联合治水效果明显。截至 2014 年 10 月 15 日，Y 县基层商会认捐 2990 万元(见表 2)，社会公众募捐高达 320 万元。此外，信得利阀门、诺贝家具等公司开展“志愿岗认领服务项目”“母亲河结对共治”“治水金点子征集”等活动，动员引导社会公众自觉履行社会责任。全县企业共认领责任河系 121 条，组建职工志愿队 36 支，收集“治水金点子”1.1 万条，组建“清水卫士”志愿队，开展“清洁 360”活动。

表 2　Y 县五水共治商会捐赠情况

名称	金额(单位:万元)
YC 商会	150
KM 企业家协会	371
DMY 商会	200
CM 商会	326
QG 商会	1480
LP 商会	120

① 相关数据、资料来源于 Y 县联创与治水办。

续 表

名称	金额(单位:万元)
GJ 商会	80
SM 商会	143
LX 商会	120
合计	2990

(二)多环节支撑

多方复合联动的秩序生成需要规则、动力、责任等相关因素的激活,主体间交往互动,为公权职能行为的操作与监督提供一条可行性秩序的生产,这也是一种治理主体间的互动规则。社会治理权力主体在正当行为规则约束下获取社会生态环境支撑,激发参与的动力,公共责任被唤醒,形成自生自发的治理秩序。在这一正当性行为规则中,多个环节紧密扣连,主体间的系统联系有所增强,为治理权力的正常行使与错误规避铸造了免疫系统。

1. 制度规制与技术支撑

Y 县根据各媒体报道、监察举报、参政议政等渠道获取反馈意见,出台相关政策,制定有效实施参照和行动约束规则,并且针对实践上的不足进行修订完善,用以工作指导。先后出台《五水共治"河长制"与督查问责机制》《Y 县"五水共治"专项资金管理暂行办法》《农村生活污水治理一事一议财政奖补项目与资金管理办法》等相关政策。"五水共治"作为县委县政府的重中之重来抓,设立"五水共治"一事一议财政奖补专项资金。一事一议上级财政奖补污水治理项目 5789.5 万元,并实现县级财政 1∶1 配套投入,全力保障"五水共治"有序推进,全年财政投入 3.5 亿元。其次,强化智力支撑。邀请河海大学专家团队编制《Y 县"五水共治"总体规划(2014—2030)和县城乡污水工程专项规划(2013—2020)》,系统梳理治水关系,明确治水目标任务,协调确定工作内容和建设时序,科学统筹安排污水处理设施及管网布局等建设。主动对接引进高校治水团队和高学历人才,引进上海海洋大学投资的国家高新技术环保企业——上海水生环境工程有限公司等 4 家公司及 15 名优秀治水人才参与"五水共治"工作。同时深入挖掘本土人力资本资源,发动相关专业技术人才参与治水工作,组建了由 21 名高级工程师领衔的治水服务团,提供菜单式服务。目前,共有 57 名治水服务团成员已全部安排到治水项目担任技术顾问。[①]

2.组织化合作动员宣传

组织化合作动员是调动政府、社区、社会民间组织、社会公众等多方参与五水共治的有效途径。通过组织化合作动员的宣传,社会个体意识到参与其中能亲身受益,约束自身行为并主动参与、监督,辐射自身的榜样示范作用。Y县结合听证会、广告牌、宣传画、电子屏、微博、短信、简报等媒介,发展形成立体联动的社会宣传和宣传动员结构[②]。突出正面典型示范和反面典型示警,大力开展"五水共治"宣传,对全县800多名领导干部和近千名村居(社区)干部进行治水专题培训。通过制作播放《水之患》专题片、发放《"五水共治"60问》宣传手册,举办"五水共治、同心同行"文艺晚会,"五水共治、法治同行"大型法制宣传和各乡镇街道及村干部涉水法律知识巡回讲座等方式,实施全方位、地毯式的宣传覆盖。同时,结合世界环境日、低碳日开展街头咨询活动,并在交通要道、城区主干道等设置大型广告牌、LED屏,专题宣传"五水共治",营造全民治水的良好氛围。编印《Y县治水风采》画册,展示各地治水工作动态和成果。[③]

3.构建互动反馈平台

通过建立政府、社会等治理主体间的互动反馈平台,多方交往互动交换反馈监督意见,强化治理主体的公共责任意识,激活社会个体的参与、监督的动力,从而促进多主体参与、协同治理的良性秩序的形成。政府、群众、社会组织、村居相互监督并实现监督信息的有效反馈,企业向政府、群众、村居、社会组织通报监督意见涉及的问题情况与治理、整改措施;政府将社会反馈督查事项纳入Y县"四见面"督办范畴,并及时向群众、村居、社会组织、企业通报监督意见的处理情况。例如,M街道办事处村民向相关部门反馈,某施工队在实施N村建设区截污工程时未按标准安装排水管道。Y县政府部门在得知该督查信息后,调查取证,将此事件经正规媒介曝光并公开处理意见,增强了政府的公信度和影响力。

4.惩罚奖励机制的动态运作

对照《Y县"五水共治"工作考核内容和评分细则(实行)》,通过督查考核,将多项指标作为考核内容,奖惩分明,对先进单位和个人授予"治水先锋"等荣誉奖章,对排名后十的则亮黄牌整改,实行后进转化,形成良性循环。[④]

---

①③④ 相关数据、资料来源于Y县联创与治水办。

② 任克强:《组织化合作动员:社区建设的新范式》,《社会学》2015年第2期。

（三）多渠道干预

通过网上测评、服务对象测评、电话监督等多种渠道方式，推进开门决策，实行多方互动监督，以权利制约权力，打击遏制违纪现象，提高科学治理水平，优化和提高了办事能力和效率。

1. 建立多维立体的督查问责机制

通过电话举报、网络举报等多种途径，构建“来电、来信、来访、网络”四级联动立体举报网络，及时掌握和受理社会公众的相关诉求和反馈信息，公开问责“五水共治”工作中“不作为”“慢作为”“乱作为”等问题并给予曝光和黄牌警告。

2. 强化督查考核机制

启动纪委专项监察和组织部专项考核，将治水成效与各级领导班子、领导干部的工作绩效相挂钩，全面开展“五水共治”劳动竞赛，并对乡镇街道部门领导班子及领导干部治水进行专项述职评议，公示进度、查摆问题、评议实绩，强化领导干部抓治水工作的主动性和积极性。

3. 完善联合督查机制

开展县领导点对点督查，定期不定期组织“联创与治水”办、纪委、组织部、督查室等单位开展“治水正风肃纪”“治水先锋”等联合督查活动。

4. 完善联合执法机制

坚持依法治水，配合市“雷霆斩污”行动，高压严打违法排污行为，出台举报奖励办法，县财政每年拨出100万元专项用于举报奖励。在原先的环保、公安联合执法机制的基础上，整合“联创与治水”办、法院、检察院等10余个单位力量，成立县治水综合执法队，进一步完善联合执法机制实现常态化联合执法。截至2014年底，共对涉水环境违法行为立案64起、行政拘留31人、刑事拘留44人、判刑9人，有力震慑了环境违法行为。①

四、复合联动的多维立体效应：Y县“五水共治”的价值透析

Y县“五水共治”的多中心复合联动机制进一步拓展了过去他地的探索，激活了社会公众的主体意识和责任意识，促进自发秩序的生成扩展，有效突破传统

---

① 相关数据、资料来源于Y县联创与治水办。

社会治理的“运动式困境”，实现常态化治理，主动适应经济发展新常态。可以说，当前社会治理亟待突破的实现课题都在这一过程中得到了有益的尝试与践行。

(一)权威嵌入与技术规训，形成组织化的治理秩序

Y县“五水共治”的复合联动机制，不仅需要各级政府的强效推进和民间权威的示范效应，同时还需要建立起科学合理的制度设计和技术规训。首先，政府权威能够有效地运用其本身所属职权的力量优势，通过制度规制、管理指挥、技术规训等使协同治理主体形成组织化的秩序，提高政府部门的威信力和震慑力。Y县根据治水实践需要，出台《五水共治“河长制”与督查问责机制》《Y县“五水共治”专项资金管理暂行办法》等系列政策方案并加以修订补充，强化了制度的权威性，有效地推进治水工作。其次，作为民间权威的社会精英等社会力量，具有很强的示范效应，在复合联动中扮演着“节点”与“桥梁”的作用；往往能唤醒社会公众的主体意识和责任意识，有助于形成联动治理机制。最后，《Y县“五水共治”总体规划(2014—2030)和县城乡污水工程专项规划(2013—2020)》的科学规划和“河长”等相关人员的技术规训，有助于形成科学的秩序观，在一定程度上指导和帮助复合联动机制的成长和优化，有效破解了“五水共治”节点难点问题，凸显权威性和专业性，提升治理的科学化水平，实现了“五水共治”工作的增效。

(二)信任构建与环境支撑，认同个体的公共身份

多元主体、公共责任、自主参与是复合联动治理秩序的核心要素。当前社会治理中的公众参与，大多借力于外，要么是媒体的助力，要么是社会个体的利益所逼迫，鲜有出自社会个体内在的动力和主体意识的真正觉醒。[①] 如何唤醒治理主体的主体意识，激活其参与的动力，关键在获取社会生态环境支撑。在Y县“五水共治”机制的运行中，社会个体不断通过组织化合作动员宣传、互动反馈平台构建、惩罚奖励机制的活态运作等环节获取社会生态环境支撑，社会个体意识不断觉醒，主动辐射自身的榜样示范作用；特别是互动反馈平台的构建，政府赋予公众平等地接收各类反馈信息，大范围地解决了信息不对称的问题以及权力不对等关系，大大地提升了政府的公信力和认同度，更多公众渴望参与公共事务治理。[②] 在这一系列过程中，社会治理主体自主进入“五水共治”的场域，重新界定并认同个体的公共身份，感知自我的公共力量和公共责任感，约束自身行为

---

① 杨采琴：《论公众参与社会管理的困境》，载《求索》2012年第1期。

② 罗维、孙翠：《乡村治理中的协商民主：发展瓶颈及深化分析在》，载《农村经济》2013年第8期。

并主动监督，从而使漫散型的权力内化于心，主动融入社会决策与社会建设中，形成全民治理的良好氛围。

通过剖析 2014 年 4 月和 2015 年 5 月 Y 县社会公众对“五水共治”工作的支持度对比情况发现（见图 2），社会公众表示“五水共治”跟其生活息息相关、应该主动配合支持分别为 85.2％、96％；受访者表示“五水共治”是政府部门的事情，与普通群众不相干、也不想参与的占比依次为 10.88％、1.15％；对此问题持茫然态度的为 3.92％、2.85％。进一步调查显示，在“五水共治”具体工作实施过程，若触及个体的相关利益时，对其不支持的有 4.05％；有 94.1％的受访者表示支持配合；还有 1.85％的不仅不配合还进行相应抵制。可见，Y 县“五水共治”经一年多的探索得到群众的普遍认同，同时社会公众的主体意识和社会责任感有所增强且处于稳步上升的趋势，能正确地认同个体的公共身份。

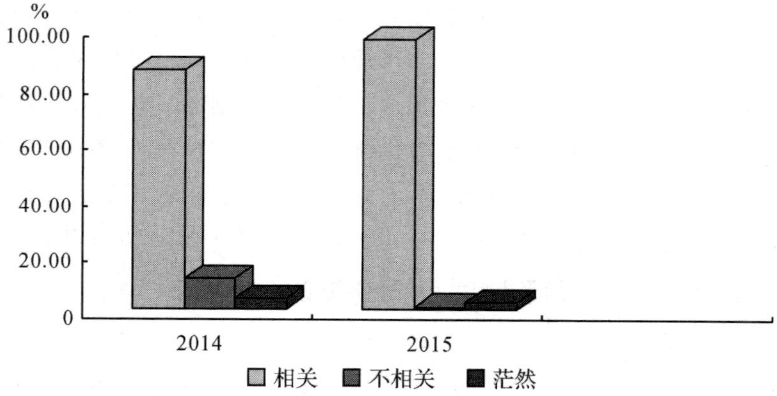

图 2　Y 县“五水共治”公众支持度对比情况

（三）多元监督与多方参与，实现治理常态化

群众的监督具有广泛性、敏锐性、自觉性等特点，能够有效地规避政府行政决策失效等隐患，对公权力和社会组织都能形成有效的制约。但必须注意到，这种自觉的监督很容易因热情的消散而失去动力，最终沉寂下去。为此，Y 县一方面必须跟进一系列持续性的激励措施以维持其动机，另一方面必须不断加深群众对“五水共治”的认同，使这种表面的认同或外在的动机内化为个体的责任与信仰，使监督行为产生内驱动力。同时，我们还应该看到，自发的监督本身也需要一种制度化的约束，否则很容易成为“舆论绑架”或个别人谋求一己之私的工具。因此，充分运用公众力量的前提是引导其在一个足够自由但方向正确的空间轨道上。Y 县在“五水共治”的各个环节构建多元互动的监督机制，逐步形成

监督、互动、反馈一体的规范化的制度和程序，既保证了公共行政决策透明化，又实现了社会组织和社会个体对于社会治理秩序自觉自发的有效支持，使这一创新的治理模式真正走向常态化。

五、复合联动的可持续之本：Y 县“五水共治”的完善路径

政府主导的“运动式”“五水共治”只能在短期内收到一定的成效，无法从根本上改变治理的态势和创新治理的结构，需从制度设计、支持环境建设、互动平台构建、责任体系创新层面完善“五水共治”的路径，进而有效地突破当前“五水共治”的“运动式困境”，实现常态化治理。

（一）完善复合联动的制度设计，保障内部的规范运行

规范的制度是治理机制健康长效的标尺与必要前提，也是内在的自我更新发展的动力与保障。一切公共权力必须纳入制度的框架中，这样既规避了权力的滥用，又保证了权力在合理范畴内再分配。在“五水共治”的实施中，政府通过奖惩引导激励多元主体动机的内化，但奖惩的无据可依；不同治理主体的角色及其表现没有规范化的评定标准。显然，完善复合联动的制度设计，提供更明确且权威的合法性依据，规范复合联动机制的内部运行。

（二）构建多元立体的互动平台，实现沟通交流的常态化

当前 Y 县“五水共治”机制中较突出主体间的信息互动与即时反馈，但这种互动与反馈带有即发性、事件性、阶段性的特征。只有发生“关键事件”或“突发事件”时，参与治理的主体才会具体反应，展开针对性的互动行为，做出相应的反馈。就每一次的互动本身而言都是临时的、相对单向的，呈碎片化。因此，必须构建一个专门的无门槛交流互动平台，实现信息高度集中、快速流动、公开长效，密切主体间的关系，从而更好地服务于共同利益的资源整合和个体的特殊需求。

（三）创新社会生态环境支持机制，激活权力主体的动力

社会治理结构变化的动力在于治理主体的利益冲突与整合。Y 县“五水共治”复合联动模式的成功运行，最关键的一点在于其满足了多元参与主体的共同利益，复合联动模式将个别的、分散的主体利益整合到一起。

提升参与主体的内部动机是复合联动机制的引擎。在整合形成利益的同时，最大限度地保护并实现主体的特殊利益需求。应从政策、秩序、舆论等多方面创造条件，调解、引导更大范围的利益冲突和整合。

(四)建立社会责任体系,促进自发秩序的生成

"只有培育有责任的自由力量,才能真正有益于社会治理,有益于那些逐渐产生的、不同于有意创立的制度,有益于社会治理的创造性力量和自生自发秩序的形成。"①实践证明,社会公众责任能引导个体遵循正当行为规则并信守规则,从而在交往互动中形成某种秩序,与公共权威达成共识,便于自发秩序的型构与维护。②

参考文献

[1] 王兴伦. 多中心治理:一种新的公共管理理论[J]. 江苏行政学院学报,2005(1).
[2] 奥斯特罗姆. 公共事务的治理之道[M]. 余逊达,陈旭东,译. 上海:上海三联书店,2000.
[3] 博克斯. 公民治理:引领21世纪的美国社区[M]. 北京:中国人民大学出版社,2005.
[4] 卜万红. 是走向社区自治还是建立社区治理结构[J]. 改革与发展,2004(6).
[5] 迈克尔. 波兰尼,多中心体制与地方公共经济[M]. 上海:上海三联书店,2000.
[6] 杨冬雪. 走向社会权利导向的社会管理体制[J]. 华中师范大学学报,2010(1).
[7] 俞可平. 治理与善治[M]. 北京:科学文献出版社,2000.
[8] 李全中. 非政府组织提供公共物品的正当性及其边界——基于新政治经济学视角的考察[J]. 天津行政学院学报,2012(6).
[9] 汪春劫,刘焕. 用现代治理模式推进地方政府社会管理改革[J]. 当代理论探讨,2012(5).
[10] 李平原. 探析奥斯特罗姆的多中心治理理论——从政府、市场、社会多元共治的视角[J]. 甘肃理论学刊,2014(5).

①② 哈耶克:《哈耶克文选》,江苏人民出版社2007年版。

◆中西伦理思想史研究

王船山关于分配正义的论说[①]

彭传华[②]

【摘　要】王船山关于分配正义的论说是王船山政治思想中具有近代性因素的重要论说。王船山提出了“敌天地之产而秩以其分”的分配理念，并对传统的“均平”理论进行改造，认为“均平”并不是通力合作过集体制的生活，也不是实行“高抑下亢”的强制性平均分配原则，而是要遵循“絜矩之道”。由于船山视域中的“絜矩之道”包含生发出“公共理性”的可能性、凸显了分配正义中的“需要”原则、体现了完整的自由精神，因而是实现“均平”的重要原则、是通向分配正义的重要路径。王船山关于分配正义的论说中的许多合理、进步的思想成分即使对于今天社会主义中国实现分配正义、构建社会主义和谐社会依然具有重要启示意义。

【关键词】王船山；分配正义；“均平”；絜矩之道；需要原则

---

①　本文系国家社科基金青年项目“王船山与中国政治思想的近代转型研究”(11CZX036)，国家社科基金一般项目“王船山与中国近代实践观的转型研究”(14BZX034)，中国博士后科学基金项目“王船山政治思想的历史地位及历史影响研究”(2014M551767)。

②　彭传华，浙江大学人文学院博士后流动站工作人员，浙江财经大学伦理研究所教授，主要从事儒家伦理思想及明清政治哲学研究。

英国学者乔纳森·沃尔夫在《政治哲学绪论》中开篇即说，政治哲学只需回答两个问题："谁得到了什么？"以及"谁说了算？"[①]如果我们把这两个日常表述改写成政治哲学的专业术语，则前者指称的是"分配正义"问题，后者指称的是"政治权力的合法性"，以及相关的"政治义务"等问题[②]。可见分配正义的问题是政治哲学中非常重要的问题之一。目前学界对于分配正义问题讨论颇多，俨然成了一个学术热点，然而非常遗憾的是，研究船山学的学者对于王船山政治思想中的这一重大问题缺乏足够的重视。职是之故，笔者不揣浅陋，努力对此问题进行初步探讨，请方家不吝赐教。

一、"秩以其分"：财富分配的基本理念

王船山认为代表社会分配主体的最高统治者要坚持德本财末的根本原则，这是合理分配财富的前提和基础。他说："德为万化之本原，而财乃绪余之必有，图其本而自可生其末。即欲计其末，亦必先培其本，而外内之权衡定矣。惟其末也，则宜置之度外而听其自有也。惟其本也，则宜怀之中藏而必求其得也。"[③]如果统治者正确认识到了德本财末的关系，并付诸实践，"上惟外末而不聚财，上无过取而人有余资，财散于下而不积于上，则民安其生而生聚蕃矣"[④]，将对百姓的生聚大有裨益。相反，如果统治者颠倒了德财之间内在的本末关系，即以财为本，以德为末，将导致非常严重的后果："置德于不讲，而惟财是图，是外其本，内其末，本槁而末无由生。乃汲汲然求之无厌，则上与下争利，而下亦与上相争，上下交争必至于劫夺而后已，岂非上施之以劫夺之政使之效哉？至于劫夺，而民有不叛散者乎？是故上惟内末而聚财，敛之于民而积之于上，财聚于上以空于下，民无以生而叛散必矣。"[⑤]船山因此得出"财为人情得失之大端"的光辉结论。对于统治者来说，坚持德本财末的原则，也就要"以财发身"而不是"以身发财"："夫惟仁者念民之足，而不忍其不足，则生之为有道，而不徒聚之于上，则民心得焉，国势昌焉，而身受无疆之福，则是于财得理，而以之发身也。不仁者知有己而不知有民，徒从而聚之，则劫夺生焉，悖出成焉，身为天下戮，是亡身以殉财，而徒取

---

① ［英］乔纳森·沃尔夫：《政治哲学导论》，王涛、赵荣华、陈任博译，吉林出版集团有限责任公司2009年版，第1页。

② 关于政治权力的合法性这个问题，王船山专门进行过讨论，请参见笔者拙作：《正统、道统、治统——王船山对于政权合法性来源的思考》，《南昌大学学报》（人文社科版）2013年第2期。

③④⑤ 王夫之：《四书训义》卷一，《船山全书》第7册，岳麓书社1996年版，第91页。

一时之发也。”[①]

在统治者要坚持德本财末原则的观点基础上，王船山提出“敬天地之产而秩以其分”的分配理念。王船山首先肯定人的正当欲望，认为不能离开“人欲”谈“天理”，“天理”在“人欲”之中，“天理”就是大家的欲望都得到满足。他说：“圣人有欲，其欲即天之理。天无欲，其理即人之欲。学者有理有欲，理尽则合人之欲，欲推即合天之理。于此可见：人欲之各得，即天理之大同；天理之大同，无人欲之或异。”[②]王船山反对禁欲主义，他说：“吾惧夫薄于欲者之亦薄于理。”[③]认为轻视欲望的人恐怕也是轻视天理的。又说：“天地之产皆有所用，饮食男女皆有所贞。君子敬天地之产而秩以其分，重饮食男女之辨而协以其安。”[④]认为天地间物产都有所用，人们的欲望是希望得到美好的东西，例如人们知道了河鲂是美味，那么要求吃河鲂也是人之常情，比如齐姜是端庄公正的女子，那么娶妻追求像齐姜这样的女子也是正常的要求。饮食男女皆有所贞（正），便是理，失其正，便是私。所以重要的是要“秩以其分”即合理地分配财富，使人们的饮食男女之欲都合理地得到满足[⑤]。也就是说，要按一定的原则对人的理欲义利之心加以协调，而这一原则，他认定是“均平”。

二、“均其心以均天下”：对于传统分配理论的新发展

王船山关于分配正义的论说是在继承中国传统“均平”分配理论的基础上展开的。李振纲认为：“中国古代的均平文化是一个内涵丰富的思想观念系统。现代人理解的平均或均平仅仅是一种经济思想，而且是‘绝对平均主义’的平均思想；而古代的均平理念，不仅是一种经济思想，更重要的是一种政治思想和社会思想，即使在经济思想的范畴内来谈平均，也很少有‘绝对平均’的意义。”[⑥]

先秦时期，“均平”已作为一种重要的治国思想出现了。“均”为公平之意，“不均”则相反。以“不均”之语针砭政事之例，如《诗·小雅·北山》就有“大夫不均，我从事独贤”[⑦]之句。而把“不均”视为治国之大患者，当自孔子始。《论

① 王夫之：《四书训义》卷一，《船山全书》第7册，岳麓书社1996年版，第96—97页。

② 王夫之：《读四书大全说》，《船山全书》第6册，岳麓书社1996年版，第639页。

③④ 王夫之：《诗广传》卷二，《船山全书》第3册，岳麓书社1996年版，第374页。

⑤ 冯契：《中国古代哲学的逻辑发展》（下），上海人民出版社1985年版，第939页。

⑥ 李振纲：《中国古代均平文化论纲》，载《学术月刊》2006年第2期。

⑦ 阮元校刻：《十三经注疏：清嘉庆刊本》卷一，中华书局2009年版，第994页。

语·季氏篇》载，孔子云:“有国有家者，不患寡而患不均，不患贫而患不安。盖均无贫，和无寡，安无倾。”[1]“均平”之“均”不是“齐”,儒家不认为社会是整齐平一的,而是认为人有智与愚以及贤与不肖之分,社会应该有不同分工,应该有贵贱上下的分别。所谓“物之不齐,物之情也”[2],儒家认为这种差异性的分配,“斩而齐,枉而顺,不同而一”[3],才是公平的秩序。

王船山对于传统儒家“均平”的思想,提出了新的理解。王船山说:“古者字极简,……字简则取义自广,统此一字,随所用而别。”[4]“均”字即是如此。他说:“限也者,均也;均也者,公也。”[5]又说,“均之者,非齐之也。设政以驱之齐,民固不齐矣。”[6]或许在他看来望文生义——“以均为齐”是产生误解之根源所在,他甚至说不齐乃均:“天地之化,以不齐而妙,亦以不齐而均。”[7]王船山又说,先王“以天下均一夫,不以一夫均天下”[8],此“均”为“规范”之意。还说,“君子均其心以均天下,而不忧天下之不均”[9],将作为政治经济实践的“均”,归结于人的道德状况(“均其心”),与前人的理解大不相同。

船山关于“均”“平”的理解,比较完整地出现在船山解《周易》“谦”卦中:“《象》曰:地中有山,谦;君子以裒多益寡,称物平施。”[10]对《易传》中的这句象辞,船山这样做注:“故高者自高,卑者自卑,而要之均平。君子施惠于民,务大德,不市小恩。不知治道者,徇疲惰之贫民,而铲削富民以快其妒忌,酿乱之道也。故救荒者有蠲赈而无可平之粟价;定赋者有宽贷而无可均之徭役。虽有不齐,其物情之固然也。不然,则为王莽之限田,徒乱而已矣。”[11]船山甚至冒曲解《易》“谦”卦之“裒多益寡”的风险,以“高者自高,卑者自卑”,“各称其本然”为“均平”,与前人的理解大不相同。当然,船山这种理解,并没有无视当时大不均的事实,他说:

“两间之气常均,均故无不盈也。风者,呼吸者也。呼以出,则内之盈者损矣;吸以入,则外之盈者损矣。风聚而大,尤聚而大于隧。聚者有余,有余者不均

---

① 朱熹:《四书章句集注》,中华书局1983年版,第170页。
② 杨伯峻:《孟子译注》,中华书局2008年版,第95页。
③ 王先谦:《荀子集解》,中华书局1988年版,第71页。
④ 王夫之:《姜斋诗话·夕堂永日绪论外编》,《船山全书》第15册,岳麓书社1996年版,第856页。
⑤ 王夫之:《读通鉴论》卷五,《船山全书》第10册,岳麓书社1996年版,第194页。
⑥ 王夫之:《宋论》卷十二,《船山全书》第11册,岳麓书社1996年版,第279页。
⑦ 王夫之:《思问录外篇》,《船山全书》第12册,岳麓书社1996年版,第447页。
⑧ 王夫之:《诗广传》卷二,《船山全书》第3册,岳麓书社1996年版,第358页。
⑨ 同上,第379页。
⑩ 黄寿祺、张善文撰:《周易译注》,上海古籍出版社2012年版,第84页。
⑪ 王夫之:《周易内传》卷二,《船山全书》第1册,岳麓书社1996年版,第171页。

也。聚以之于彼则此不足,不足者不均也。至于大聚,奚但不均哉！所聚者盈溢,而所损者空矣……”①

在此,船山以气化论观点阐述其“均平”思想的内涵及其合理性。然后,船山由自然界的气化现象转移到人类社会的财富分布现象。王船山注意到由于天时、地利、百谷、疆界、人民、民情之差异,财富分布呈现出不均衡的特点:“在天,则南北寒燠之异候;在地,则肥瘠高下之异质;在百谷,则疏数稚壮之异种;在疆界,则陂陀敧整之异形;在人民,则强弱勤惰之异质;在民情,则愿朴诡谲之异情。此之所谓利者,于彼为病;此之所欲革者,彼之所因。……以是为仁,其蔽也愚,而害且无穷,久矣!”②因此财富分配必须注意异候、异质、异种、异形、异情之差异,否则将“害且无穷”。他说:“空而俟其复生,则未生方生之顷,有腐空焉,故山下有风为蛊,腐空之所酿也。土满而荒,人满而馁,枵虚而怨,得方生之气而摇。是以一夫揭竿而天下响应,贪人败类聚敛以败国而国为腐,蛊乃生焉。虽欲弥之,其将能乎？故平天下者,均天下而已。均物之理,所以叙天之气也。”③船山认为只有遵照“均物之理,所以叙天之气”的自然规律,实行“均天下”的分配方案,才能避免因贫富分化而导致的社会动乱,保证国家的长治久安。

三、“均之者,非齐之也”:对于非正义分配理论的批判

如何实现“均平”的理想呢？有一种观点认为大家通力合作过集体制的生活可以实现“均平”,另一种观点认为实行“高抑下亢”的强制性平均分配原则可以实现“均平”。针对这两种非正义分配理论,王船山提出了尖锐的批判。

首先,王船山认为“通力合作、计亩均收”过集体制生活的理论有违分配正义。王船山在《读四书大全说》中评论朱熹对井田制实行“通力合作,‘计亩均收’言彻”一语的解释时说:

朱子于论语注,以“通力合作,计亩均收”言彻;于孟子注,则以“都鄙用助,乡遂用贡”为彻,前后固无定论。缘彻之为法,自孟子外,别无可考,两者俱以意揣其然耳。故朱子又云:“此亦不可详知,或但耕则通力而耕,收则各得其亩,亦未可知也。”

---

① 王夫之:《诗广传》卷二,《船山全书》第3册,岳麓书社1996年版,第472页。
② 王夫之:《宋论》卷十二,《船山全书》第11册,岳麓书社1996年版,第278、279页。
③ 王夫之:《诗广传》卷四,《船山全书》第3册,岳麓书社1996年版,第472页。

乃使为通力合作，则公田、私田之分，有名无实，而八家亦无固有之业，说得来似好，却行不得。谚所谓“共船漏、共马瘦”者，虽三代之民，恐亦不能免也。若于其勤惰之不一者，使田官以刑随其后，则争讼日繁而俗益偷矣。先王通人情、酌中道以致久行远，应不宜尔。[①]

在船山看来，井田制既然是大家通力合作进行集体劳动，那就无所谓公田、私田之分，从而所谓私田的八家也就没有什么固有的田业了。这种做法说起来好听，实际上却行不通，正如谚语所说的那样“共船漏、共马瘦”。因为在集体劳动和集体所有的过程中，人们互相推诿责任和义务的心理，导致生产效率低下，即使是三代淳朴之民也是难免的。船山似乎注意到了“通力合作、计亩均收”的分配原则主要违背了效率原则（“共船漏、共马瘦”即是不讲效率的通俗表达），因而表示坚决地反对。不仅如此，王船山还认为“通力合作，计亩均收”的分配原则不符合一般的经济法则。因为船山注意到造成不平等的原因有自然天赋（强羸）和努力（勤惰）和抱负（愿诈）的差别（“人之有强羸之不齐，勤惰之不等，愿诈之不一”[②]），如果采取通力合作的方式，将出现懒惰者、狡猾者搭便车的情况，会大大挫伤勤劳者的劳动积极性（“今使通力合作，则惰者得以因人而成事，计亩均收，则奸者得以欺冒而多取”[③]）。所以船山认为“合作均收，事所必无，理所必不可，亦不待辩而自明矣”[④]，公开否定合作均收的理论合理性，而是得出“人各自治其田而自收之”是千古不易的经济法则的重要结论。20世纪“人民公社”的失败与家庭联产承包责任制所获得的成功证明船山“人各自治其田而自收之”理论的正确性，由此足见船山思想的超前性。总之，王船山认为“通力合作、计亩均收”过集体制生活的理论违背了分配正义的效率原则和一般经济法则，因此是不值得提倡的。

其次，王船山认为“高抑下亢”的强制性平均分配理论也是有违分配正义的。王船山认识到了富人对于社会经济的运行具有至关重要的作用（“国无富人，民不足以殖”[⑤]），因此反对人为地消除社会成员之间的贫富差别；而且在王船山看来，由于人与人之间本身具有差别，人们的经济状况不同大多缘于智愚、巧拙、勤惰的不同，如果取消贫富差别，则无异于“芟夷天下之智力均于柔愚”[⑥]。船山反

① 王夫之：《读四书大全说》卷八，《船山全书》第6册，岳麓书社1991年版，第968页。

② 王夫之：《四书稗疏》，《船山全书》第6册，岳麓书社1996年版，第42页。

③④ 同上，第43页。

⑤ 王夫之：《读通鉴论》卷二，《船山全书》第10册，岳麓书社1996年版，第89页。

⑥ 王夫之：《读通鉴论》卷五，《船山全书》第10册，岳麓书社1996年版，第194页。

对强制性地将富人财产给予穷人的做法，并形象地比喻为“割肥人之肉，置瘠人之身”，结果就是“瘠者不能受人之肥，而肥者毙矣”①。“割肥人之肉，置瘠人之身”的分配方案之所以荒谬在于它违背了“应得”原则②。正如学者顾肃认为的那样：“如果每个人都拥有平等的起点，而只是由于抱负和勤奋的差别导致了收入的不平等，那么这种不平等是不需要矫正的。在这种情况下坚持用平等分配来矫正不平等，在道德上是不可取的。”③所以不加分别地强制拉平的分配原则，是有违分配正义的。

船山认为对财产和生活资料进行填平补齐式的分配，看起来似乎公平，其实是很不合理的。因为人们的劳动能力和生活方式各有不同，由此而导致的劳动效果和经济状况也不尽相同，如果不加区别地一律实行平均主义分配，是有悖于“公平”原则的。与古希腊普罗克汝忒斯之床④强求平等一样，“高抑下亢”是强求平等的中国古典表达，对于老子提出的这一填齐补平式的分配原则，船山提出了尖锐的批评：“老聃，术而已矣，奚知道哉？其言曰：‘天道如张弓然，高者抑之，下者亢之’，是以知其以术与天下相持而非道也。”⑤船山以喂养鸤鸠鸟为例说明人们存在体力、智力技能、劳动效率等方面的不同，因此分配时不能采取填平补齐的方式。他说：

“鸤鸠之七子，有长者焉，有稚者焉，有壮者焉，有羸者焉，有贪者焉，有俭者焉，有竞者焉，有柔者焉。我知朝从上下而暮从下上，是以其仪一也。我不知强以多求者之抑而啬之，弱以寡求者之亢而丰之也，是以其仪一也。故曰：天无忧，圣人无为，君子无争。屑屑然取百物之高下而轩轾之，而天困矣。营营然取百官之敏钝而宽严之，而王者惫矣。铢铢然取百姓之有余不足而予夺之，而君子棘矣。抑者日下，亢者日高，而又不能不易其道，是天下且均，而开之以不均也。

“故裒多益寡者，谦也；“谦者；德之柄也”。德之柄虽犹德与，其去术不远矣。操柄以持天下，谦虽吉，君子以为忧患之卦也。”⑥

鸤鸠鸟有七只幼鸟，这些幼鸟必然存在稚、壮、羸、贪、俭、竞、柔的差别，面对

---

① 王夫之：《宋论》卷十二，《船山全书》第11册，岳麓书社1996年版，第277页。

② 众所周知，正义的古典定义是“给予每个人他应得的”(to render each one his due)，参见[古罗马]查士丁尼：《法学总论——法学阶梯》，张企泰译，商务印书馆1989年版，第5页。

③ 姚大志：《分配正义：从弱势群体的观点看》，载《哲学研究》2011年第3期。

④ 普罗克汝忒斯之床是古希腊神话人物，系阿提卡巨人，羁留旅客，缚之于床榻之上，体长者则截其下肢，体短者则拔之使与床齐。后人以“普罗克汝忒斯之床”喻野蛮的强求一致。

⑤ 王夫之：《诗广传》卷二，《船山全书》第3册，岳麓书社1996年版，第379页。

⑥ 同上，第380页。

这种情况，人们只知道应该采取早晨从上到下，晚上从下到上依序喂养的方法，而不知道也不应该对那“强而多求”者采取“抑而啬之”，而对那“弱而寡求”者采取“亢而丰之”的填平补齐的方法。那样做的结果只会使得强者饿瘦、弱者胀病。喂养鸤鸠如此，治理天下亦然。如果采取填平补齐的办法，轩轾百物之高下、宽严百官之敏钝、予夺百姓之有余，结果只能使“抑者日下，亢者日高”，并陷入“不能不易其道”的恶性循环。船山反对这种填平补齐的分配原则，因为船山似乎明白“以任何一种结果平等的措施来干预事实上的不平等，都可能导致新的不平等”[①]的道理。所以船山公开宣称：“均之者，非齐之也。设政以驱之齐，民固不齐矣。则必刑以继之，而后可齐也。”[②]又说：‘先王乃以人道齐天下，而不唯天之齐。何也？天之所齐，不待齐也；天之所弗齐，不可齐也。”[③]

四、“絜矩之道”：通向分配正义之路

如上所述，对于如何实现“均平”这一分配正义问题，在船山看来，并不是大家通力合作过集体制的生活，也不是实行“高抑下亢”的强制性平均分配原则就可以解决问题的。那么如何实现“均平”呢？船山继承了前人关于实现“均平”就是要遵循“絜矩之道”的看法，明确将“絜矩之道”作为实现“均平”的手段。依笔者理解，船山视域中的“絜矩之道”具有以下三个方面的意涵：

首先，“絜矩之道”包含生发出公共理性的可能性。

船山明确宣称“治国之道，须画一以立絜矩之道”[④]。他说：“大公于天下，而上下、前后、左右，皆一矩絜之而得其平；征天于民，用民以天，夫然后大公以协于均平，而持衡者慎也。”[⑤]认为均平从政治上说，就是君主应从“大公于天下”之心出发，制定和实行任何一项重要政策，都要于“上下、前后、左右，皆一矩絜之而得其平”。“一矩”就是一种共识(consensus)、一种统一的价值标准，这正是公共理性(罗尔斯语)生发的端倪。然后船山阐明了“絜矩之道”是如何实现国治的：

一国之人，为臣为民，其分之相临，情之相比，事之相与，则上下、左右、前后尽之矣。为立之道焉，取此六者情之所必至、理之所应得者，以矩絜之，使之均齐方正，厚

① 顾肃：《论分配正义的平等观》，载《吉林大学社会科学学报》2012年第5期。

② 王夫之：《宋论》卷十二，《船山全书》第11册，岳麓书社1996年版，第277页。

③ 王夫之：《诗广传》卷二，《船山全书》第3册，岳麓书社1996年版，第359页。

④ 王夫之：《读四书大全说》卷一，《船山全书》第6册，岳麓书社1991年版，第437页。

⑤ 王夫之：《尚书引义》卷一，《船山全书》第2册，岳麓书社1996年版，第327页。

薄必出于一，轻重各如其等，则人得以消其怨尤，以成孝弟慈之化，而国乃治矣[①]。

船山“絜矩之道”就是要“上下”“左右”“前后”六者符合人情天理，关键在分配上实现分配正义（“均齐方正，厚薄必出于一，轻重各如其等”），不允许任何人在“一矩”面前享有任何特权，保证均平原则的真正付诸实践。所有“矩”必须是“大公之矩”——“乃君子因其理之一，而求之于大公之矩，既有以得其致远而无差者，则不患夫分之悬殊，而困于美恶之不知，使教有所不行也。”[②]如此，使得“人得以消其怨尤”最终达到“国乃治”的目的。

关于“絜矩之道”缘何成为实现“均平”的原则问题，梁启超做出如下解释：“儒家政治对象在‘天下’。然其于天下不言治而言平，又曰：‘天下国家可均。’平也，均也，皆正之结果也。何以正之？道在絜矩。矩者以我为标准，絜者以我量彼。”[③]他又说：“絜矩者，即所谓能近取譬也，即所谓同类意识之表现也。”认为把握絜矩之道要注意两点：“所谓絜矩者，纯以平等对待的关系而始成立，故政治决无片面的权利义务。第二，所谓絜矩者，须人人共絜此矩，各絜此矩，故政治乃天下人之政治，非一人之政治。”[④]梁启超所言之同类意识与罗尔斯的公共理性具有相通之处。船山视域中的“絜矩之道”之所以可能成为通向分配正义的路径，在于“絜矩之道”具有类似罗尔斯所谓的公共理性的同类意识。孙圣河认为：“以‘絜矩之道’为代表的中国社会人际间的对待流行过程，是一种个体的、主观的私‘矩’，经过‘重叠共识’的商谈过程（交往理性），积淀出客观的、普遍的公‘矩’的过程。”[⑤]这里所谓的公矩在船山那里就是“大公之矩”。由于船山视域中的“絜矩之道”既重视“我矩”作为自我标准的主体意识，又强调“他矩”作为他人之主体意识的开放性，因而具有通过“重叠共识”的方式在社会成员主体间通向“公共理性”（共矩）的可能性，因此成为通向分配正义的可能途径。

其次，“絜矩之道”凸显了分配正义的核心原则——“需要原则”。

分配正义中最为重要的是需要原则。因为在沃尔泽看来：“需要产生了一个特殊的分配领域，其中需要本身就是正当的分配原则。”[⑥]而且分配正义的问题是“每个政治共同体都必须根据其成员集体理解的需要来致力于满足其成员的

---

① 王夫之：《读四书大全说》卷一，《船山全书》第6册，岳麓书社1991年版，第436页。

② 同上，第436页。

③ 梁启超：《先秦政治思想史》，中国人民大学出版社2012年版，第77页。

④ 同上，第78页。

⑤ 孙圣河：《絜矩之道——超越文明冲突之路》，载《原道》2006年。

⑥ [美]迈克尔·沃尔泽：《正义诸领域——为多元主义与平等一辩》，储松燕译，译林出版社2002年版，第31页。

需要；所分配的物品必须分配得与需要相称；并且，这种分配必须承认和支持做为成员资格基础的平等。”[①]需要原则意味着：每个人的基本需要应当被满足并达到一种社会确定的最低值。至于哪些需要属于基本需要而哪些不是，这应当根据某种生产力条件下社会成员达成的共识得出。[②] 这个共识(consensus)在船山那里就是“大公之矩”。正因为絜矩之道是以共识、公共理性(或同类意识)为依据，所以絜矩之道才有可能成为满足“需要”原则，实现分配正义的重要途径。

在船山那里，人的需要的古朴表达是“好”与“恶”所体现的“欲”；由于“分配正义关注的对象不是个人，而是群体”[③]。所以社会成员集体理解的需要即是“民之所好，民之所恶”。船山特别强调“矩”应该以作为群体的需要(“民之所好，民之所恶”)为标准，“絜矩”要从天理人情上絜，那么所谓絜矩之道也就是“好民之好，恶民之恶”而已：

民之所好，民之所恶，矩之所自出也。有絜矩之道，则已好民之好，恶民之恶矣。乃“所恶于上，毋以使下”，则为上者必有不利其私者矣；“所恶于下，毋以事上”，则为下者必有不遂其欲者矣。君子只于天理人情上絜著个均平方正之矩，使一国率而由之。则好民之所好，民即有不好者，要非其所不可好也；恶民之所恶，民即有不恶者，要非其所不当恶也[④]。

船山认为，只有以“民之所好，民之所恶”为“絜矩之道”的标准，才能真正把握“絜矩之道”之精髓：“唯恃此絜矩之道，以整齐其好恶而平施之，则天下之理得，而君子之心亦无不安矣。”[⑤]他认为“强豪兼并之家，皆能渔猎小民，而使之流离失所”的关键原因就是絜矩之道不行，如果“絜矩之道行，则不得为尔矣”[⑥]。由于“絜矩之道”是同类意识和平等精神的体现，“好民之所好，恶民之所恶”的道德原则尊重的是具有平等价值的人的需求，所以能够实现“天下之理得”而“君子之心亦无不安”的合理、正义的分配。

最后，“絜矩之道”体现了完整的自由精神，是所以“平天下”的重要原则。

船山理解的“絜矩之道”与朱熹的理解是截然不同的，朱熹以“恕道”解“絜矩之道”：

---

① [美]迈克尔·沃尔泽：《正义诸领域——为多元主义与平等一辩》，储松燕译，译林出版社2002年版，第31页。第105页。

② 贾可卿：《分配正义论纲》，人民出版社2010年版，第156页。

③ 姚大志：《分配正义：从弱势群体的观点看》，载《哲学研究》2011年第3期。

④ 王夫之：《读四书大全说》卷一，《船山全书》第6册，岳麓书社1991年版，第437页。

⑤ 同上，第438页。

⑥ 同上，第442页。

问："'终身行之，其恕乎！'絜矩之道，是恕之端否？"曰："絜矩正是恕。"[①]

见曾子之传发明"恕"字，上下四旁，无不该也。[②]

恕，亦是絜矩之意。[③]

船山批评朱熹所理解的"絜矩之道"，认为"非但君子之以恕待物而国即治也"[④]。他说：

"是以君子有絜矩之道"，须于教孝、教弟、教慈之外，别有一教之道在。《章句》云"亦可以见人心之所同"云云，"是以君子必当因其所同，推以度物"，明分两折。而所谓絜矩者，自与藏身之恕不同。所云"毋以使下""毋以事上"云者，与"勿施于人"，文似而义实殊也[⑤]。

船山反对朱熹仅以"恕道"解"絜矩之道"的原因之一是"絜矩之道"作为一项原则不是仅仅适用于家庭伦理（教孝、教弟、教慈）的，而是应该主要适用于公共伦理（别有一教之之道）也即作为治国之道的，这是朱熹所忽视的。船山反对朱熹仅以"恕道"解"絜矩之道"的另一重要原因是"恕道"不是全面的自由精神。依据伯林著名的区分，自由包括"消极自由"和"积极自由"，所谓"消极自由"即是"免于被强制去做某事的自由"（free from），"积极自由"即是"去做想做的事情的自由"（free to）[⑥]。在赵汀阳看来，积极自由更有价值，他说："按照麦卡勒姆公式，在'某人 X 摆脱约束 Y 而做了事情 Z'这一完整的自由概念中，'免于约束'是自由的第一环节，相当于消极自由；但如果仅仅是免于约束，就还没有实现自由，因为此时还什么都没有做，什么都不做，自由就等于空集。因此，自由的第二环节是必需的，'做了某事'才实现和完成了自由，这相当于积极自由。"[⑦]朱熹以"恕道"解"絜矩之道"，相当于只是注意到"絜矩之道"所体现的"消极自由"的精神，忽略了"积极自由"的精神。而船山所理解的"絜矩之道"体现的是完整的自由精神：包括消极自由和积极自由。因为仔细分析船山所言"好民之所好，恶民之所恶"作为"絜矩之道"在现实中的具体运用，可以发现：其中"好民之所好"具有"推其所欲"[⑧]的"忠道"特征，试图以维护他人之"积极自由"（free to）的方式，

---

① 朱熹：《朱子语类》第三册，黎靖德编，中华书局 1986 年版，第 1161 页。

② 同上，第 364 页。

③ 朱熹：《朱子语类》第二册，黎靖德编，中华书局 1986 年版，第 364 页。

④ 王夫之：《读四书大全说》卷一，《船山全书》第 6 册，岳麓书社 1991 年版，第 435 页。

⑤ 同上，第 435 页。

⑥ [英]伯林：《自由论》，译林出版社 2003 年版，第 200 页。

⑦ 赵汀阳：《坏世界研究：作为第一哲学的政治哲学》，中国人民大学出版社 2009 年版，第 248 页。

⑧ 梁启超：《先秦政治思想史》，中国人民大学出版社 2012 年版，第 76 页。

实现自己的积极自由；而“恶民之所恶”具有“推其所不欲”的“恕道”特征，试图以保障他人之“消极自由”(free from)的方式，保障自己的“消极自由”。正因为“絜矩之道”反映了自由的精神，所以严复认为“絜矩之道”成为通向“平天下”的重要途径，他说：“自入群而后，我自繇(自由)者人亦自繇，使无限制约束，便入强权世界，而相冲突。故曰人得自繇，而必以他人之自繇为界，此则《大学》絜矩之道，君子所恃以平天下者矣。”[①]尽管“平天下”包含的意义众多，但合理地分配财富、实现“均平”的社会理想应是“平天下”的重要思想意涵。如此说来，严复应该注意到了“絜矩之道”是合理地分配财富、实现“均平”的社会理想的重要手段。

综上，由于船山视域中的“絜矩之道”包含了生发出“公共理性”的可能性、凸显了分配正义中“需要”的原则、体现了完整的自由精神，所以船山所言的“絜矩之道”是实现“均平”的重要原则、是通向分配正义的重要路径。当然，要指出的是，船山的“絜矩之道”具有理想主义的色彩，在社会的分配实践中很难具体把握和操作，这是船山分配正义论说中的理论盲点，作为船山学研究者也是不能强为之辩的。

五、结　论

通过上文的论证，可知分配正义的问题是政治哲学中的关键问题之一，王船山关于分配正义的论说是王船山政治思想的重要组成部分。由于分配正义是一个现代的概念，因而本文探讨的王船山对于分配正义的论说也就进一步印证了王船山政治思想蕴含着丰富的近代性因素的论断[②]。当然王船山探讨分配正义问题借助的是古色古香的传统衣衫，以传统的“均平”理论为基础并对之进行改造，通过批判非正义分配理论，得出“絜矩之道”是实现“均平”、通向分配正义之路的结论。虽然王船山关于分配正义的很多思想具有理想主义的色彩，很难在分配实践中具体操作与实施，但其“好民之所好，恶民之所恶”的分配正义的思想精髓具有古今皆宜的思想合理性，其中合理、进步的思想成分即使对于今天社会主义中国实现分配正义、构建社会主义和谐社会依然具有重要启示意义。

---

① 刘梦溪主编：《中国现代学术经典·严复卷》，河北教育出版社1996年版，第422页。

② 参见笔者拙作：《王船山政治思想的历史定位》，载《政治学研究》2013年第6期。

儒家适度消费思想及其现实意蕴

安明霞[①]

【摘　要】儒家适度消费思想有着丰富的内涵，不仅体现了当时的时代精神，而且有的还具有普世价值，对今天建设节约型社会和生态文明消费模式有极强的借鉴意义。在消费数量上，以"节用"和"天理"为度，告诉我们要提倡节俭，反对浪费性、奢侈性消费；要提倡人的自然消费，反对异化消费。在消费质量上，以"乐"和"美"为度，告诉我们既要重视精神消费，反对过度的物质消费；还要重视发展性消费，反对庸俗的享受性消费。在消费社会性上，以"礼"和"义"为度，告诉我们要重视消费的社会属性，反对过分的消费自由；重视消费的社会规范，保证消费资料的来源合法、去向合理。

【关键词】适度消费；消费数量；消费质量；消费社会性

儒家思想推崇中庸、适度，反对"过"与"不及"，体现在世界观方面，则认为"和谐是整个宇宙存在的基本状态，冲突只是偶然现象，不会破坏事物发展的完整性。人们可以通过自身的道德修养和消费的抑制，调整和消除人与自然的冲突与差别，从而保持宇宙的和谐状态"[②]。体现在消费观方面，主要就是适度消费思想，认为放纵消费和过分压抑消费都是不恰当的，既不赞成禁欲主义，也不赞成享乐主义。这些思想具有普世价值，在今天如果经过合理的重构和转换，完全可以成为我们进行现代化建设的宝贵思想资源，对建设节约型社会和生态文明型消费模式极具借鉴意义。

适度消费的"度"是相对的、历史的，既体现当时社会生产力水平和经济发展状况、伦理道德和习俗风尚等社会条件，也体现人类对自然和社会的认识水平。适度消费的"度"可从消费的个体方面和社会方面来理解，个体方面又可以从消

---

① 安明霞，浙江农林大学马克思主义学院讲师，主要从事思想政治教育研究。

② 康琼：《儒家消费思想的生态内蕴及其现代转换》，载《湖南师范大学社会科学学报》2008年第6期。

费的数量和质量两个角度来把握。

一、儒家消费的数量之“度”——节用和天理

早在先秦时期，儒家节用观就逐渐形成。孔子主张节俭，认为治国必须“节用而爱人”(《论语·学而》)，还将节用作为仁人君子日常消费生活的一种美德加以倡导，曰“君子食无求饱，居无求安”(《论语·学而》)、“奢则不逊，俭则固；与其不逊也，宁固。”(《论语·述而》)并把“君子惠而不费”作为“五美”之首。他还说：“中人之情，有余则侈，不足则俭，无禁则淫，无度则失，纵欲则败。故饮食有量，衣服有节，宫室有度，蓄聚有数，车器有限，以防乱之源也。”(《孔子家语·六本》)孟子继承了这种节俭思想，说：“贤君必俭礼下，取于民有制。”(《孟子·滕文公上》)。对于没有节制的过度消费的恶果他痛惜不已，在《孟子·告子》中以曾经风景优美而后来遭到破坏的牛山为例来说明，“牛山之木常美矣，以其郊于大国也，斧斤伐之，可以为美乎！是其日夜之所息，雨露之所润，非无萌蘖之生焉，牛羊又从而牧之，是以若彼濯濯也”。接着说“故苟得其养，无物不长；苟失其养，无物不消”，强烈要求人们要爱护大自然，合理开发和利用自然资源，理性适度地消费。他还反对炫耀型消费：“堂高数仞，榱题数尺，我得志弗为也；食前方丈，侍妾数百人，我得志弗为也……”(《孟子·尽心下》)荀子也主张节俭有度，在《荀子·天论》中说：“强本而节用，则不能贫……本荒而用侈，则天不能使之富。”在《荀子·君道》中要求“天子诸侯无靡费之月，士大夫无流淫之行”。但荀子并非提倡毫无节制地节俭，认为节俭本身也有一个适度的问题，节俭过度会打击人们的劳动积极性，在《荀子·富国》中指出“天下尚俭而弥贫”。

儒家这种节用观后来被继承者们进一步发展到“天理说”。早在《礼记·乐记》中就提出天理人欲之说，“人化物也者，灭天理而穷人欲者也”。到宋代这种理论发展到极致，成为中国封建社会后期的指导思想。北宋时期二程区分了天理与人欲，提出：“满足基本的生活需要是天理，如饥而求食，寒而求衣；超过一定的限度则是人欲，如欲求美味美服，奢侈放纵。”[①]朱熹也明确指出：“饮食者，天理也；要求美味，人欲也。”(《朱子语类》，卷十三)可见，他也承认“饥食、渴饮”是人必须满足的生理需要，是天理自然，并不是要否认一切欲望，而是要灭掉那些超过基本需要的贪欲和奢欲，即黜奢崇俭。对奢和俭，朱熹的定义是“奢非止谓

---

① 徐新：《尚俭去奢与依礼而行——儒家消费伦理思想述略》，载《消费经济》2011年第2期。

僭礼犯上之事，只是有夸张侈大之意”“俭是省约有节”(《朱子语类》，卷三十四)。因为朱熹主张“存天理，灭人欲”，我们很多人误以为朱熹在消费方面也是禁欲的，实际上他在这方面对禁欲主义是批判的，说：“然则被释迦是空虚之魁。饥能不欲饮食乎？寒能不假衣乎？能令无生之人所欲者乎？”(《朱子语类》，卷六十二)可见，儒家提倡的节俭与人的生活目的是一致的，不是为了节约而舍弃必要的消费，与禁欲主义有着根本的区别。

儒家上述消费思想，应该说是当时小农经济和生产力不发达的产物，符合当时社会发展需要，不仅在当时发挥了富国、裕民、养德的社会功能，而且奠定了中国传统消费文化的基石。今天虽然生产力已日益发达，但资源危机、环境危机也日益严重，成为影响人类可持续发展的重要障碍，这已成为共识，所以我们仍然要从古人的智慧中得到启示：儒家“俭而有度”的节俭观告诉我们要提倡节俭，反对浪费性、奢侈性消费；消费要以“天理”为度则告诉我们要提倡人的自然消费，反对异化消费。奢侈之风和享乐主义消费观自近现代以来日益风行，这与西方人文主义思想与享乐主义思潮有关，也与技术乐观主义自然哲学有关，这种哲学使消费享乐主义者相信现代技术可以解决一切问题，现代生产和技术可以生产出用之不尽的各种物质财富，所以人们尽可以肆意消费而不需要任何顾忌，“今朝有酒今朝醉”“用过即扔”。据统计，“英国人每年抛弃25亿块尿布；日本人每年使用3000万‘可随便处理的’一次性相机，而且日本的公司免费分发数百万电池——每一节都含有有毒的镉和水银；美国人每年抛弃1.83亿把剃刀、27亿节电池以及750万台电视机，德国人一年扔掉500万件家用器具”①。在工业文明达到一定程度后，在国家政策的鼓励和大众传媒的鼓动下，享乐主义与消费主义自然地结合在一起，形成西方社会普遍的以享乐主义为主要内容的消费主义文化，各种炫耀性消费、异化消费现象泛滥，“工业社会的价值观念是：‘消费更多的物质是好事’的美学意识和‘最大限度地满足人的物质欲望’的价值观念的总和。”②而在工业化国家中“评价生活水平高低的终极尺度有两个：一是人均占有和消费物质财富的多少；二是用外部自然力代替人的生理功能程度的高低”。③在这种文化下，人变成了消费机器，消费远离人的实际需要，人们注重的不是商品的使用价值而是其符号价值，不仅人成了异化的人，而且自然也被异化了，地球母亲变得千疮百孔，无法继续承受人类的无度索取。要改变这种困境，重建人

---

① 周笑冰：《消费文化及其当代重构》，人民出版社2010年版，第164页。

② [日]堺屋太一：《知识价值革命》，金泰相译，东方出版社1986年版，第132页。

③ 俞海山：《工业文明消费模式批判》，载《宁波大学学报》2000年第3期。

类的美好家园，儒家的消费思想和中国的传统文化也许是最佳选择。

二、儒家消费的质量之“度”——乐和美

儒家注重人的内在精神气质和道德人格，在消费方面不过分看重外在的物质生活的享受。子曰：“饭疏食饮水，曲肱而枕之，乐亦在其中矣。”(《论语·述而》)“一箪食，一瓢饮，在陋巷，人不堪其忧，回也不改其乐。”(《论语·雍也》)可见，“乐”就是消费的“度”，这种“度”是人的精神层面的，它超越了感性欲望，追求精神的满足与愉悦。他经常以欣赏音乐为乐：“子在齐闻《韶》，三月不知肉味。”(《论语·述而》)他还喜欢旅游，带领弟子们游遍名山大川，乐山乐水，精神上得到极好的享受。这种思想到陶渊明时发挥到极致：“采菊东篱下，悠然见南山。”

孔子的消费生活不仅丰富多彩，而且追求艺术化和美化。如“食不厌精，脍不厌细”(《论语·乡党》)。在穿着方面，“字之燕居，申申如也，夭夭如也”(《论语·述而》)。这些都体现了孔子在日常消费生活中的美学思想。同时，他反对低级庸俗的消费生活：“乐骄乐，乐佚游，乐宴乐，损矣。”(《论语·季氏》)提出正确的做法是“乐而不淫，哀而不伤”(《论语·八佾》)，即“乐”应该是有益于人的身心健康的。孟子消费思想中比较突出的是生态美学思想，在《孟子·梁惠王上》中有言：“不违农时，谷不可胜食也。数罟不入污池，鱼鳖不可胜食也。斧斤以时入山林，材木不可胜用也。谷与鱼鳖不可胜食，材木不可胜用，是使民养生丧死无憾也。”还有“鸡豚狗彘之畜，无失其时，七十者可食肉矣。百亩之田，勿夺其时，数口之家可以无饥矣”，等等。

总体上中国儒家的消费思想中既有克俭精神，也有消费审美艺术，能让消费更满足人的物质和精神需要。“室雅何须大，花香不在多。”在知足的快乐哲学之下，寻找生活之美，发现大自然之美，并通过诗歌、绘画、音乐等艺术作品表现出“天人合一”的生态审美至高境界。这是符合人的全面发展和人类社会最终发展目的的。马克思曾经说：“在现实世界中，个人有许多需要。”[①]这许多需要可以总结为生存性需要、享受性需要、发展性需要三大需要，而且是一个从低级到高级的发展过程，满足这三大需要的消费也就对应着生存性消费、享受性消费、发展性消费。从儒家的上述消费观中我们也可得到启示：要重视精神消费，反对过度的物质消费；精神消费中要重视发展性消费，反对庸俗的享受性消费。物质需

① [德]马克思、恩格斯：《马克思恩格斯全集》(第1卷)，人民出版社1975年版，第32页。

要是人类生存必须得以满足的基础性需要，精神需要虽然有自己的相对独立性，但总体上还要受物质需要满足程度的制约，所以基本的物质消费是必不可少的。在现代社会，大多数的基本物质需要应该说是可以被满足的，但人的欲望是无限的，对物质的追求也是无限的，在当前物欲横流的世界中对精神的追求也就显得弥足珍贵，体现在教育、文化、艺术、体育、交往等方面的消费。但要说明的是这种精神性消费应该有利于人的全面发展和社会的进步，其标准之一就是“达到主观与客观、可能与现实、感性与理性、思想与行动之间的平衡或一致，其中包括需求的适度和必要的节制”①。而不是那种媚俗的、病态的、一味享乐性的精神性消费，即消费主义的精神消费，表面看来，信奉消费主义的人大量消费好像满足了自己的精神需要，实现了自己人生的价值和幸福，但它“追求的只是人们较低层面的需要的满足，很少追求精神、道德、信仰等具有一定深度的需要，它只是一种‘平面文化’，不要深度，不追求理想、真挚、永恒；也不要崇高，远离使命、道德、责任”②。适当的享受性消费本无可厚非，但若一味地追求享受就与其他动物无异了。马克思主义人的全面发展理论告诉我们：“人的发展一方面是物质消费的增加，而更重要的一方面是精神消费的增加和精神境界的提高。”③还指出“因为要多方面享受，他就必然有享受的能力。因此，他必须是具有高度文明的人”。④对于人尤其是生存性需要得到满足的现代人而言，发展性消费不仅能促进人的全面发展，而且能提高人的消费能力，因为只有人学习和掌握了使用消费对象的科学知识，消费对象的使用价值才能得到充分而合理的利用，节约资源、保护环境、保持生态才能真正实现。

三、儒家消费的社会之“度”——礼和义

儒家所倡导和奉行的节俭消费观是在符合“礼”要求之下的适度的“俭”，而不是有失身份的吝啬与寒酸。“俭不违礼”，这是孔子消费思想的核心。他主张社会成员在消费上应该遵守礼制，各阶层成员在消费行为和消费内容上都要体现出尊卑之别。他的得意门生颜渊死后因家贫而无力购置外椁，颜父请求孔子

---

① 郭湛：《反思物质需求：有限还是无限》，载《中国人民大学学报》2000 年第 4 期。
② 周笑冰：《消费文化及其当代重构》，人民出版社 2010 年版，第 182 页。
③ 俞海山：《可持续消费模式论》，经济科学出版社 2002 年版，第 120 页。
④ ［德］马克思、恩格斯：《马克思恩格斯全集》（第 46 卷上），人民出版社 1975 年版，第 392 页。

卖掉车子置椁，孔子回绝了："以吾从大夫之后，不可徒行也。"（《论语·先进》）因为他认为颜渊没有外椁不算违礼，而自己从大夫后如果没车徒行是有失身份的。荀子也主张按等级地位作为消费标准的确定依据，提出"衣服有制，宫室有度，人徒有数，丧祭械用，皆有等宜"（《荀子·王制》）。他还在《荀子·礼论》中分析了礼的起源，说："礼起于何也？曰：人生而有欲，欲而不得，则不能无求，求而无度量分界，则不能不争，争则乱，乱则穷。先王恶其乱也，故制礼义以分之，以养人之欲，给人之求，使欲必不穷于物，物必不屈于欲，两者相持而长，是礼之所起也。"这说明了消费要以礼为度的原因，因为人的消费欲望是无限的，欲望得不到满足容易引起一系列社会问题，所以必须以"礼"来节制。他反对"去欲"和"寡欲"的理论，认为这是人们找不到解决人性欲望的有效途径而陷入的困境，正确的做法应该是对人的基本欲望进行泄导，对人无限欲望则要通过节制的方式来解决，而"礼"可以起到这样的作用。

儒家在消费问题上除了要人人遵循"礼"的行为规范、以礼为度外，还主张"用不伤义"，在"义"与"利"的关系中"义"要高于"利"，"不义而富且贵，于我如浮云"（《论语·述而》）。"义以为上""见利思义""君子喻于义，小人喻于利"（《论语·宪问》）。孟子更高举"义"字大旗，主张"舍生而取义"（《孟子·告子上》）、"惟义所在"（《孟子·离娄上》）。这个"义"可理解为"贪污、掠夺、聚欲、盗窃等当时卿大夫贪心所致的种种违背礼义以及人们因穷困所致的种种伤风败俗行为的总称"[①]。这种义利观可以算得上是对消费合理性与适宜性的最早探讨。

儒家的等级消费观虽然充满浓厚的封建伦理道德色彩，基本上不符合现代社会的需要，但我们也要扬弃式地对待，个人认为消费以"礼"为度和以"义"为度这些思想也还是有些方面可资借鉴的。以"礼" 为度告诉我们要重视消费的社会属性：消费不仅是单纯的个人行为，还是社会性行为，是"一种建立关系的主动模式，而且不仅仅是人和物之间的关系，也是人和集体与世界间的关系" [②]。过度消费不仅会浪费资源，造成人与自然关系的紧张，还会造成人与人、人与社会关系的失衡，因此我们不仅要从理论上清醒地认识到现代西方国家所鼓励的消费者自由或消费者主权，从根本上来看是个人主义在消费社会中的变种，会给社会带来种种不良影响，而且在消费实践中要做到心中有杆"秤"：消费自由不是绝对的，并不是真像现代广告中所宣扬的那样"我的地盘我做主"，想怎么消费就怎

---

① 李琴：《中国传统消费文化研究》，中央编译出版社 2014 年版，第 80 页。

② [法]布希亚：《物体系》，林志明译，上海人民出版社 2001 年版，第 222—223 页。

么消费,每个消费者都应该认识到自己作为社会成员的责任和义务。以"义"为度则告诉我们要重视消费的社会规范问题:消费资料的来源必须是清白的、合法的,去向也应该是合理的、合法的,利益的追求、消费的支出应该符合社会的道义目标和要求,这对那些为了高消费而铤而走险、贪赃枉法或有其他极端个人主义行为的人来说,是有极强的教育意义的:在当前反腐倡廉活动中,揪出来的"大老虎"或"小苍蝇"中有多少人没有坚守"义"而堕落?依法治国,倡俭治奢,纠正"四风",必须长抓不懈!还有媒体报道的"17 岁少年两万卖肾买 iPad2"[①]的悲剧又何尝不是"义"的缺失!所以,加强消费伦理教育刻不容缓!

---

① 人民网:《17 岁少年卖肾买 iPad2 致重残 索赔 227 万》,http://finance.people.com.cn/n/2012/0810/c1004-18710995.html。

作为一种生活方式的"*askēsis*"

——析穆索尼乌斯的教育观

于江霞[1]

【摘　要】训练(*askēsis*)概念集中体现了斯多亚派的教学法与修身论。借助对晚期斯多亚者穆索尼乌斯的训练观的分析,本文试图证明,作为一种自我教育与品格教育理念,斯多亚派的"askēsis"区别于基督教等的禁欲主义(*asceticism*)。这不仅体现在对身体的态度上,还体现在对个体勉力的强调以及实践旨趣上的人文转向上。相比之下,斯多亚式的"*askēsis*"概念可能是一种更易为现代人所认同和践行的教化观念、修身进路与生活方式。

【关键词】穆索尼乌斯;训练;教育;禁欲主义

穆索尼乌斯·鲁福斯(Caius Musonius Rufus, AD 30—100),晚期斯多亚派哲学家、教育家。众所周知,作为古希腊罗马时期的重要哲学流派,斯多亚派的德性教育理念常被冠以"苦行主义"或"禁欲主义"(*asceticism*)之名,而穆索尼乌斯则被历史神学家瓦拉泰西斯(Richard Valantasis)称为西方有记载的对禁欲主义做出论述的第一人。"禁欲主义"一词确实来源于希腊词"*askēsis*",并且是斯多亚派,尤其是穆索尼乌斯的基本用语。但我们认为穆索尼乌斯的"*askēsis*"学说,乃至整个哲学教育体系与禁欲主义其实有很大差异。唯有加以分别,才能正确地理解穆索尼乌斯的教育哲学,揭示作为一种自我教育理念,乃至生活方式的"*askēsis*"的丰富教育内涵。

[1] 于江霞,浙江财经大学伦理研究所讲师,主要从事古希腊哲学、道德教育研究。

一、askēsis 考源

"*askēsis*"[①]在古希腊思想中的基本含义为"训练""实践"或从事某种"技艺""职业""行业"。它最早指一个人为成就某事而进行自我规训、培养某种习惯等，尤指体育、军事、教化活动中的自我规训与训练。后来借助身—心类比，该词更多地指向德性与理智的训练，并最终演化为隐士、宗教团体对身体的极端规训行为，从而成为"ascetics"(禁欲者)的词源之一。[②] 从古希腊的教育观念与传统看，"*askēsis*"主要指依靠内在勉力而进行自我训练、自主行事、自我管理。它意味着一个人为了某个目标或不可知后果，自愿地接受某种挑战，而非对某种任务或作业的抵制、抱怨或对某种要求的被动回应。这种教育理念的突出特色是：教师的角色主要是以"没有你自己不能学习的"的方式引导学生；学生的学习不完全依赖于教师的质量或专长，而更多的是一种自我负责与自我关心；但这种自我训练往往能带来教师最好的一面和最好的教育效果。

同"*askēsis*"一样，它的两个同义词，即"*meletāv*"(多指思想训练)与"*gumnāzv*"(重在体育训练)，以及它们的同源词也被穆索尼乌斯之前的很多哲学家视为哲学实践或公民生活的一部分。可以说，西方早期有着深厚的"*askēsis*"教化传统，只不过这一传统后来逐渐被充满宗教色彩的"禁欲主义"所替代。当然，就"*askēsis*"的具体内涵，尤其是它是否可等同于禁欲主义，仍充满争议。从总体上看，大概有以下两种代表性观点：

一种观点是倾向于将禁欲与节制对立起来，认为古希腊人的 *askēsis* 只是倡导一种代表冷静、严肃文化理想的节制(*sophrosyne*)的生活方式，而不主张禁欲。主张这种观点的学者强调，古希腊的教育理念是更强调练，而非教。除了毕达哥拉斯的教化哲学和柏拉图的《斐多》有一定的禁欲色彩外，古希腊各派别无疑都不是禁欲主义的。法国哲学家阿道(Pierre Hadot)、福柯(Michel Foucault)

---

① 据学者考证(Kenneth Donovan：*Askesis：A Multi-disciplinary Study Investigating a First Century Christian Concept*. PhD Thesis，Cardiff University. 2011，p. 19)，有记载的对 askēsis 的第一次使用可追溯至公元前 5 世纪普罗泰格拉的作品。普罗泰格拉曾言，教育需要自然天赋与实践(*askēsis*)(Diels：*Fragmente*，Vol. 2. 264，frg. 3)。

② 奥里弗尔(Patrick Olivelle)将以下诸词作为禁欲主义的同义词：自我否定、自我牺牲、自我禁欲、自我惩罚、自我折磨、自我控制、自我约束("The Ascetic and the Domestic in Brahmanical Religiosity，" in Freiberger Oliver，*Asceticism and Its Critics：Historical Accounts and Comparative Perspectives*. 2006，p. 27)。

基本就持这种立场。福柯明确指出，尽管“禁欲主义”这个词来源于古希腊的*askēsis*，但不同于基督教的禁欲主义，*askēsis* 有更丰富的含义，可指代任何一种训练或实践方式。[①] 不仅如此，福柯还将 *askēsis* 与所谓的生存美学相关联，即通过修身技艺而关心、重塑自我，挺立个体的主体性。

基于这种立场，就理解穆索尼乌斯本人的思想而言，大多学者主要在德性的实践教育（或品格教育）这一主题下，将 *askēsis* 与伦理学原则的制定与实践相关系，或者从应用伦理的角度予以阐释和界定。包括穆索尼乌斯作品最早、最有名的译注者卢茨（Cora E. Lutz）在内的一些学者，则直接将穆索尼乌斯称为“罗马的苏格拉底”。这在很大程度上就是缘于穆索尼乌斯的教育方法、道德学说、个人气质与苏格拉底的神似。

另一些学者则倾向于从一种抽象的文化理论层面上，从修身、教化欲望的角度使用“禁欲”这一概念，并认为古希腊各哲学派别的 *askēsis* 大都有禁欲色彩，因此禁欲主义不应局限于基督教（包括新教伦理）。正是从禁欲主义实践与人类教育事业、人类生活的文化建构的关系角度，瓦格（E. Vaage）提出了令人深思的问题：在何种程度上，禁欲主义实践，无论是希腊的、拉丁的、叙利亚的、印度的，还是其他，都最终只是形塑人类社会的一种努力，一种用来教化欲望的可变策略，从而使各种实践者获得一种至少比先前的存在状态更好的生存或消亡方式？

瓦拉泰西斯也持相似立场。他的代表性观点之一就是根据罗马帝国时期的作家及其教化体系，而不是 4 世纪之后的基督教禁欲活动来界定禁欲主义，[②]并因此将穆索尼乌斯的“禁欲体系”置于核心和首要位置。[③] 在他看来，穆索尼乌

---

① 福柯由此提出了古希腊的“*askēsis*”与基督教禁欲主义的三点不同：第一，基督教禁欲主义的终极目标是否弃自己，而这种哲学或修身苦行实践中却以一种自我拥有和自我主权的自我关系为目标，即将自身确定为生存的目的。第二，基督教禁欲主义是以超脱于世界为原则主题，而古希腊罗马哲学的苦行实践却主要涉及培养自己以一种伦理和理性的方式面对世界的准备和道德装备（*paraskeue*）。第三，这种苦行实践暗示的是无数不同的具体训练，但它们并没有被编成条目、分析和描述。它们主要服务于精神训练，而不是推进某种理论；不是让个体服从某种法则，而是将个体与真理相联系。Michel Foucault：*Techniques of Parrhesia*. In *Discourse and Truth*：*the Problematization of Parrhesia*，edited by Joseph Pearson. Digital Archive：Foucault.info，1999；米歇尔·福柯，《主体解释学第二版》，佘碧平译，上海人民出版社 2010 年版，第 256—257 页。

② Richard Valantasis，1999，p. 229. 瓦拉泰西斯对禁欲主义的定义是，“在一个主流社会环境中旨在开创一种新的主体性、不同的社会关系和另一种象征空间的一系列行为表现。”Valantasis，“Constructions of Power in Asceticism，” JAAR 63，1995，p. 797.

③ Richard Valantasis，pp. 229-230. 瓦拉泰西斯还总结了穆索尼乌斯提到的一些禁欲纪律：流放（Discourse Ⅸ）、免于起诉他人（Ⅹ）、农作（Ⅺ）、不服从（ⅩⅥ）、婚姻（Ⅻ，ⅩⅢ A and B）和对妇女的教育（Ⅲ）（Richard Valantasis，p. 224）。

斯将伦理和宗教实践置于其哲学活动的前沿，禁欲主义构成他哲学教育与生活的核心。其基本意涵在于，通过实践禁欲主义而选择一种不同于世俗的生活，并表达一种新世界观和新见解，从而塑造一种禁欲的新的生活方式。在我们看来，尽管瓦拉泰西斯试图提高穆索尼乌斯思想地位的做法值得称道，但他把穆索尼乌斯哲学过于宗教化和体系化了。

二、穆索尼乌斯的"*askēsis*"及其教育内涵

当然，我们不能仅以对"禁欲主义"的狭义/广义理解来概括上述两种观点的分歧。若以穆斯索尼乌斯为例并对他的 *askēsis* 概念进行分析，必须解决这些问题：如何理解穆索尼乌斯哲学的实践性？这是一种教育理念和生活旨趣的哲学表达，还是一种面向禁欲主义理论与实践的宗教重塑？我们认为穆索尼乌斯的askēsis 教育理念的根本就在于通过实践施行品格教育，寻求一种好的生活。鉴于穆索尼乌斯在"论训练"（*Peri askēsis*）一讲中对 *askēsis* 的含义、内容和目的进行了详细阐述，我们将主要结合该文的论点展开相关讨论。

1. *askēsis* 的必要性

在穆索尼乌斯看来，*askēsis* 之所以对人的生活至关重要，根本上缘于人性潜能与生存环境的需要。从内在角度看，人生来就趋向德性，并具有获得德性的能力（Ⅱ，38.1-2）。所有人都被这种自然所塑造，从而可免于错误而高贵地生活（Ⅱ，36.16-17）。穆索尼乌斯基于希腊人的常识论证到，人人都喜欢说自己有德性而不愿承认自己没德性，但是没学过书写、音乐或体操的人却通常不会声称拥有或假装拥有这些技艺，因为这些技艺不是天生的、每个人都禀有的（II，38.9-21）。[①] 因此从整体角度讲，人性与德性本源地相关，但要实现这种自然，必须进行持久的训练。

穆索尼乌斯进一步强调，这种实践训练对学习哲学的学生比对学习医学或类似技艺的学生更为重要。这不仅因为哲学被认为是一种更伟大、更难的学科，还因为人在学习其他学科时心灵不会被拉向相反方向（比如医生和音乐家可以不受堕落社会的影响而学习其技艺，但学习哲学之人却已深受堕落环境的毒

---

① 本文主要参考希腊文版本与英文版本为：Musonius Rufus, *The Roman Socrates Lectures and Fragments* intr. and trans., Lutz, Cora E. Yale Classical Studies 10, 1947. 括号内的章数、页码与行号皆指希腊语原文。

害)。环境的恶劣使得对德性的追求和教育成为必须,并且需要哲学家更长、更彻底的训练(Ⅵ,52.28-33,54.1-2)。鉴于生活环境的恶劣与异常不幸的遭遇,穆索尼乌斯对世风、世俗和习惯批评较多。他相信社会习俗可能会摧毁一个健康人追求德性、趋向神性的倾向,人们从出生之日起就可能因环境、习惯的影响而逐渐远离自然。当然,这只能作为对恶的产生的一种解释,而不是最终的理据。因为对于斯多亚派来说,恶的本质是错误的判断,源自人的意愿。

因此在穆索尼乌斯看来,进行持久训练的目的就是认识真正的善与恶(Ⅵ,54.18-25),以追求真正善的东西,躲避恶的东西,并通过有目的地寻求德性来扭转衰弱的社会习俗。但他不是简单地反对社会习俗、习惯在德性教化中的作用,而是强调通过修身实践过一种再社会化、再习惯化的生活。他的具体教导是:首先在理解德性的基础上重新定义善恶观念;其次按照新观念,抛弃已经社会化的、根深蒂固的一些错误意见、习惯,学会并习惯在一个接受新的社会道德和价值观念的世界中生活。

但就整个过程而言,穆索尼乌斯更强调训练、实践德性,而不是知道德性知识,*askēsis* 则充当了理论与实践之间的桥梁。"一个人如果只知道不能被快乐所控制而没有在抵制快乐上进行训练,如何能变得立即有德性(Ⅵ,52.15-17)?"训练不仅将道德规则变成活生生的行动,同时还产生个人的德性与品格。不仅如此,从穆索尼乌斯的视角看,鉴于社会习俗的负面影响,有德性的人以外的人可以说都是不健康的,因此通过德性训练而获得渐进的进步实际上就成为多数人获得灵魂康复或道德进步的主要途径。

2. *askēsis* 与身体

作为通往世界的竞技场,身体在 *askēsis* 中所承担的文化与伦理角色可以说是把握 *askēsis* 本质的入手处。在这一点上,穆索尼乌斯认为,哲学需是一种整体性训练:尽管 *askēsis* 的主要目的是训练灵魂,但心与身都需要得到关心。这恰好符合 *askēsis* 的希腊文原义:"*askēsis*"通常既可指实地训练的(*gumnazein*),也可指思想性的(*meletan*);既可是灵魂的,也可是身体的。据拉尔修记载,第欧根尼曾区分过两种训练,即对于灵魂的和对于身体的,并声称这两种训练都很重要。不过,对这两种训练方式及其关系进行最详细讨论的还是穆索尼乌斯。他论述到,由于人不仅是灵魂,也不仅是身体,而是二者某种形式的合成物,因此每个人都应关心这两个部分。相应地,"*askēsis*"可分为两种:一种适合于灵魂,另一种既适合于身体,但可以同时影响灵魂(Ⅵ,54.10-11)。对于第一种纯粹的精神训练,最关键的是教学生识别真正的善与恶,将表面的善恶与实质的善恶区分开来，并在此基础上付诸行动（Ⅵ，54.18-23）。第二种训练的主要任务则是通过忍受冷、热、渴、饥、贫乏供应、硬床之苦等等，使身体得到强化并可以忍受苦难，同时使灵魂获得勇敢与节制的德性（Ⅵ，54.11-18）。正如瓦拉泰西斯所言，第二种训练方式并不是建议抛弃或拒绝身体，也不是单纯将身体实践置于精神实践之下，而是强调通过对忍耐力的训练使身体与灵魂融为一体，使整个生命，包括个人的与社会的、智力的与体力的等各方面都得到成长、锻炼与塑造，过一种身心健康的好生活。

3. *askēsis* 与生活技艺

穆索尼乌斯反复论说：生活技艺就像其他技艺，一个人无法通过理论教义而学到，而是需要 *askēsis*。*Askēsis* 的动词 *askeō* 其实原有工作、塑造、努力训练之义，后来才逐渐从体育训练和技艺实践（*technē*，包括工艺、艺术等）引申到宗教、道德领域中。因此 *askēsis* 还意味着获得一种技能或能力，与“技艺”有所关联。这在斯多亚派的哲学体系中尤为明显。可以说，“*askēsis*”与“*logos*”（逻各斯）、“*ergon*”（活动、产品）构成技艺概念的核心之点，统摄技艺的目的、过程、活动等范畴。也正是依此理解，斯多亚派甚至进一步将 *askēsis* 与 *technē* 引向某种生活方式。在斯多亚派看来，哲学的技艺内涵就在于，以生活本身为对象，它不仅是一种纯思（*logos*），而且是一种实践（*askēsis*），依赖于具身的（embodied）技艺式训练。这也就更易解释穆索尼乌斯的 askēsis 学说与技艺的密切关系：他不仅大量使用技艺类比，基于技艺的本质理解德性的起源与获得，而且与其他斯多亚者一样，也将哲学视为一种治疗灵魂的生活技艺。其核心教学之道就是，哲学技艺的学习需要持久的耐心和不断的考验，否则其名声就会破坏殆尽。

穆索尼乌斯还强调，不仅是哲学家，任何想变好的人都应该实践德性理论（Ⅵ，52.11-12），就像医生、音乐家通过实践其技艺以成为一个很好的医生或音乐家一样。他相信理论必须通过训练而呈现自身，因此重点不在于知晓多少道德箴言，更不在于如何组织修辞辩论，而是真正地在生活中去实践。学生应通过身心锻炼，努力将健康的身体打造为德性料理生活的工具（Ⅵ，54.8-9），使灵魂配有四德，从自我掌控通向幸福生活。自制（*enkrateia*）与节制（*sophrosyne*）两种品质对理解穆索尼乌斯的“*askēsis*”缺一不可，因为这种教育理念不仅意味着摒弃不良积习和进行自我控制，而且还旨在塑造品格卓越和心灵健全的幸福生活。穆索尼乌斯的教育使命就是对学生加以理论与实践上的指导，并且行为世范，帮助他们过上一种好的生活。他希望包括女性、国王在内的所有人都接受哲学教育，因为每一个人都有能力实践哲学，而哲学则是一种使人变好的技艺。

三、"*askēsis*"与"*asceticism*"的区别

结合第一节的讨论,由于现代学者倾向于赋予"*askēsis*"与"*asceticism*"更为广泛的文化内涵,我们有必要缩小讨论范围,即在尊重"*askēsis*"原义的基础上,寻找穆索尼乌斯的"*askēsis*"与公元3、4世纪以后的禁欲主义[①](诺斯替主义、基督教隐修制度)等在实践旨趣的不同。当然这是一个很大的论题,这里只能做一个初步、概要的讨论,重在通过这种比较,澄清二者的根本区别,揭示"*askēsis*"的教育内涵与价值。

首先,在对身体的态度上,是主张温和地重塑,还是严格地压抑?穆索尼乌斯的态度显然倾向于前者,即强调关心灵魂与关心身体的并重,而非赞同抑制身体本能与获得幸福的一种直接关联。实际上,对斯多亚派来说,身体与精神训练的目的都是通过改变自我,树立对中性之物(尤其是身体)的正确态度,即赋予身体及其延伸物以合理的价值。尽管斯多亚派的"*askēsis*"关涉身体的训练及其带来的身心关系的改变,但它主要指一种心灵实验或理智训练,因而与过度的强体力活动无关。在很多情况下,对身体锻炼的强调甚至仅限于一种类比,正如他们常用的哲学/医学类比一样。因此穆索尼乌斯的学生,另一晚期斯多亚哲学家爱比克泰德也常用运动员身体训练的例子来类比德性训练,从而教育学生训练一种道德上的坚定性。究其根源,在斯多亚派的哲学实践中,以"什么对人是好的"这个根本问题和对人性的考虑为出发点,身体不是被禁欲、遗忘、否弃的对象,而是被视为哲学生活的训练场、修炼自我的重要材料。虽然训练始终存在某种内在紧张与对抗,甚至一定的挑战和风险,但它不会导致破坏和痛苦。穆索尼乌斯确实在衣食住行等方面较多地提到身体训练,并积极地身体力行,但其主旨仍然是引导学生通过关注、简化身体性生活来强化心灵,同时使身体得到锻炼、改造与提升。因为身体问题本质上是心灵问题,身体的训练与对灵魂的治疗密切相关。

尽管古代晚期和基督教的禁欲主义教学法也是一种精神训练、终身训练,然却从总体上走向弃绝身体。身体的基本表征由脆弱性转化为堕落性。相应地,"*askēsis*",即关心自我的哲学训练与实践,逐渐向否定自我,尤其是否弃身体的禁欲主义转变。当然不可否认的是,身体在人的社会化和精神生活中的角色依

---

① 当然基督教的禁欲主义传统可追溯至《新约》之前。

然是重要的，因为它仍是实现人生目的，以及通向天堂或地狱的重要工具。例如受斯多亚派的影响，基督教神学先驱斐洛以及受其影响的阿弗洛狄西阿的亚历山大都倡导通过自我训练、自我治疗而关心灵魂，进而关心神性自我。原始基督教也强调身体的救赎和转化，即实现从可朽坏的自然身体到灵性身体的飞跃，[①]但后来基督教实践所缔造的日常生活却愈发充满了身体性的紧张：对神的思考和灵魂的提升是通过逐步地否弃自我而实现的，强调内心斗争的自制逐渐压倒象征道德自由的节制，并且斗争的对象由内在力量转化为异在力量和原罪。身体变得羞涩、充满罪性，因此渐渐地退缩到私人空间。尤其是在曾对中世纪基督教产生重要影响的诺斯替主义（通常被视为具有神秘色彩的异端）的禁欲实践中，身体虽是各种禁欲技术规训的工具，但却无法被救赎、改造与优化。

其次是修身训练在教学活动中的地位——自由与至善的获得是完全取决于自我的修身训练，还是依赖于一种外在力量的认可？穆索尼乌斯同样倾向于前者。对于斯多亚派来说，要过一种好的生活，根本在于真正地掌控自我，坚持不懈地践行哲学理论。尤其在其生活技艺（*technē peri tou biou*）观念中，相对于作为目标的“*ergon*”（活动、产品），更重要的是努力实践和练习（*askeō* 有“尽力”之义），这恰恰与自我关心中“关心”（*epimeleia*）的另一义项——“勉力”相贯通。在穆索尼乌斯看来，由于人从出生之日起就在错误的方向上被社会化与习惯化，因此要取得道德进步，实现正确原则对于堕落习惯的胜利，即真正地关心自我，个体的不懈努力至关重要。现实地看，尽管哲学教育的目标是塑造“有德性的人”这样一件集中展现德性的作品，但一般人都行走在努力成为（become）有德性的人的修炼之途。

但相对而言，基督教所实现的转化根本上依靠的是对拯救的信仰或上帝的恩典，而不是自我勉力的修身实践。斯多亚式的修身技艺在这里已渐失魅力。尤其是经过诺斯替主义、新柏拉图主义对精神修炼方式的提纯和净化，这种趋向更加明显。例如作为唯一救赎之方的自我认知（*Gnosis*）在诺斯替主义这里虽是一种生活方式，但它依靠的却主要不再是自我的沉思或研习，而是一种外在力量，即“神”的启示和彻底否弃身体与尘世的神秘体验。

再次，基于对人类行为和生活状态的问题化，这种话语主要采用的是一种治

---

① 在原始基督教中，“道成肉身”所诉说的耶稣降生、受难、死而复活，以及肉体即圣殿的教义，表明身体也可以作为被救赎、转化的对象，充当通向灵魂获救的桥梁。在《新约》中，*askéō* 只出现过一次（Acts 24：16），用来描述保罗为一特定目的而努力。参见：Kittel，Gerhard：*Theological Dictionary of the New Testament*. Vol. I，trans. and ed. by Geoffrey W. Bromiley. Grand Rapids：Wm. B.，1964，pp. 76-77。

疗模式,一种生存美学,还是一种禁欲活动?总体上,第一种似乎更接近罗马斯多亚派的总体实践旨趣。对于穆索尼乌斯而言,他尤其关心学生通过自我的德性训练而改变自己病态的生活方式。即便禁欲主义也可作为一种生活方式,但基督徒的拥抱上帝、隐士僧侣的归隐出世,显然与穆索尼乌斯等斯多亚者的照看灵魂或转向自身依循不同的修身和生活态度。照看灵魂或转向自身所体现的哲学旨趣是教化与关心自己,掌控与发展自我,而不是通过否弃自身而遵从神和神性法则,实现与神的统一。由于神学观的根本不同,斯多亚派虽承认一个道德进步的过程,但其目的却与超越、否弃现世无关。他们的"*askēsis*"不是对于一套明确的规则或法典的遵守,而是一种内在的,以生活作为训练和检验之所的永恒行动和精神之旅。尽管穆索尼乌斯相信的神较为人格化,但从他的哲学(或善)即宙斯等思想可看出,他真正关心的是道德教育、德性培养和好的生活(即神性生活),以及家庭价值、女性地位和个体的社会境遇。正如卢茨指出的,穆索尼乌斯对斯多亚派的人文主义(*Humanitas*)概念进行了极大的发展,他不仅在个人关系中体现了对人类的仁慈和热忱的人道,而且在其学说中从人道主义角度阐释了规约人类行为的基本准则、好生活的成果与伟大品性的表现。

究其根源,斯多亚派坚持的是一元论的形体主义:存在即形体,人与神、身体与灵魂之间具有同质性。对斯多亚派来说,"*phusis*"(自然)观念加"*oikeiosis*"(有"自爱""亲密""适应"之义)[①]理论即沟通了"是"与"应当",奠定了伦理的根基,因此不需要在道德上给出一套超验的行为规则,指导个人,甚至他人怎样行动。按照穆索尼乌斯,人很容易在理论上辨别善、恶、中性之物的价值,关键在于在实践行动中摆脱恶的旧习,将德性具身化。一个在训练中的人必须努力使自己习惯于不喜快乐,不避困难,不恋生活,不怕死亡,不在钱物之事上将接受置于给予之上(Ⅵ,56.7-11)。这种依靠人的感官认知和理性把握,依循自然之道的实践生活就类似于一种艺术生活,而每个人都仿佛是一个医治自我灵魂和塑造个体生活的艺术家。

但相比之下,基督教的精神性立基于一种二元论框架;其禁欲实践的基本理

---

① "*oikeiôsis*"在英文和中文中都没有对应的词汇。在英文中,它通常被翻译为"domestic instinct""appropriation""familiarization""affinity""orientation"等,其核心意涵就是一个人应努力扩展其归属(*oikos*),亲近自我,并进而将通常排除在自我归属之外的他者容纳进来。"*oikeiôsis*"这个观念实际上源远流长,据布林克(C. O. Brink)的考察,后克律西波的理论主要是将泰奥弗拉斯托斯(Theophrastus)的"*oikeioses*"生物学理论嫁接到克律西波的个人化的"*oikeiôsis*"的结果,以在人保护自我的自然倾向与他的社会关系之间建立一种更清楚的联结。请参阅:C. O. Brink:*Οἰκείωσις* and *Οἰκειότης*. Theophrastus and Zeno on Nature in Moral Theory, Phronesis, 1956, pp. 123-145。

路是以神为最高的价值指引，主张人通过在上帝面前降低自身，超越一切客观制约和文化传统而得到上帝的拯救和自我的重生。它所关心的不是此世的心灵宁静，而是某种精神性目标。与之相对应，这种禁欲主义始终与自我否弃、责谴相联系，并在肯定世界与否定世界中动摇。后来在新教中，这种活动被赋予一种特殊的价值，成为一种普遍的、法则性的束缚。它甚至演化为一种强有力的集体意识和实践，成为凝聚特定文化共同体的纽带。但这种共同体精神显然主要不是教育的，而是宗教的，或者说是一种宗教的教育。

三、结　语

当然随着对禁欲主义的理解日趋宽泛，现代一些学者也力图证明耶稣及其追随者的禁欲实践与后来基督教修道院生活的不同，挖掘自制(*enkrateia*)的积极性价值，或者从所谓的自然禁欲主义[①]角度重新诠释基督教的禁欲实践。很多现代基督教禁欲团体也都不再主张匮乏、痛苦、自我否弃，而是强调人性的自然、自由。[②] 类似于佛教的冥想、瑜伽，这种实践方式似乎代表了宗教禁欲主义的现代转换。而现代人所热衷的健身养生、自助自疗、自我塑造则可视为*askēsis*的一种世俗化转换。这两种转化其实都接近于*askēsis*的原初含义。因为*askēsis*本义不是压制，而是自由；它不是宗教的，而是伦理的、教育的；它不只是针对个体，而且关照公共维度。因此作为一种生活方式，*askēsis*既可以作为个体的存在方式，也可以指向集体的生活样态；既可以作为个体修身养性、达致完满的路径，也可以充当集体性的精神气质与教化活动。

综上，如果说穆索尼乌斯的品格教育可归结为自然能力(*physis*)、学习(*mathesis*)和训练(*askēsis*)三要素，那么"*askēsis*"则是核心与关键。在穆索尼乌斯这里，"*askēsis*"主要指个体趋善避恶，除积习、返自然的一种伦理教化路径和行为规训过程；它意味着一种持久的自我训练或终生的自我教育。无论是施教

---

① 所谓自然禁欲主义，即一种为了身体，而非对抗身体(包含使"身体服从精神")的一系列训练。其真正目的是优化，而非破坏身体。

② Wimbush, V. (ed.), *Ascetic Behavior*, 1. Elizabeth Clark in, *Reading Renunciation: Asceticism and Scripture in Early Christianity*, Princeton University Press, 1999。因此韦尔(K. Ware)评论道，禁欲主义将我们引向自我控制，并使我们实现为自身设定的任何目标。因此某种程度的禁欲克己是我们所有行为中的一种必要因素，不管是在体育运动还是政治活动、学术研究还是祷告。没有这种禁欲的专注，我们将受制于某种外在力量或自身的情感、情绪，即在被动反应，而不是在主动行动。(Ware, K., 1995, p. 3.)

者，还是学习者，都可以通过“*askēsis*”进行伦理改造和自我重塑，以实现自我的完善和好的生活。通过 *askēsis*，一个人就可以从一种低级的、日常的、习俗习惯性的生活转向一种经过检省的、更高的、神性的生活样式。因此，*askēsis* 仍可作为现代人所认同和践行的教化观念、修身进路与生活方式。

参考文献

[1] VALANTASIS R. Musonius Rufus and Roman Ascetical Theory[J]. GRBS, 1999,40(3).

[2] PINSENT J. Ascetic Moods in Greek and Latin Literature[M]//VALANTASIS R, WIMBUSH V L. Asceticism. Boston :Oxford University Press, 1995.

[3] LUTZ C. Musonius Rufus, The Roman Socrates : Vol. 10 [M]. New Haven: Yale University Press, 1947.

[4] HARPHAM G. The Ascetic Imperative in Culture and Criticism [M]. Chicago: University of Chicago,1987.

[5] FREIBERGER O. Asceticism and Its Critics: Historical Accounts and Perspectives[M]. Oxford: OUP, 2006.

[6] VAAGE L E. Ascetic Moods, Hermeneutics, and Bodily Deconstruction: Response to the Three Preceding Papers[M]// VALANTASIS R, WIMBUSH V L. Asceticism. Boston :Oxford University Press, 1995.

[7] 米歇尔·福柯. 主体解释学:第二版[M]. 佘碧平，译. 上海:上海人民出版社，2010.

[8] LAERTIUS D. Lives of Eminent Philosophers[M] Cambridge: Harvard University Press, 1925.

[9] KING. Musonius Rufus: Lectures and Sayings[M]. Seatle: CreateSpace, 2011.

从浙商精神看中国传统文化的现代价值

王洪霞[①]

【摘　要】浙商精神与中国传统文化本质上非常一致，是中国传统文化理念在现时代的彰显。浙商的审时创新很显然将中国传统文化的识时精神在现时代彰显出来，在经济和社会发展中贡献了巨大力量。浙商精神中也渗透着进德修业的理念，他们身上有显著的德性品质，而且不断推动着经济社会的良好发展。浙商精神中也显著地表现出中国传统文化中追求和合的理念，他们不仅抱团发展，也致力于整个产业乃至整个社会的和谐发展。浙商精神中蕴含的传统文化理念，在现时代依然明显地发挥着启迪心灵、安顿灵魂与和谐社会的重要作用。

【关键词】浙商精神；中国传统文化；现代价值

浙商作为改革开放后影响巨大的商人群体，一直受到学者的广泛关注与研究。在深入了解浙商精神后，我们可以发现浙商精神实质上与我们中国传统文化的核心价值一脉相承。从浙商精神中我们可以看到中国优秀传统文化的时代价值所在。浙商精神所蕴含的很多理念不仅呈现了中国优秀传统文化的精华，更是在现时代继承和发扬了传统价值理念，是传统文化的价值理念在现时代的转化与彰显。

浙商是中国经济发展大潮中表现非凡的企业家群体，他们特别善于抓住机遇，勇于创新，表现出了杰出的审时创新之精神。改革开放后，人们就从颇具代表性的浙江现象中总结出了浙江精神，即"自强不息、坚忍不拔、勇于创新、讲求实效"，这些确实是浙商精神的集中体现。浙商能在汹涌的经济大潮中抓住机遇脱颖而出，首先与他们的审时度势、灵活应变、勇于创新是分不开的。在改革开放之初，我们就可以看到，浙商凭借他们对经济发展的灵敏判断，较早地进入市场，获得自我生存和发展的有利空间，从而掘取了第一桶金。从浙商所创造的数

---

① 王洪霞，浙江财经大学伦理研究所讲师，主要从事儒家伦理思想研究。

个全国第一便可以看出:第一批个体工商户、第一批私营企业、第一批专业市场、第一个股份合作制企业等。他们富有勇于开拓的创业精神,积极地在艰难条件下开拓市场,千方百计寻求企业的发展,同时也不断改善与丰富着人们的物质生活。浙商鲜明的特色在于能够利用地方特色、因地制宜,发展出地方各具特色的产业群。他们普遍经营着劳动密集型的产业,集中于服装、纺织、鞋类、小家电等各类小商品,比如宁波的服装产业、绍兴的轻纺产业、温州的皮鞋产业、乐清的低压电器等。浙商能够深入了解现实生活需要,抓住市场发展动向,以理性务实的开拓精神经营实业,从而能在经济大潮中脱颖而出。经过三十多年的发展,很多浙商不仅仅在全国范围内举足轻重,甚至已经走出国门,成为全球浙商,在世界经济舞台上扮演更为有影响力的角色。中国传统文化非常重视识时精神,直到现在我们还非常认同"识时务者为俊杰"。从《周易》一书我们便可以看到古人很早就试图从千变万化中寻求常道以宜于社会人生。所以,不管是《周易》一书的文字系统还是符号系统都会特别重视把握"时"的重要意义。这个"时"实际上内涵丰富,不仅仅有现在一般意义上我们所意识到的时空的内涵,还包括很多差异性的抽象概括,包括不同的人、不同的事、不同的境遇等。识时意味着能够在现实千变万化的各种环境中做出适合的事情。浙商的审时创新很显然将中国传统文化的识时精神在现时代彰显出来,在经济和社会发展中贡献了巨大力量。

浙商是中国民营企业经营者的杰出代表,他们大部分白手起家,在艰难环境中努力勤奋经营而一步步发展壮大。在这个过程中,我们可以清楚地看到他们所取得的巨大成功与他们显著的进德修业的良好品质是分不开的。浙商普遍具有草根性,这也让他们特别务实,特别能吃苦耐劳。他们都肯干一般人不愿意干的脏活、累活。很多浙商开始创业时都是身兼数职,既当老板又当销售人员,还兼生产技术员以及会计和出纳的工作。他们常常与工人一起挤在狭小的工棚里开发研制和生产产品,所以我们对浙商有非常形象的写照:白天当老板,晚上睡地板。浙商也能将吃苦耐劳、坚忍顽强的品质不断继承与发展,即使在企业发展壮大以后,他们也大都艰苦朴素、勤劳能干。所以人们普遍称道浙商具有"四千"精神:走遍千山万水,历尽千辛万苦,用尽千方百计,说遍千言万语。诚信的道德品质也一直是很多优秀浙商所看重的,虽然假冒伪劣在一段时间内也甚嚣尘上,但是目光高远的优秀企业家一直会看重企业的良好形象。现在的胡庆余堂仍然将"戒欺"作为企业始终恪守的原则。阿里巴巴也在不同场合一直强调要将诚信当作自己的生命来看,并坚持实践它,所以能够走得更远。商人以逐利为本性,但浙商在逐利的过程中坚持义利并举,能够很好地做到义利兼顾,这是很显著的特点。所以我们能看到优秀的浙商普遍具有社会责任感,强调个人、企业与社会应该具有和谐一致的目标,共同致力于社会发展与进步,从而有益于增进人类的发展与幸福。从浙商勤奋、诚信、敬业、担当上可以看出他们对自身道德修养的要求。这是儒家君子人格一直致力于完善的良好品性。儒家从孔子以来不断丰富进德修业的君子人格的内涵。在内而言,一个理想的君子能够保持自身道德品性如"智""仁""勇"等的不断提升;在外而言,君子达则兼济天下,于是具有齐家、平天下等社会理想。浙商精神中也渗透着进德修业的理念,他们身上有着显著的德性品质,而且不断推动着经济社会的良好发展。

一个企业的经营成功与否往往是内部环境和外部环境综合利用的结果,其中企业家在其中起着重要的协调作用。浙商一般都具有统筹全局的意识,不同程度地体现了追求中和之道的精神。一方面,在整个企业生存与发展的大环境意识上,浙商大多重视处理好自身企业与自然、社会、国家、政府、行业等重要方面的关系,不会与之产生尖锐的矛盾冲突,其中浙商的抱团精神最引人注目。像温州的打火机、乐清的低压电器、余姚的服装、嵊州的领带、桐乡的羊毛衫、海宁的皮革等都是户户村村的抱团精神所发展出的块状经济。另一方面,在企业内部小环境中,很多优秀的浙商也很强调具有健全的组织经营体制,特别是具有团队理念,看重团队建设,致力于建立一个良好的团队,不断提高组织整体效率。如万向集团的创始人鲁冠球在企业成长发展过程中就善于抓住社会环境的变化,适应国家社会的发展要求,在不断调整产业、产品、组织结构等过程中做到组织体制的不断优化,从而让企业能够更加和谐发展,进而带领企业不断持续向前发展。在中国的传统文化中,中庸和谐之道一直为人们所看重。孔子看重中庸之道,子思提出中和乃天下之大本与天下之达道。儒家思想不仅仅关注成己之道,也关注成物,关注成就他人、成就万物。所以我们非常熟悉张载的民胞物与的思想。浙商精神中也显著地表现出中国传统文化中追求和合的理念,他们不仅抱团发展,也致力于整个产业乃至整个社会的和谐发展。

由此我们可以看到,中国传统文化的价值理念与浙商精神在本质上深深契合,研究其契合性在现时代仍有不可忽视的重要价值。至少从三个层面上,人们应该重视浙商精神所蕴含的传统文化价值理念的重要意义。

首先,人格培育价值。人格是一个人的灵魂所在,最能体现一个人独特的精神特质。所以人格培育对一个人的成长与完善来说是至关重要的。中国传统文化具有非常丰富的人格培育思想。特别是儒家文化在如何成就道德人格,如何达至良好的理想人格方面有不可忽视的丰富资源。作为儒家文化的创始人,孔子首先是一位教育家，他弟子三千，其中贤者七十二，在教导弟子的过程中就赞许了很多不同风格的道德人格特质，这些人格特质无不在“仁”的统领之下，成为理想人格的精神特质。孟子特别重视个人的道德情感，他的德性人格模式是从内心的善端开发出来的。荀子更重视一个人的理性认知，他的理想人格模式要靠向外的学习与积累等才能修炼而成。浙商精神的创建者与发扬者在人格方面特别是道德人格上几乎都是值得大家倾慕与学习的对象。如杰出人士冯根生、宗庆后、鲁冠球、马云等。所以发扬浙商精神，使中国传统文化的价值在现时代彰显出来，无疑具有非常重要的人格培育价值。

其次，精神安顿价值。当代社会是一个多元文化共存的社会，特别是东西方文化混杂在一起共同影响着人们。人们常常在多元文化中迷失自己的方向，不能达至精神的安顿。而要达至精神的安顿，并不是一个短时间就能解决的问题。它需要在长期生活中形成价值的认同，确立自己的生活理念，不断完善个性与道德境界，以逐步促进生命境界的提升。中国传统文化中，不管是儒家、道家还是佛教他们都有自己认同的价值理念，如道家崇尚自然，儒家推崇道德，佛教看重超然。他们也有与之相应的理想人格目标及相应的修炼方式，所以能够让人们有精神的依归，找到生命的安顿。如儒家强调圣贤人格，要求人们不断完善自己的道德品行，把善行展现出来，从而达至很高的人生境界。在这个过程中，可以看到儒家所强调的厚德载物理念对人们的深刻影响。浙商不管从属哪个领域、哪个行当，他们大都非常认同厚德载物等道德理念，在此理念上有精神的依归，从而具备引人注目的人格魅力，创造出令人刮目相看的成绩。

最后，和谐社会价值。人是社会性的人，推动着社会的发展，也处社会之中深受社会的各种影响。整个社会的和谐与否与每个个体都密切相关，关系每个个体的成长，关系每个个体的完善以及每个个体的幸福安康。所以让社会成为一个和谐的社会应该是人们努力奋斗的目标。中国的传统文化非常注重天人合一，这里的天人合一明显包括我们现在所说的社会和谐。《周易》中三才说，天道、地道与人道即是和谐社会之道。对于自然世界，我们要遵循自然法则，对于人类社会我们要尊重规则秩序，特别是对人类主体来说，要不断修养自己的道德品性，不断提高自己的生命境界。浙商精神在现代社会的弘扬有利于和谐社会的目标。随着浙商不断地发展壮大，他们更多的成为这个社会风向的引导者，表现出更多的担当精神，他们普遍具有社会责任感，有益于整个社会的和谐发展。

综上所述，我们可以看到浙商精神与中国传统文化本质上非常一致，是中国传统文化价值在现时代的彰显。浙商精神中蕴含的文化理念，不仅仅是继承中国优秀传统文化的体现，更是现时代传统价值理念的发扬，是传统文化在现时代的转化与彰显。我们现在遵循的精神和原则，很多来自我们传统文化的价值理念。如果我们能够自觉遵循这些价值理念，我们的生活与工作可能会进行得更为顺利。因此，浙商精神值得我们认真学习与借鉴，这些精神是浙商具有巨大影响力的灵魂所在。如果我们都能发扬浙商身上显著的价值理念，不仅有益于继承与发扬优秀传统文化，更对新时期社会价值观的形成与弘扬有着显著的推动作用。也由此可以看到中国传统文化的继承和发扬要仰仗于像浙商精神一样的现代精神去引领人们开展具体现实的实践活动。因此，今天人们热烈讨论浙商精神的价值和意义，鼓励人们发扬浙商精神是非常重要的。在这个过程中，中国传统文化的价值和理念也为人们所更多认知与理解，从而发挥它的重要作用，达到启迪心灵、安顿灵魂与和谐社会的目标。

参考文献

[1] 易开刚. 浙商伦理转型研究[M]. 北京：中国社会科学出版社，2009.
[2] 汪岩桥，吴伟强. 浙商之魂——浙江企业家精神研究[M]. 北京：中国社会科学出版社，2009.
[3] 韩永学. 浙商金论[M]. 杭州：浙江工商大学出版社，2010.
[4] 吴晓波，等. 2013 全球浙商发展报告：转型与升级[M]. 杭州：浙江大学出版社，2013.
[5] 陈立旭. 区域工商文化传统与当代经济发展[J]. 浙江社会科学，2005(5).

◆伦理学前沿与热点

道德动机、欲望与实践承诺*

徐向东[1]

【摘　要】休谟主义和康德主义被认为对我们的实践理性或者理性能动性提供了两种截然不同的乃至不相容的解释：休谟主义被认为不仅得出了一种关于实践理性的怀疑论，而且也对道德原则或道德要求的绝对地位造成威胁，相比较而论，康德主义则被认为维护了实践理性的“自主”地位和道德要求的“绝对”地位。本文旨在表明，一旦我们澄清了休谟主义的两个构成要素——它对行动的理由和动机的说明以及它对工具合理性原则的基础地位的强调——的本质和地位，并给予康德伦理学以一种适度的“自然主义”解释，那么我们就可以有意义地缓解在这两种观点之间被认为存在的张力。本文也试图表明，放弃对实践理性的一种康德式的、基础主义的探讨，转而采纳一种以实践承诺为核心的语境主义探讨，或许是值得向往的。

【关键词】行动的理由；欲望；工具合理性；实践承诺

---

* 本文是笔者《休谟主义、欲望与实践承诺》的一个更加完整的版本，那篇文章原来发表于《自然辩证法通讯》2015 年第 37 卷第 21 期。

① 徐向东，浙江大学人文学院哲学系教授，主要从事伦理学、政治哲学、早期现代哲学以及分析哲学研究。

休谟主义和康德主义往往被认为对我们的实践理性或理性能动性提供了两种截然不同的乃至不相容的解释：休谟主义据说不仅得出了一种关于实践理性的怀疑论，也对道德原则或道德要求的绝对地位造成严重威胁，相比较而论，康德主义被认为维护了实践理性的"自主"地位和道德要求的"绝对"地位。[①]本文旨在表明，一旦我们澄清了休谟主义的两个构成要素——它对行动的理由和动机的说明以及它对工具合理性原则的基础地位的强调——的本质和地位，并给予康德伦理学以一种适度的"自然主义"解释，那么我们就可以有意义地缓解在这两种观点之间据说存在的张力。

本文分为三个部分。在第一部分，我将简要地阐明休谟主义者对行动的理由的理解，面对乔纳森·丹西提出的"纯粹认知主义"来澄清对这个概念的一些主要误解。在第二部分，我将把注意力转向克莉斯汀·科斯格尔针对工具理性原则对休谟主义的批评。我将试图表明，即使我们承认工具原则就像她所论证的那样"不可能独立存在"，这也无须削弱这个原则在我们的理性能动性中的基础地位。在第三部分，通过借助于约翰·麦道尔对知觉信念的论述以及芭芭拉·赫尔曼对欲望和理性之关系的分析，我将简要地表明如何可能在休谟对行动的实践合理性的理解和一种适度地"自然化"的康德式的解释之间实现一种调和。总的来说，本文试图表明，放弃对实践理性的一种康德式的、基础主义的探讨，转而采纳一种以实践承诺为核心的语境主义探讨，也许是值得向往的，而不论是对规范伦理学还是对政治哲学，这种探讨都会有一些值得进一步探究的重要含义。

一、行动的理由：一个初步描述

在近来关于实践理性的争论中，休谟主义往往被认为倾向于导致关于实践理性的怀疑论，或者说是对道德的理性辩护的一种怀疑——如果休谟主义是真的，那么道德要求就不可能是绝对命令，或者等价地说，道德规范不可能向我们

---

① 关于这个论点及其争论，例如，参见 Philipps Foot：*Morality as a System of Hypothetical Imperatives Philosophical Review*，1972，81：205-315；John McDowell：*Are Moral Requirements Hypothetical Imperatives*，reprinted in McDowell：*Mind Value and Reality*，Harvard University Press，1998，pp. 77-94；Christine Korsgaard ：*Skepticism about Practical Reason*，reprinted in Kieran Setiya and Hille Paakkunainen ：*Internal Reasons*：*Contemporary Readings*，The MIT Press，2012，pp. 51-72。

提供服从道德要求的绝对理由。[①]一开始就需要指出，如何理解这个主张以及它是否在根本上成立取决于一系列进一步的相关问题，例如如何理解道德要求对我们来说具有一种绝对权威，不服从道德权威是否必定是实践上不合理的，如何区分规范性的理由和激发性的理由，等等。不过，在澄清这些进一步的问题之前，我们首先需要弄清楚休谟主义到底意味着什么。

遵循一种流行观点，我将把休谟主义理解为一种关于行动的理由的理论，即一种关于一个人有什么理由采取某个行动的理论。一个行动的理由首先必须要说明行动者为何采取某个行动，只有在解决了这个问题后，才能有意义地谈论一个特定的行动是否合理。在唐纳德·戴维森看来，一个行动的理由必须出现在对它的说明中，因此在最直接的意义上和在最简单的情形中，行动的理由是由行动者所持有的某个欲望以及一个合适地相关联的目的—手段信念构成的。[②]具体地说，激发一个行动的理由可以被定义如下：

> (MR) 一个行动者有一个激发性的理由做 X，当且仅当存在着某个目的或目标 Y，以至于行动者欲求 Y，并相信通过做 X 他就会获得 Y。

显然，为了表明对激发性理由的这种理解如何能够说明一个行动的发生，我们就需要对这个定义做出某些必要限定，例如需要假设行动者并不存在相冲突的目的或目标，有能力履行作为实现那个目标之手段的行动，相关的目的—手段信念是正确的，等等。[③]那么，在这些限定条件下，一个欲望和一个合适地相关联的目的—手段信念如何能够说明一个行动的发生呢？设想一个人只是碰巧具有某个欲望，例如想要去看一场电影，他也有正确的目的—手段信念（知道如何实现去看这场电影这个目的），但他并不承诺要去实现这个目的（想去看一场电影

---

① 关于这个论点及其争论，例如，参见 Philipps Foot：*Morality as a System of Hypothetical Imperatives Philosophical Review*，1972，81：205-215；John McDowell：*Are Moral Requirements Hypothetical Imperatives*，reprinted in McDowell：*Mind Value and Reality*，Harvard University Press，1998，pp. 77-94；Christine Korsgaard：*Skepticism about Practical Reason*，reprinted in Kieran Setiya and Hille Paakkunainen：*Internal Reasons*：*Contemporary Readings*，The MIT Press，2012，pp. 51-72。

② Donald Davidson：*Actions Reasons and Causes* reprinted in Davidson：*Essays on Actions and Events*，Clarendon Press，2002，pp. 1-20.

③ 值得指出的是，这里所说的“能力”的概念是一个复杂概念，它可能不仅包括行动者实现某个行动的物理能力（其中涉及对某些资源的利用），可能也包括某些相关的心理能力，例如并不处于意志软弱或者其他形式的心理沮丧状态。

只是他的一时冲动)，那么，在这种情况下，他或许不会采取实现这个目的的手段。因此，我们也必须补充说，为了被激发起来采取行动，作为他的欲望对象的那个目的是他承诺要实现的目的(我们有时候用"行动者强烈地欲望某件事情"来表示这一说法)。给出这些限定条件，不难看出欲望和合适地相关联的目的—手段信念如何能够说明一个行动的发生：如果一个行动者确实承诺要实现某个目的(作为他的欲望的对象)，并相信通过做某件事情，他就可以实现这个目的，那么他就会做那件事情。

我相信上述定义对于康德主义者和休谟主义者之间的进一步争论是中立的；也就是说，它极有可能只是描述了关于我们的道德心理的一个基本事实。现在的问题是：在什么意义上一个欲望和一个正确的目的—手段信念的组合也构成了一个行动的理由？如果一个行动的理由就是能够说明一个行动发生的东西，那么这样一个组合显然构成了一个行动的理由。问题仅仅在于：我们也在另一个意义上来谈论一个人有什么理由采取某个行动。比如说，假设我逃课去看电影，你很可能就会问："你有什么理由采取你实际上所采取的那个行动?"在这种情况下，你是在要求我提出一个理由来辩护我实际上所采取的行动，因为在提出这个问题时，你已经不言而喻地假设我本来应该采取一个不同的行动(例如，按时上课)。我们可以把这种理由称为"辩护性的理由"。辩护性的理由显然不同于激发性的理由：假若确实我逃课去看电影，为了回答你的质疑，我可能会说："最近压力很大，我需要放松，而那堂课的内容是我已经学过的。"如果你认同和接受我的说法，那么我就对我实际上并未采取、但在某种意义上应该采取的行动提出了一个辩解。然而，需要注意的是，这个辩解性理由并不是我用来说明我实际上所采取的行动的理由(尽管二者可能也有关联)。如果我的辩解失败，或者你并不接受我用来进行辩解的理由，那么你是否可以合理地认为我实际上采取的行动总的来说是"不合理的"呢？

这个问题让我们开始触及休谟主义者和康德主义者之间的核心争论。在上述例子中，当你问我说，"你有什么理由这样做"时，你是在要求我的行动的"正当性"的根据。假设我面临一个选择：是要去看电影还是按照许诺去机场接你。我考虑到这场电影是我期盼已久的，而且认为通过看这场电影我就能够让自己得到放松(比如说，我的个人经验告诉我这种类型的电影历来会让我很放松)，而当晚八点的那一场是我最后的机会了；另一方面，另一个朋友同时也答应去机场接你，并告诉我说他肯定会去；此外，由于某些可理解的缘由，我无法及时向你通告我不去机场接你了。我在这种情况下采取了去看电影的选择。如果我采取我实际上所采取的行动的理由包含了这一切考虑，那么它们就不仅说明了我的行动，而且也辩护了我的行动（当然，如果你认为我的理由足够合理，因此可以接受的话）。然而，康德主义者也许会说，在我所设想的这种情况下，并非欲望本身给予了我采取某个行动的理由，而是决定我采取那个行动的考虑给予了我行动的理由并让我具有了那个相应的欲望。①因此，行动的理由无须与就此而论的欲望具有任何本质联系。仅仅具有一个欲望并不足以说明为什么我也有理由采取行动来获得我所欲求的对象。

休谟主义的行动理由概念旨在维护人们通常所说的“内在主义要求”：行动的理由和行动的动机之间必须存在着某种内在联系。为了说明这个联系，休谟主义者把欲望设想为本质上具有动机效应的状态。但是，为了避免不必要的误解，需要预先指出，在休谟主义者这里，欲望是一个专门术语，不仅包括日常意义上的欲望（例如本能欲望或身体冲动），也包括戴维森所说的“赞成态度”，即能够具有动机效应因而不同于纯粹信念的精神状态，例如道德观点、审美原则、经济成见、社会习俗以及各种各样的社会目标和个人目标。②换句话说，欲望的概念是按照一种精神状态在行动产生中的功能作用来界定的：欲望是一种旨在让世界发生某种变化以便让自身得到满足的精神状态，相比较，信念是一种旨在符合世界的真实状况的精神状态。对“欲望”的这种理解显然符合一个直观认识：我们欲求某个东西，是因为它在某个描述下对我们来说是好的、值得欲求的或有价值的，而正是对这个特点的认识让我们产生了想要获得它的欲望，并通过采取合适手段来满足这个欲望。因此，我们实际上无须否认，在我们所具有的欲望中，相当一部分是我们具有某些认识或考虑的结果。

然而，承认我们的大多数欲望具有这个特点并不是说信念本身就能激发行动，这是休谟主义的一个核心信条。为了看看它在什么意义是可以合理地接受的，不妨考察一下乔纳森·丹西所谓的“纯粹认知主义”③。如前所述，一个人可

---

① 托马斯·内格尔在“被激发的欲望”和“没有被激发的欲望”之间的区分暗示了这个观点，而在目前所设想的这种情形中，我要去看电影的那个欲望是一个被某些理由激发起来的欲望。参见 Thomas Nagel：*The Possibility of Altruism*，Princeton University Press，1978，pp. 29-30。

② Donald Davidson：*Essays on Actions and Events*，reprinted in Davidson：*Essays on Actions and Events*，Clarendon Press，2002，p. 4. 威廉斯也对“欲望”提出了类似理解，见 Bernard Williams：*Internal and External Reasons*，in Williams：*Moral Luck*，Cambridge University Press，1981，pp. 101-113，特别是第 105 页。

③ 参见 Jonathan Dancy：*Moral Reasons*，Basil Blackwell，1993，特别是第二章；Jonathan Dancy：*Practical Reality*，Oxford University Press，2000，特别是第二章和第三章。

以因为认识到某个东西在某个方面对他来说是好的、值得欲求的或有价值的而对之产生欲望。然而，在丹西看来，即便这样一个欲望确实存在，也无须认为它在行动的产生中起到了任何作用，因为"欲求就是被激发"——欲求某个东西只不过是处于有动机把它当作目标来追求的状态。但是，显然不是任何一种信念都能把我们置于这种状态。纯粹的事实信念或描述性的信念，若不与某个欲望相结合，显然并不足以产生行动的动机。我合理地相信今晚温度会降到零度以下，但是，如果我并不在乎自己的身体健康，我可能不会采取晚上出门时穿保暖衣的行动。反过来说，正是因为我欲求自己的身体健康，在具有那个信念的情况下我才采取了那个行动。丹西或许认为每个正常人都有维护身体健康的欲望，因此在这个行动的说明中无须提到这个欲望，但是，对于休谟主义者来说，对这样一个欲望的提及在行动的产生和说明中仍是本质的。这种类型的欲望无须明确地出现在一个人对自己行动的说明中，但必须出现在由具有动机作用的状态所构成的背景条件中。[①]

不过，丹西或许反驳说，隐含在背景动机条件中、在完整地说明一个行动时需要被诉求的欲望可能也是被激发的欲望，特别是因为具有了某些信念而具有的欲望。为了回答这个异议，考虑他对纯粹认知主义的正面提议：行动实际上可以由两个信念激发起来：一个信念所说的是"某件事情值得欲求"，另一个信念关系到如何导致那件值得欲求的事情发生——也就是说，这是一个关于值得欲求的目标与获得其手段的关系的信念，即通常所说的目的—手段信念。因此，在丹西看来，一个评价性信念加上一个恰当地相关联的目的—手段信念不仅提供了一个行动的理由，也足以产生行动的动机。这意味着评价性信念就是本质上具有动机作用的要素，因此欲望在行动的产生中没有任何功能作用。但是，评价性信念如何具有动机效应呢？如果信念只是具有从心灵到世界的适应方向的精神状态，那么对我来说，相信某件事情值得欲求仅仅意味着，在我的认知视野内我有充分的理由断言，在世界中存在某个事态或性质，它是值得欲求的。即便如此，这样一个信念如何能够对我产生动机影响呢？直观上说，只有当我能够经过慎思把对那个值得欲求的特点的确认（这可以表现为一个信念）能够与我的主观动机集合中的某些要素联系起来时，这种确认才有可能对我产生动机效应。比如说，我或许认为宇宙中的恒星数目是偶数在某种意义上是一件"好事"，现在，

---

① 关于这一点，见 Philip Pettit, Michael Smith: *Backgrounding Desire Philosophical Review* , 1990, 99, pp. 565-592。

天文学研究表明宇宙中的恒星数目很有可能是偶数;在这种情况下,我可以被认为合理地持有了一个相应的评价性信念。但是,很难看到这个信念本身如何能够激发我采取某个行动,除非在我的动机集合中我已经对所有与偶数有关的东西有了偏好或兴趣。

甚至就道德信念而论,我们也无须接受丹西的提议。为此,让我首先考虑一个与审慎(prudence)有关的信念。假设我相信及时去医院看牙疼对我来说是值得欲求的。表面上看,这个信念似乎可以合理地说明我为何具有去医院看牙疼的欲望。我们需要考虑的是,这个信念本身是否足以激发我采取去医院看牙疼的行动。对于这个信念的形成,我们可以提出两种可能解释。首先,它可能是一个归纳概括的结果:我观察到,对于我所知道的每一个严重牙疼的人,他们都一致认为最好及时去医院治疗,在这个意义上,去医院看牙疼对于他们每个人来说值得欲求;此时,我有严重牙疼,因此我相信去医院看牙疼对我来说值得欲求。如果我的信念是以这种方式形成的,那大概就可以合理地说明我去医院看牙疼的欲望——不管我是否确实具有这样一个欲望。在这种情形中,这个信念似乎是用一种很像证据支持的方式来说明牙疼的欲望:如果"做 X 是值得欲求的"这个一般信念能够说明想要做 X 的欲望,那么,只要我接受了这种说明上的联系,"去医院看牙疼对我来说值得欲求"这一特定信念也能说明我去医院看牙疼的欲望。这就类似于如下情形:只要我相信某个命题 p,也相信"p 支持 q",那么,当我最终相信 q 的时候,前两个信念就对我最终具有的那个信念提供了证据支持。但即便如此,我最终具有的那个信念无须是由那两个信念引起的。同样,"做 X 对我来说值得欲求"这个信念能够说明我对做 X 的欲望,但无须引起我具有那个欲望。其次,如果"去医院看牙疼对我来说值得欲求"这一信念确实在我实际上采取的行动中发挥了某种作用,那么就需要仔细审视一下它是如何发挥作用的。我之所以相信去医院看牙疼对我来说值得欲求,很有可能是因为牙疼让我遭受痛苦,而我想要终止这种痛苦;我进一步相信,及时去医院治疗是终止这种痛苦的唯一有效方式。因此,从根本上说,我最终形成的欲望是(因果地)来自我要终止牙疼的欲望。后面这个直接的欲望,加上一个相关的目的—手段信念,不仅说明了我采取相应行动的动机,也说明了我为何相信去医院治疗对我来说值得欲求。看来,若没有某个作为背景条件的欲望,我也不可能具有一个能够对我产生动机影响的评价性信念。即使评价性信念貌似能够产生动机影响,但它实际上是通过背景动机条件来发挥作用的。也就是说,它被认为具有的动机作用其实是来自两件事情的恰当组合:其一,通过一种纯粹理智的认识,我相信某个东西具有某个值得欲求的特点;其二,通过我的背景动机条件,我对我所认识到的那个特点有了一种实践意义上的承诺。实际上,正是因为有了这样一个承诺,一个把评价性命题当作对象的信念才有了它看似具有的动机效应。

我相信类似的分析也适用于道德信念。考虑"无辜伤害他人是道德上错的"这一信念。作为一种认知状态,信念旨在获得真理。因此,若把这个信念解释为"有充分的理由或证据断言'无辜伤害他人是道德上错的'这个命题是真的",就很难看到它怎么能够具有动机效应,因为一个道德信念对动机的影响显然并不仅仅在于我有充分的理由把它看作是真的(除非我对"是真的"这件事情本身也有一个实践承诺,例如认为凡是真理都值得追求并承诺要这样做),而是在于作为其对象的那个命题本身的规范内容。换句话说,如果"无辜伤害他人是道德上错的"这一信念确实对我产生了动机影响,那不可能只是因为我对那个命题采取了一种认知态度,更重要的是因为我对"道德上错的"这个概念的规范地位有了一种实践意义上的承诺。换言之,在说某件事情是道德上错的时候,我并不仅仅是在陈述一件事情,甚至也不是在认知上有充分的理由确认它具有"道德上错的"这一特点,而是在表达一种能够对我产生动机效应的实践态度。①

二、工具合理性原则与欲望的评价

只要以这种方式澄清了行动的理由的概念,我们就可以进一步说明和澄清休谟主义的第二个本质要素即工具合理性原则的规范地位。为此,让我首先简要地阐明这两个要素之间的可能联系。

以上我已经试图维护一个休谟式的论点:欲望是本质上具有动机效应的状

① 在笔者看来,这个观点为理解和说明丹西为了论证其观点而不断提及的意志软弱和倦怠(accidie)的情形提供了一个合理起点。在我看来,它们不是为丹西的纯粹认知主义提供了支持,反而构成了对其观点的一个有力反驳,尽管在这里我将不详细论证这一点。意志软弱的人和能够自制的人能够分享对好生活的同一个认识,他们的差别恰好在于:在面对强有力的感性欲望的诱惑时,前者不能坚持他对自己认识的承诺,而后者能够(尽管需要一番努力)通过这样的承诺抵制诱惑。而按照丹西自己对"怠倦"的理解,"遭受倦怠的人就是这样一些人:他们一时间并不在乎正常情况下他们认为有很好的理由去做的事情……情绪沮丧可能是倦怠的一个原因。情绪沮丧者并没有因为沮丧就丧失了相关的信念;他们只是对这些信念无动于衷"(Dancy 1993 p. 5)。如果倦怠的人是因为其意动系统(conative system)而不是认知系统方面的原因而没有被他们原本具有的行动理由激发起来行动,那么倦怠的可能性显然就在于行动者不能坚持自己对行动理由的认识(可以用信念的形式表达出来)和承诺,而且这种失败不一定是实践上不合理的或非理性的。意动系统或动机系统与认知系统(其中包括对善或价值的认识)的脱节是理解这两种情形的一个关键。

态。我已经遵循戴维森等人的做法，将欲望广泛地理解为一种赞成态度(pro-attitudes)，一种能够具有动机效应因而不同于信念的精神状态。即便如此，一些康德主义者(典型地，例如科斯格尔)已经论证说，欲望本身不可能有任何实践辩护的作用，或者更确切地说，欲望若要具有这种作用，就必须是由理性承诺构成的。[①]在科斯格尔看来，若是这样，我们就必须拒斥对工具合理性原则的一种休谟式解释，转而采纳一种康德式解释。科斯格尔对休谟主义者提出的挑战不仅涉及如何理解(就行动而论)激发性理由和辩护性理由的关系，也关涉如何理解工具合理性原则的地位——或者用她的话说，如何理解工具理性的规范地位。科斯格尔对休谟式解释的拒斥从根本上说来自一切康德主义者都会分享的一个忧虑：如果一切行动的理由都取决于欲望，那么不仅没有绝对命令这样的东西，也不可能对道德提出辩护。之所以如此，据说是因为：如果辩护一个特定的道德就在于说明我们有什么理由服从具体的道德规范，而服从道德规范的理由取决于我们想要通过这样做来获得的目的，那么在没有欲望获得这样一个目的的情况下，似乎也没有理由服从道德规范。即便认为人们应当普遍欲望这样的目的，但如果这个高阶的"应当"也要通过诉诸理由来加以说明，而理由进一步取决于欲望，那么要么就会陷入无穷后退，要么对道德要求的服从就会变得不稳定，因为在一种康德式的道德心理学中，任何欲望被认为都是偶然的。康德主义者把这种怀疑论追溯到休谟主义的两个基本要素：它的行动理由概念及其对工具合理性原则的解释。为了便于讨论，让我先把这个怀疑论论证介绍如下。[②]

(1)只有当道德是由绝对命令组成的时候，道德才能得到辩护。

(2)一个命令是绝对的，当且仅当一个人有理由独立于自己所欲求的东西而遵循这个命令。

(3)一个人有理由做某件事情 X 取决于存在着某个 Y，以至于他欲求做 Y，并相信通过做 Y 他就会取得 X。

(4)因此，一个人可能具有的任何理由都取决于他的某个欲望。

(5)因此，不存在绝对命令。

---

① Christine Korsgaard: *The Normativity of Instrumental Reason*, in Garrett Cullity and Berys Gaut: *Ethics and Practical Reason*, Clarendon Press, 1998.

② 在这里笔者直接引用詹姆斯·德雷尔对这个论证的重构，尽管德雷尔自己并不认为这个论证是有效的。参见 James Dreier: *Humean Doubts about the Practical Justification of Morality*, in Garrett Cullity and Berys Gaut：*Ethics and Practical Reason*，Clarendon Press, 1997, pp. 81-100, especially p. 91。

(6)因此,道德得不到辩护。

詹姆斯·德雷尔指出,在该论证的前三个前提中,"理由"的概念并不具有一个单一的含义,因此这个论证实际上是无效的:在论及道德辩护时,我们所说的理由是合理性的规范理由(normative reasons of rationality),因此第二个前提中所说的"理由"不能被理解为激发性理由,但第三个前提中所说的"理由"显然指的是激发性理由。但是,在我看来,仅仅说合理性的规范理由不同于激发性理由并不是消解这个论证的一种令人信服的方式,因为这种做法取决于两个假定:其一,道德是可以按照合理性原则以及相关理由来说明或辩护的;其二,在规范性理由和激发性理由之间没有(或者不可能存在)任何可理解的联系。但是,这两个假定都是成问题的,或者至少需要进一步加以论证。

就康德认为道德的理据和动机都只能来自纯粹实践理性而论,第一个假定显然是一个康德式的假定,在此我将不予以追究,尽管我对第二个假定的讨论也会得出一些与评价这个假定有关的含义。我对道德的理解植根于一个我认为是直观上合理的主张:任何合理的道德都需要考虑正常人一般地具有的动机条件[①]——如果一个道德对任何具有适当理性能力的人都无法产生动机影响,那么它理应被拒斥,因为这意味着它不是一个可以合理地应用于人类及其存在状况的理想。当然,既然在服从道德要求和追求自我利益之间总有可能存在张力,我们并不指望人们总是有自然的欲望服从道德要求,但是适当的道德教育和理性反思应该能够让人们逐渐认识到服从道德要求的理由。反思认同可以成为学会服从道德要求的一种重要方式。但是,这不可能仅仅是一个纯粹理论认知的事情,而是就像亚里士多德已经充分论证的那样,唯有通过行动我们才有可能成为有美德的人。[②]因此,从道德动机和道德品格发展的观点来看,不应该把人们学会采取道德行动(或者符合道德要求的行动)的理由与理论家们(或者具有理性反思能力并试图追问道德行动的根据的日常行动者)在理论反思层面上尝试用来说明或辩护道德的理由截然分离开来。另一方面,我们也无须先验地排除如下可能性:处于合适的动机状态的人们可以按照自己所认识到的道德理由行动。

在这里我无法对这些评注提出进一步的说明或论证,但我相信它们是有充

---

① 对这个主张的一个深入论述和讨论,见 Owen Flanagan: *Varieties of Moral Personality: Ethics and Psychological Realism* ,Harvard University Press, 1991。

② 对亚里士多德的这一思想的一个有影响的解说,参见 M. F. Burnyeat: *Aristotle on Learning to be Good*, in A. K. Rorty :*Essays on Aristotle's Ethics*,University of California Press, 1980, pp. 69-92。

分根据的。在上一节中我已经试图表明，我们有理由认为人类行动的动机是一种休谟式的动机；也就是说，是由欲望和合适地相关联的目的—手段信念构成的。当这样一对信念和欲望成功地激发一个行动时，在能够说明这个行动为何发生的意义上，它们（或者行动者对它们的明确诉求）也构成了如此行动的一个理由，即前面所说的激发性理由。这样一个理由，在满足伯纳德·威廉斯所说的"程序合理性原则"的条件下，也能为行动提供理性辩护。[①] 现在的问题是：我们是否能够超越威廉斯所说的程序合理性的要求来有意义地谈论行动的实践合理性？或许可以认为不审慎（imprudence，这里指的是以损害或牺牲自己所确立的一项重要的长远利益为代价来追求当下的一项相对不太重要的利益）是实践上不合理的，甚至也可以认为意志软弱的行为（采取违背自己的深思熟虑的最佳判断的行动）是实践上不合理的——尽管是否确实如此仍然是有争议的。但是，我们是否也可以类似地认为没能按照道德要求来行动是实践上不合理的呢？即便道德在康德的意义上是实践理性的一个必然要求，但是，从日常观点来看，没能按照道德要求来行动也不一定就意味着是不合理的或者甚至是非理性的，至少因为如下情形不是不可能的：一个人并不认为他有理由承诺要接受某个特定的道德要求[②]，而且我们也无法通过单纯的理论论证向他表明他有理由这样做。[③]此外，没能按照某个特定的道德要求来行动的情形可以是很复杂的，比如说，道德要求本身可以发生冲突（道德义务的冲突是其中的一种典型情形），道德主张也可以与一个人对自己的理性的自我利益的主张发生冲突——而在后面这种情形中，假若行动者经过慎思决定放弃道德主张，一般来说，我们也不能认为他是实践上不合理的，因为对自己的理性利益的追求同样是实践合理性的一个要求。

---

① 参见 Bernard Williams, *Moral Luck*, Cambridge University Press, 1981, pp. 103ff。威廉斯对行动合理性的理解大体上就是休谟的理解：如果一个行动者对其欲望对象持有错误信念，例如错误地相信一个实际上并不存在的对象，或者对如何实现一个目的持有错误信念，那么他的行动就是不合理的。不过，鉴于威廉斯强调一个内在的理由必须是与行动者的主观动机集合具有慎思上的联系的理由，并认为慎思其实并不仅仅局限于目的—手段推理，我们也可以认为，对威廉斯来说，在行动者进行慎思的时候，在他自己的最大认知视野内具有一个融贯的主观动机集合，对于行动的合理性来说也是必要的。

② 在这里，笔者之所以强调"某个特定的道德要求"这一说法，是因为我们确实无法合理地设想一个全域的非道德主义者（global amoralist）的可能性。我们对行动的实践合理性的评价总是相对于具体的行动和具体的行动环境而论的，因此在道德行动的情形中，也是相对于具体的道德规则而论的。如果我们确实发现一个全域的非道德主义者，那么我们大概就只能说他不属于人类共同体。

③ 科斯格尔似乎在某个地方也认同这个观点，因为她认为"真正的不合理性"（true irrationality）的可能性表明："要通过论证去说服某个人采取理性行为，这总是不可能的"（Christine Korsgaard: *Skepticism about Practical Reason*, reprinted in Kieran Setiya and Hille Paakkunainen : *Internal Reasons: Contemporary Readings*, The MIT Press, 2012, quoted on p. 62，强调是笔者添加的）。参见下文讨论。

对行动的实践合理性的评价取决于行动者自己对有关原则或理由的认同和承诺；如果无论如何我们都无法使他认识到他有理由做出这样的承诺，或者对其中一些从第三人的观点来看与他自己已经接受的原则或理由发生冲突的原则或理由做出承诺，那么我们大概就不应该用“实践上不合理”这样的语言来批评或指责他。正如威廉斯所说，我们或许把他说成是残酷的、冷漠的、不人道的，但无须说他是实践上不合理的——合理性的语言不是我们所能具有的唯一的评价语言。

即便如此，一些康德主义者仍然坚持认为，欲望本身不可能具有任何实践辩护的作用，或者，若要具有这种作用，欲望就必须由理性承诺构成。[①]若是这样，就必须拒斥对工具合理性原则的一种休谟式解释。这个动机在根本上说来自康德主义者普遍分享的一个忧虑：对一种休谟式的行动理由概念的接受倾向于导致所谓的“关于实践理性的怀疑论”。为了便于论证，让我首先指出我同意科斯格尔的一般论点：对理性作为一种动机的范围的怀疑取决于对理性考虑能够影响慎思和选择活动的怀疑。[②]科斯格尔认为，休谟的动机论证就典型地示范了这种情形：通过假设理性的职能仅仅在于确立观念之间的推理/概念联系和发现对象之间的因果关系，休谟论证说理性本身不可能对我们产生动机影响。[③]不过，休谟并不否认理性能够在如下意义上引导行动：正确的目的—手段信念以及关于欲望对象的正确信念能够帮助我们成功地实现预定目的。因此，只要我们承诺要实现某个目的，我们就有一个规范的理由关心这两种信念的正确性。这样一个理由是规范的，是因为它来自我们对工具合理性原则的理性承诺——实际上，正是因为有了这两个承诺，在没有采取我所能采取的必要手段（或者在我的理性慎思下最有效的手段）来获得预定目的的情况下，我才能被说成是实践上不合理的。按照这种理解，休谟并没有犯科斯格尔指责他犯下的那种错误：“要是

---

① Christine Korsgaard: *The Normativity of Instrumental Reason*, in Garrett Cullity and Berys Gaut: *Ethics and Practical Reason*, Clarendon Press, 1998, pp. 215-254.

② 参见 Christine Korsgaard: *Skepticism about Practical Reason*, reprinted in Kieran Setiya and Hille Paakkunainen: *Internal Reasons*: *Contemporary Readings*, The MIT Press, 2012, p. 52。

③ 在这里需要指出的是，休谟对理性的职能的界定实际上是当时公认的观点：在康德对纯粹实践理性的可能性提出论证之前，至少经验论的传统就是这样来理解理性的。因此我们可能需要提防用一种康德式的方式来解读和评价休谟的做法。实际上，笔者相信休谟已经用他所特有的方式对规范考虑的本质和起源提出了一个有说服力的论述，虽然他仍然可以坚持他所提出的动机论证。在这里笔者将不论证这一点，一些相关的讨论，见 Annette Baier: *A Progress of Sentiments*: *Reflections on Hume's Treatise*, Harvard University Press, 1991; Elijah Millgram, *Was Hume a Humean*? reprinted in Elijah Millgram: *Ethics Done Right*, Cambridge University Press, 2005, pp. 218-246。

休谟相信工具理性，他就不得不接受对工具原则的第二个表述——如果你要追求一个目的，你就有一个理由采取获得它的手段”。对于休谟来说，我们的行动的目标确实是由广泛意义上的欲望来设定的，但这无须意味着行动者对这样一个目标的设定没有任何考虑。即便某些欲望可以直接“驱使”我们，但若没有正确的目的—手段信念，我们也无法成功地满足这样一个欲望；而作为生活在社会世界中的存在者，只要我们已经有了最低限度的合理性，我们也会考虑一个必要手段的恰当性。我们如何能够具有这种考虑无须是一件不可阐明的神秘事情。例如，在休谟对正义及其美德的起源论述中，他已经对此提出了一种自然主义说明。在社会世界中生活的可能性意味着我们能够对他人的正当需求和相互期望保持合适敏感，而在休谟这里，这个要求可以体现在一个“合情合理的个性”的概念中，即便不是体现在他所利用的那种前康德式的“理性”概念中。另一方面，尽管某些考虑只有在与背景动机条件恰当地结合的时候才能导致一个欲望，但只要那些条件在行动者自己的认知视野内是一致的或融贯的，只要他的目的—手段信念是正确的，他所采取的行动也是实践上合理的。

在这里我要表达的要点是：工具合理性原则本身不是不能产生对目的的理性评价[①]——问题仅仅在于这种评价对于评价行动的实践合理性来说是否已经是充分的。大致说来，对手段的慎思，或甚至对一个手段的尝试性采纳，可以导致我们发现我们拟定追求的一个目标要么是不可实现的，要么与我们已经接受的某些其他目的相冲突，在这种情况下，我们就需要恰当地修改我们的目标系统，因此修改我们的欲望系统。按照工具合理性原则，只要我确实欲求一个目标，就我有能力获得它而论，在没有冲突欲望的情况下，我也应当欲求获得它的必要手段，否则我就是工具上不合理的。在这里确实有一种动机力量的传递：在适当条件下，对目标的欲求会导致对必要手段的欲求。但这种传递显然不是用一种液压机式的方式发挥作用的，因为其根据就在于对工具合理性原则的承认和接受，因此在这个意义上是一种理性认识和实践承诺的结果。进一步，如果我承诺要实现一个目标，在上述条件下，我也倾向于采取作为必要手段的行动。我在欲望系统的融贯性方面所经受的压力会导致我修改相关的目的—手段信念；另一方面，对目的—手段关系的反思也会导致我恰当地修改我的欲望系统。因此，只要可以对目的—手段信念进行理性评价，也就可以对相关的目标欲望进行

---

① 史密斯对此提出了一个详细论述，见 Michael Smith: *Instrumental Desires*, *Instrumental Rationality*, *Supplement to the Proceedings of the Aristotelian Society*, 2004, 78。

理性评价。休谟固然认为"原初的"欲望或许是不可评价的，不过，只要我们发现所有相关的工具欲望(对满足目标欲望的可能手段的欲望)都遭受连续不断的挫败，我们也有可能放弃目标欲望，即使在这种情况下我们只能说，它只是不符合我们的整个欲望系统的最大融贯性要求。因此，也只是在这个意义上，继续持有那个欲望才是不合理的或无理性的。

而且，休谟允许我们从另一个角度来评价欲望，甚至评价非工具性的欲望。[①]休谟认为，趋善避恶是人性的一个本质特点，也是一个能够对意志产生影响的形式原则(在幸福是一个形式原则的同样意义上)。个体总是按照他们对善恶的具体理解来行动，因此，如果他们把审慎认同为一种善，他们就倾向于按照审慎的要求来行动，就需要冷静地计算一个即将采取的行动或打算满足的欲望是否符合审慎的要求。因此我们很容易把向善的一般欲望的运作和理性的运作混淆起来。然而，休谟明确指出二者实际上是不同的：一般的欲望可以对意志产生影响，但理性本身不能直接对意志产生动机影响。按照这种理解，当一个人已知地和自愿地采取违背自己所认同的最佳利益的行动时，就可以把他说成是"不审慎的"，或者在某些情形中是不自制的，但不是"不合理的"或"无理性的"。他的失败是在美德或品格方面的失败，而不是在理性方面的失败，因为他既不缺乏慎思，亦不缺乏采纳有效手段来实现他实际上所采取的行动的能力。对休谟来说，品格上的失败并不是理性的失败，但是，一个人确实可以从自己的品格(或者与此相关的美德或恶习)来决定是否要满足或抵制某个欲望。实际上，我们之所以需要培养和发展一个强健而稳固的道德品格，并不只是为了纯粹道德认知的目的，更重要的是为了培养和不断重塑能够与道德规范保持一致并相互促进的欲望，正如亚里士多德在其伦理学中已经强有力地表明的。

科斯格尔争辩说，工具理性原则不可能独立存在，因为我们需要其他合理性原则(特别是道德原则)来评价非工具性欲望。但是，我已经表明工具理性原则本身不是不能产生对欲望的评价。由此看来，康德主义者和休谟主义者之间的争论必定涉及这样一个问题：用合理性的语言来评价非工具性的欲望究竟在什么意义上是一种可理解的做法？在这里我将不一般地讨论这个问题，主要是因

① 休谟：《人性论》，"论意志的有影响的动机"那一节的第三段。科斯格尔承认这一点，见 Christine Korsgaard: *The Normativity of Instrumental Reason*, in Garrett Cullity and Berys Gaut: *Ethics and Practical Reason*, Clarendon Press, 1998, pp. 225-234；也见 Christine Korsgaard: *Skepticism about Practical Reason*, reprinted in Kieran Setiya and Hille Paakkunainen : *Internal Reasons*: *Contemporary Readings*, The MIT Press, 2012, pp. 60-62。

为:科斯格尔之类的康德主义者往往强调对非工具性欲望的道德评价,但是,其中所涉及的一个关键问题(即按照道德要求来行动是不是一个实践合理性的问题)到目前为止仍然没有定论。在这里我只想强调说,即使我们确实可以有意义地用其他形式的合理性原则来评价非工具性欲望,但是,与这些原则相比,工具合理性原则至少在如下意义上占据了一个基础地位:它是我们的理性能动性的本质的构成要素——只要我们试图成功地行动,我们就得满足工具合理性原则的要求,但是,能够成功地行动确实就是我们作为行动者的最低限度的要求;另一方面,作为生活在社会世界中的行动者,我们的行动是否成功,在很大程度上取决于我们能够面对他人、面对我们所生活的状况来反思自己的行动,因此在适当条件下不仅能够反思性地认同其他形式的理性要求,也有可能把新的理性生活规范创造出来。这就是我们作为理性动物的最本质的方面。只要我们已经成功地行动,我们就满足了工具合理性原则的要求。我们可能因为持有错误的目的—手段信念,或因为把一个并不存在的东西当作欲望的对象,而不能成功地实施一个行动。如果这种错误不是我们在自己的最大认知视野内所能发现或纠正的,那么这种情形就说不上是没有满足工具原则的要求。我们也可能因为其他原因而放弃一个预定目标。例如,在经过严肃的尝试后发现自己能力不足,或者对预定目标的追求要求我们放弃一个我们此时认为更有价值的东西。在这种情况下,对预定目标的放弃反而是实践合理性的一种重要体现,因为我们的理性能动性应当是时间上扩展的。[①]另一方面,如果我们是因为意志不够坚定之类的缘故而放弃一个预定目标,那么我们的失败更恰当地说是在品格方面的失败,而不是在工具合理性方面的失败。当对目的—手段信念的反思能够用前面所描述的那种方式来修改我们的欲望系统并对特定欲望做出评价时,在严格意义上违背工具理性原则的情形实际上很罕见。这也是这个原则的基础地位的一个体现——它很可能像休谟所说的那样已经植根于我们的人性中。

当然,康德主义者不会满足于这种理解,因为他们强调说,我们无法独立于对欲望本身的理性评估来评价行动的实践合理性:如果一个欲望本身就是不合理的,那么也不可能认为相应的行动是合理的,即使行动者满足了工具理性的要求。比如说,怎么可能认为希特勒屠杀犹太人的行为是实践上合理的呢?即使在采取这种行动的时候他卓越地满足了工具合理性的要求。但是,我们真的准

① 对时间上扩展的能动性及其与理性慎思关系的强调,见 Michael Bratman:*Structures of Agency*,Oxford University Press,2007。

备用实践合理性的语言来评价这种灭绝人性的行为吗？为什么不说那种行径是残忍的或不人道的呢？从道德的起源及其在人类生活中所要发挥的功能来看，我们似乎不能认为道德仅仅是一个实践合理性问题。康德主义者试图把理性的权威提升到一个至高无上的地位，以此来彰显“理性”对于“欲望”的支配地位。然而，甚至在未能回应理性考虑的一些情形中，在“实践合理性”的某种直观意义上，一个人也无须是实践上不合理的。为了看到这一点，考虑科斯格尔的如下说法：

> 好像有大量的东西能够干扰一个特定的理性考虑的动机影响。愤怒、激情、沮丧、分心、悲伤、身体疾病或精神疾病——它们都能引起我们无理性地行动，也就是说，未能在动机上回应我们可得到的理性考虑。

假若我们接受一个亚里士多德式的或斯多亚式的观点，我们就无须认为情感反应在任何情况下都是不合理的。[①]此外，如果一个人因为沮丧或悲伤而不能回应他曾经认识到并加以承认的理性考虑，他也不一定就是实践上不合理的，不仅因为他可能有（回顾式的）理由来说明他为什么未能回应特定的理性考虑，因此为他的不能回应提供一个辩护，而且因为某些形式的沮丧或悲伤本身就是对其生活状况的一种合理回应。最终，如果一个人因为身体疾病或精神疾病而不能回应某个理性考虑，就这样一种特定的疾病既不是他本人所意愿的，也不是他能够自主控制的而论，我们也无须认为他的不能回应是一种实践无理性的表现。若是这样，我们就不得不追问一个进一步的问题：为什么我们必须要采纳实践合理性的语言来评价一切行动和品行呢？在这里我将不尝试对这个问题提出一个完整回答。不过，科斯格尔对休谟所说的“冷静的激情”的评论暗示了一个部分的回答。她说：

> 只要这个冷静的和一般的激情仍然对具体的激情具有支配地位，一个人就会审慎地行动。正是在这个目的的影响下，我们用一个可能的满足来权衡另一个可能的满足，试图决定哪一个有益于我们的较大

① 一些学者已经论证说，在无须否认情感具有动机效应的情况下，我们也可以对情感的本质和起源提出一种认知的解释，而且，情感本身就表达了一种价值判断。例如，参见 Martha Nussbaum：*Upheavals of Thought*：*The Intelligence of Emotions*，Cambridge University Press，2003。

的善。但是,如果对善的这个一般欲望并不继续占据主导地位,那么做将有助于促进较大的善的事情的动机和理由就消失了。

这就是说,如果休谟所说的"冷静的激情"只不过是个欲望,我们就无法指望它能够可靠地击败一个与审慎的合理性不相一致的欲望。休谟用"欲望"来称呼这个激情的做法也许是一个错误,但在其哲学体系中是一个可理解的错误,因为对他来说,唯有广泛意义上的欲望才具有本质上的动机效应,而与审慎相联系的那个"冷静的"激情是能够对意志产生影响的东西。这个激情确有可能在特定场合不能占据支配地位,但是,这对于科斯格尔所说的理性也是真的,因为在澄清对所谓的"内在主义要求"(在这里,内在主义指的是,道德动机是内在于道德判断)的误解时,她明确指出,这个要求"并不要求理性考虑总是成功地激发我们,而仅仅是要求:就我们是理性的而论,理性考虑总是成功地激发我们"。一般来说,这不是一个不可理解的主张,但它掩盖了一些需要进一步阐明的重要问题。我们可以笼统地说一个理性行动者就是总是按照理性考虑来行动(或者至少总是回应理性考虑)的行动者。然而,为了让这个说法变得具有实质性的意义,显然就需要对"理性"概念本身给出一个独立界定,因为要不然就无法具体地判断一个人是不是有理性的,或者要不然就会得出一些有悖于直观的判断。在上述例子中,因为精神沮丧而未能回应特定的理性考虑的人必定是无理性的或者是不合理的吗?答案似乎是否定的。也许我们可以像科斯格尔曾经尝试的那样,通过与理论理性相类比,用普遍性、充分性、无时间性以及非个人性之类的特点来表征或界定"理性"。[①]但是,在实践推理上满足这些要求、但仍然未能回应某个理性考虑的人必定是实践上不合理的吗?或者,反过来说,如果一个人能够回应自己所生活的社会中被认为是合情合理的考虑,但其实践推理并不满足上述特点,那么他就必定是不合理的或无理性的吗?我提出这些问题,并不是为了给予它们一个明确回答,而是要暗示说对它们的回答至少是有争议的,而且这种争议本身就具有规范含义。如果希特勒屠杀犹太人的行径部分地是立足于其种族主义偏见,而他自己没有威廉斯意义上的内在理由来纠正或消除这种偏见,那么我们倒宁愿用其他的评价语言来评判其行为。我们或许认为,希特勒的根本问题在于他不能对我们大多数人当作道德理由的东西做出实践承诺;但是,不能做

① 参见 Christine Korsgaard: *Skepticism about Practical Reason*, reprinted in Kieran Setiya and Hille Paakkunainen: *Internal Reasons: Contemporary Readings*, The MIT Press, 2012, p. 61。

出这种承诺也许不是实践推理的失败，而是因为他的动机系统缺乏做出这种承诺的根本依据——他看不到按照我们所说的道德理由来行动的要旨。

康德对工具理性原则的表述有助于澄清在这里所碰到的一些困惑。按照这一表述："不管谁意愿目的，（就理性对其行动有决定性的影响而论）也意愿对其行动来说绝对必要且在其能力之内的手段。"即使我们在这里把康德所说的"意愿"解释为包含了承诺的要素，我们也必须特别注意他所提到的限制性条件的重要性。就手段而论，他所提到的那两个限制性条件是我们可以从对工具合理性原则的"传统"解释中推导出来的，因为从工具合理性的观点来说，欲望目的当然就意味着欲望对于实现目的来说必要的，且行动者能够采纳的手段。如果一个行动者已经承诺要实现某个目的，但并非出于自己的过错而对目的—手段或者对欲望的对象（即那个目的）持有错误信念，那么他在这方面的失败大概算不上实践合理性的失败。另一方面，如果他本来就能对欲望的对象以及目的—手段关系持有正确信念，却在这方面出了错，那么，就他（在回顾中）仍然承认他确实想要实现那个目的而论，他的错误来自他在认知上的缺陷，但这好像也不是实践合理性的失败。进一步，如果我们把这些情形都排除，那么，在我看来，似乎可以合理地设想的"意愿目的，但未能意愿行动者有能力采纳的必要手段"的唯一情形就是广义上的意志薄弱的情形——也就是说，不是因为有某个其他的欲望诱惑行动者偏离了他原来承诺要实现的目的，而是因为他不能把自己对"实现目的"的承诺坚持到底。然而，甚至在这种情形中，认为行动者的失败就在于"理性未能对他产生决定性的影响"也是一个过于笼统而未能阐明失败的具体原因的说法。如果一个人是因为一时懈怠或懒散而未能去做他原本打算去做的事情，那么他的失败来自他在品格方面的缺陷，例如缺乏坚韧的美德。在这种情形中，只有当他原本打算去做的事情有助于促进他已经承诺要去追求的某个长远目标时，我们才能说他在品格方面的缺陷也产生了一种实践不合理性。相比较，如果一个人是因为可以理解[①]的精神沮丧而未能采纳他有物理能力采纳的必要手段来实现他所承诺的目的。那么，直观上说，似乎没有强有力的理由指责他是实践上不合理的。当一个人出于可理解的缘由而放弃追求他此前承诺要实现的目的时，他其实并未违背工具合理性原则。因此，意愿目的意味着意愿在那两个限制性条件下所说的手段，这是人类能动性的一个最低限度的构成性条件——只要

---

① 在这里，这个说法旨在表明：若有必要，他在事后能够提出充分的理由来辩解他当时为什么未能采纳那个作为必要手段的行动。

我们采取行动,我们就必须满足的基本条件。若是这样,康德在其限制性条款“就理性对我们的行动有决定性的影响而论”中所说的理性就仍然是一种工具意义上的理性,或者更确切地说,正是因为我们已经接受这个原则并承诺要按照它去行动,在这个意义上我们才是实践上合理的——对这个原则的承诺构成了我们的实践合理性的本质方面。而且,这个原则本身也不蕴含实践合理性的其他要求,尽管它可能要求某些认知美德,以确保我们能够对目的以及目的—手段关系具有正确信念。

我已经暗示说,我们的理性本质来自对某些根本原则的认识和承诺,例如工具原则。我这样说是为了强调实践理性的构成性特征:我们不可能先于我们对某些根本原则的认识和承诺而具有我们称为“理性”的那种东西,尽管一旦我们已经承诺和采纳了这样的原则并按照它们去行动,由此被构成的理性也可以进一步发展自己并有可能取得一种相对自主或独立的地位,因此相对于我们心理结构中的其他要素(例如日常意义上的欲望)而具有某种权威。但是,我们首先想要知道我们如何可能认识到某些原则并对它们有所承诺。在工具原则的情形中,这个问题并不难以回答——实际上,休谟自己提供了一个在我看来最可理解的回答。首先,让我们承认我们寻求满足自己欲望的倾向是内在于我们作为人的本质的,甚至是所有动物都分享的一个本质特点。正是由于我们的本性的这个原初特征,我们可以理解对目的的欲望为何可以传递到对实现目的的必要手段的欲望。对于我们来说,实际上,对于一切寻求欲望满足的动物来说,这无须是一个哲学上特别深奥的事实。在很多情形中,我们的目的—手段信念是广义上的因果信念,因此我们对具体的因果关系的认识和反思会让我们逐渐形成“手段”以及“正确手段”的概念。随着我们的欲望系统变得更加复杂以及工具性欲望的出现,我们对目的—手段关系的推理也会变得更为复杂,例如可以包含威廉斯划归在“准休谟式的模型”这个说法下的那些实践推理。[①]当我们发现我们已经尝试采取的行动未能满足一个目标欲望时,我们可能就会去反思我们对这一行动所做的慎思或推理。我相信正是这种反思导致我们对工具原则有了明确的表述和承诺:假若我们确实想要满足我们的欲望,我们就得接受工具原则并对目的—手段关系以及有关欲望具有正确信念。在这里,我使用“确实想要”这一说法,而不是“承诺要”这样一个更加康德式的说法,是因为寻求满足欲望的倾向无疑是人性中一个原初的、至少在哲学上(如果说不是在生物学上)无须进一步说

① 参见 Bernard Williams: *Moral Luck*, Cambridge University Press, 1981, p. 104。

明或论证的特征。相反,对我们的理性能动性的任何进一步的要求或理解都必须把这个本质特征当作一个说明上的出发点。类似地,与意志软弱的某些有争议的情形相比,我们之所以倾向于认为,已知地和自愿地采取一个与自己的最佳利益(或者对这样一个利益的深思熟虑的判断)相违背的行动是实践上不合理的,主要是因为我们对这样一项利益有着实践承诺,而这样一种承诺很有可能是按照上述方式从我们对与此相关的目标(例如个人健康或幸福)的欲望中发展而来的。相比较,一个行动者是否会因为没能按照某个道德规则去行动而受制于"实践不合理性"的指责,取决于他是否认为他有理由以及相应的欲望承诺要服从那个规则。如果我们不是在谈论就此而论的道德,而是在谈论一个社会中的道德规则,那么我们大概无须使用实践合理性的语言来谈论一个人在服从某个特定的道德规则上的失败——这种失败无须像科斯格尔所说的那样意味着一个人因此"不再是人"[①]:基本的道德意识可能是我们作为人的实践同一性的一个构成要素,但特定的道德规则无须具有这个特殊地位,因为对某个特定的道德规则(或者对这样一个规则在特定情况下是否适用)的怀疑无须成为实践合理性失败的一个标志,反而有可能是实践合理性的一个体现,因为对特定的道德规则及其可应用性的理性反思恰好是我们理性能力的一个本质方面。

三、欲望、理由和承诺

在试图把合理性的语言提升到一个独一无二的最高地位时,科斯格尔大概想要强调理性对于我们日常所说的欲望或激情的绝对权威。但是,即便她所设想的理性能够具有这种地位,对于个别行动者来说,它是通过在实践上承诺在社会生活中已经存在的规范理由和原则而具有这种地位的——我们甚至可以认为具有规范权威的理性本身就是由这种承诺构成的。但是,即便作为一种精神才能的理性在我们的心理体制中占据一个独特地位,为了正视我们在慎思和选择活动中所体验到的各种复杂性,我们也不得不说,这个意义上的理性对规范理由和原则的实践承诺与我们的心理体制中的其他要素不可分离,而且在一定程度上受到了后者的影响。如果具有规范权威的理性就是用我所暗示的那种方式被构成的(当然在某种意义上也是一种"自我构成"),那么把理性的权威固化就不

① 参见 Christine Korsgaard:*The Sources of Nomrativity*,Cambridge University Press,1996,特别是第四个演讲。

仅是危险的(比如说,在阻挡了理性能力的自我改进的可能性的意义上),而且也没有忠实地反映和公正地对待我们进行慎思、做出选择、具有承诺的经验。当科斯格尔认为只有理性承诺才能构成是辩护的根据时,她可能是正确的;但是,她之所以断然否认欲望本身能够为行动提供辩护,根本上说是因为她把欲望一般地理解为行动者的前理性的、消极地感受到的状态。现在我想简要地表明,一个合理的康德主义不应该像她那样把欲望和理性承诺绝对分裂开来。①

休谟主义的核心就在于把广义上的欲望设想为行动的本质上具有动机效应的力量。因此,从一个休谟式的观点来看,我们也需要从欲望的"逻辑"或动力学中来寻求把人类生活中规范性的东西产生出来的根据以及我们对规范理由和规范原则进行反思认同的动机。一个不一致或者不融贯的欲望系统会对我们产生压力,要求我们去审视我们究竟在哪里出了错。这是关于人类心理的一个基本事实。如果欲望本身并不具有接受理性考虑的倾向,我们就无法指望消除在欲望系统内部存在的张力或冲突。当这种张力或冲突发展到极端的地步时,我们的欲望系统就会崩溃,因此我们就会冒险丧失我们的能动性的一个本质方面。不过,尽管某些欲望确实是以一种前反思的方式(不是通过有意识的理性慎思活动)到达我们这里,但是,不是所有的欲望都具有这个特点,正如赫尔曼所指出的:

> 一个成熟的人类行动者的欲望,除了包含一个对象的观念外,往往也包含对象的价值的观念,因为对象的价值是由它与其他有价值的东西的适应以及它自身的满足来决定的,因此其自身就与……实践理性的原则保持一致。我们可以说,如此设想的欲望已经被置于理性的范围内,或者本身已经被理性化,或者,就一个行动者的欲望系统已经逐渐用一种回应理性的方式发展出来而论,她至少在这些方面有了一个理性行动者的特征。

---

① 下面的分析得益于如下论述:Barbara Herman: Making Room for Character, in Stephen Engstrom and Jennifer Whiting: *Aristotle, Kant, and the Stoics: Rethinking Happiness and Duty*, Cambridge University Press, 1996, pp. 26-62; Paul Hurley: *A Kantian Rationale for Desire-based Justification*, *Philosophical Imprint*, 2001, 1(2)。值得指出的是,科斯格尔其实意识到了与我下面要发展的思想很相宜的一个观点:"正是因为这个缘故(即合理性是人类行动者能够具有的一种状况,但不是我们已经处于的一种状况),某些以理性的观念为核心的伦理理论最好被认为确立了品格的理想。按照这样一种观点,一个具有良好品格的人就是这样一个人:他用一种适当的方式来回应自己可得到的理由,他的动机结构是为了理性的接受性而被组织起来的,因此理由就可以按照恰当的力量和必然性来发挥动机作用"(Korsgaard: *Skepticism about Practical Reason*, reprinted in Kieran Setiya and Hille Paakkunainen: *Internal Reasons: Contemporary Readings*, The MIT Press, 2012, pp. 62-63)。

通过诉诸约翰·麦道尔对知觉经验和知觉信念的论述[①],我们可以用类似的方式来说明欲望(甚至前反思的欲望)为什么往往涉及理性承诺的某个方面。麦道尔的论述以威尔弗雷德·塞拉斯的一个思想作为其出发点:如果我们认为只有具有概念内容的东西才能为信念提供辩护,那么,就知觉经验能够为知觉信念提供辩护而论,我们必须假设知觉经验至少已经被部分地概念化。[②]对于塞拉斯来说,关键的问题显然是要说明知觉经验如何可能已经被概念化。按照麦道尔的分析,尽管在知觉经验中呈现出来的感觉是以一种前概念的、前理性的方式被给予认知主体的,因此其本身不可能担当辩护作用,但对其内容的理性承诺能够产生信念。这种理性承诺的可能性就在于我们可以按照我们已经具有概念能力对知觉经验的内容进行理性操作,但是,为此我们就得假设知觉经验本身已经具有易于接受理性操作的倾向。换句话说,对于正常的人类认知主体来说,当我们具有知觉经验的时候,我们实际上已经是在一个理由空间中来具有知觉经验并因此能够对其内容做出判断。当然,知觉本身可以是可错的,因此我们对一个单一的知觉经验的内容的判断也可能出错,但是,正是因为我们的整个认知活动是在一个理由空间中来运作的,我们可以按照自己已经具有的其他信念来纠正这样一个判断。在实践领域中,欲望的地位就类似于在理论领域中知觉信念的地位:在成熟的人类行动者这里呈现出来的欲望,用赫尔曼的话来说,已经是由塑造他的知觉领域或慎思领域的理性原则来"规范化"的欲望。因此,尽管欲望可以是一种前理性的状态,但是,对于成熟的人类行动者来说,它们能够具有接受理性考虑和理性批评的倾向。这一点并不难以理解,因为具有一个欲望本质上涉及把它的内容经验为在某个方面是好的或值得欲求的,并因此把其目标看作意向行动的合适对象。

赫尔曼之所以对欲望提出这种理解,其目的是要表明,一个合理的康德主义者无须采纳那种把欲望与理性对立起来的模型。实际上,在她看来,假若我们采纳了这个模型,我们也就无法对道德品格的发展提出一个合理说明:我们的欲望之所以能够回应理性考虑和理性要求,就是因为它们已经像亚里士多德所说的那样以某种方式"分有理性"。因此,赫尔曼认为,"我们的发展原本就是回应理性的,而不是遵循理性的,这是一个关于具有欲望的理性存在者的本质的主张"。

① 参见 John McDowell: *Having the World in View*, Harvard University Press, 2009,第一部分。

② 参见 Wilfrid Sellars: *Empiricism and Philosophy of Mind*, reprinted in Sellars: *Science, Perception and Reality*, Routledge, 1963, pp. 127-196; Wilfrid Sellars: *Science and Metaphysics: Variations on Kantian Themes* , Routledge, 1968。

从以上论述可以看出，只要我们接受了对欲望的这种理解，我们就可以明白为什么我们无须把一种合理的休谟主义和一种合理的康德主义对立起来。① 休谟主义的吸引力就在于它充分认识到并在理论上尊重欲望及其动力学在人的能动性中的本质地位；不过，至少在休谟本人那里，这仅仅是这种观点的起点，因为休谟实际上试图说明规范的东西(其中包括康德意义上的理性)怎么能够通过对一个社会观点的承认和接受、从我们的原初的、具有欲望和激情的感性本质中发展出来。在休谟这里，工具原则之所以能够在构成我们的理性能动性方面占据基础地位，不仅因为它是我们只要行动就必须遵守的根本原则，而且也因为：只要我们需要与他人一道生活，这个原则也可以成为我们进一步反思的起点。我们甚至可以说，在休谟这里，与他人共同生活的愿望就是规范意义上的理性的一个基础和来源。在对人类为了共同生活而必须接受的根本原则的反思性的认同和修改中，我们也在不断地改进和重塑我们原来具有的欲望，乃至我们的品格。我们对所谓的理性原则进行反思认同的动机就存在于我们本来就具有的欲望系统中，但我们无须认为那个系统具有一个完全抵制外部世界的冲击和理性影响的地位，不仅因为它自身就包含了休谟称为“冷静的激情”的那种东西，一种在合适的条件可以让我们承认和接受休谟所说的“一般观点”的动机和根据，而且也因为，若没有正确的认知信念，欲望就不可能成功地寻求自身的满足。但是，只要一个人已经生活在社会世界中，正确的目的—手段信念就不仅涉及事实问题，也涉及规范理由和考虑。然而，对于休谟主义者来说，与这些理由和考虑相关的要求也不是在任何情况下都具有无条件的有效性的绝对命令。休谟主义究其本质而论强调人在世界中的包嵌性存在。因此，当它所倡导的那种实践反思具有强烈的语境主义特征时，它也能够提供思想资源来抵抗把任何规范权威抬高到一个至高无上的地位的做法。②

---

① 在这里，就伦理学而论，所谓“一种合理的休谟主义”，我主要指的是以休谟自己的思想和威廉斯的内在理由概念为主线发展出来的一种观点，正如我在本文以及《道德哲学与实践理性》(北京：商务印书馆，2006年)中试图发展的；所谓“一种合理的康德主义”，我主要指的是赫尔曼(以及一些其他的康德学者例如 Allen Wood)在本文提到的这篇文章以及其他著作中发展起来的一种康德式的伦理学，例如 Barbara Herman：*The Practice of Moral Judgment*，Harvard University Press，1996；Barbara Herman：*Moral Literacy*，Harvard University Press，2007。

② 普莱斯最近已经对实践推理提出了一种语境主义论述，见 A. W. Price：*Contextuality in Practical Reason*，Clarendon Press，2008。

参考文献

[1] DANCY J. Practical Reality [M]. Oxford: Oxford University Press, 2000.

[2] KORSGAARD C. The Normativity of Instrumental Reason[C]// CULLITY G, GAUT B. Ethics and Practical Reason. Oxford: Clarendon Press, 1998.

[3] KORSGAARD C. Skepticism about Practical Reason[C]// SETIYA K, HILLE P. Internal Reasons: Contemporary Readings. Cambridge, MA: The MIT Press, 2012.

[4] KANT I. Groundwork for Metaphysics of Morals [M]. Cambridge: Cambridge University Press, 1998.

[5] HERMAN B. Making Room for Character[C]// ENGSTROM S, WHITING J. Aristotle, Kant, and the Stoics: Rethinking Happiness and Duty. Cambridge: Cambridge University Press, 1996.

论当代应用伦理学方法

——基于方法史的考察

郑根成[①]

【摘　要】对应用伦理学方法史的考察表明,当代应用伦理学的方法是基于反思平衡的道德推理。其要点是:道德推理不是一个机械的单向的一次性推理过程,而是一个有机的、双向互动式的反复运动过程。在这个过程中,它对实际所面临道德问题的解决以伦理理论为基点,它关于行动的结论是一个有其独特的道德意蕴的规范性判断,这决定了其推理进路的伦理色彩。同时,基于反思平衡的道德推理还在关注实践道德问题的促动下反思、发展道德理论。当代应用伦理学的道德推理方法的发展过程完整地呈现了其自身从不成熟走向成熟的过程,并且深刻揭示出:当代应用伦理学实质上是伦理学自身在批判、反思元伦理学进路的基础上向规范伦理学的回归。

【关键词】当代应用伦理学;方法道德推理;规范伦理学

在当代应用伦理学的研究中,学者们在应用伦理学方法问题上存有较大争议与分歧:有的学者不认同应用伦理学成为一门学科研究,因而也不认同有所谓的应用伦理学方法。有的学者虽认同应用伦理学作为一门研究的独立性,但并不认同应用伦理学方法的独立性。既有的关于应用伦理学方法的观点及其论证进路也各有差异,总体的情况是:每一种关于应用伦理学方法的观点都被其他学者充分批判转而成为另一种观点的参照系或逻辑起点。由于应用伦理学方法问题本身的特殊性与复杂性,更多的研究者在其研究中实则有意无意地忽略了这一基础问题。当前的应用伦理学研究现状,特别是应用伦理学方法的研究现状,在某种意义上是在不断提请人们在研究中应当首先关注研究的方法论基础。

---

① 郑根成,浙江财经大学伦理研究所教授,主要从事应用伦理学研究。

一、作为当代应用伦理学方法的道德推理

在当代应用伦理学研究中，学者们虽然在什么是应用伦理学，应用伦理学“应用什么”“如何应用”以及应用伦理学方法等问题上存有诸多争议；但他们一致认同的是：当代社会的急剧发展与转型进程中所产生的各种伦理、道德问题需要来自伦理学的理论支持与实践指导！换句话说，当代应用伦理学研究的主旨是寻求人们在现实生活中所遭遇的道德问题，特别是道德难题或道德困境的实践解决，它是要在人们所面临的现实道德问题的分析中得出一个关于“如何作为”的结论。在这个意义上，当代应用伦理学的方法显然是一种实践推理。然而，与一般意义上的实践推理不同的是，作为应用伦理学方法的推理因其独特的道德属性而成其为一种道德推理：首先，道德推理所针对的是道德问题，特别是道德难题或道德困境。这些问题的解决会涉及人们的道德立场、道德价值判断、道德价值导向等非道德中立的层面。而一般意义上的实践推理则要宽泛得多，在某些情况下，实践推理所面对的可能是“道德无涉”情境，如国庆节期间是自驾车出游呢，还是坐高铁出游呢？类似情境中的推理大多不会涉及道德层面的问题。其次，在为寻求道德问题、道德难题或道德困境的解决时，人们需要进行一种“行为的伦理决策”，既而这一决策的道德正当性绝不只源于单一的特定境遇基础，而更多地依赖于当事人所属“类”的共同善价值以及相应的原则与规范的支持；也就是说，实践道德中的行为决策必须有其充分的伦理理论依据。最后，道德推理的结论是关于现实道德问题解决的与道德相关的规范断言或道德价值判断，如“在这种情况下，你当如此作为才是道德上允许的或正当的”之类的规范断言或“在这种情况下，你的这种作为是不道德的”之类的道德价值判断。在当代应用伦理学的研究中，这种道德推理的目的乃在于寻求行为的最佳道德理由，并进而选择道德上正当的行为方式，以及做道德上应当做的事情。它既要求人们避免行为的随意性、盲目性，又要求人们避免行为的职业狭隘性与利益考量的狭隘性。

论及当代应用伦理学方法，美国学者汤姆·彼彻姆与澳大利亚学者斯蒂芬·科恩等人把当代应用伦理学研究中最具典型性的方法归纳为三种道德推理方法。

（一）强调一般伦理理论与原则、规范的自上而下的道德推理

其基本思路是强调应用伦理学是既有的一般伦理理论、原则与规范在新的

具体现实道德问题解决中的应用。在这里,人们的道德意见与道德行为都有着明显的"原则性"特点——它强调道德判断、道德行为与伦理原则、道德规范的一致性;换句话说,是否符合某种伦理原则或道德规范的要求成了相应的道德判断、道德行为正当性的依据或标准。在自上而下的方法中,一般伦理理论或原则与规范被解读为"外在的先在",或"先在的外在",这种"先在"或"外在"之所以能成为行为的依据,是因为这种自上而下的方法预设了人们行为的基本取向,即在实践生活中,人们都倾向于行为的道德考量,并趋向于道德地作为。在能够直接且清晰地根据某一准则或原则得出道德正当性判断的情况下,该方法似乎是可行的。但这一方法内在地蕴含了这样一个逻辑:即一般理论、原则优先于实践、组织规则与实际的境遇分析,这又使得它看来并不那么可信。因为,这种道德优先性并不是普遍可接受的。在实际的应用伦理学研究中,该方法所面临的问题主要有:其一,在复杂的情况下,道德推理应当能确立规范本身在特定境遇中的实践可行性;然而,在实际的道德推理过程中,我们还时常会考虑到信仰、文化预期、可能结果的判断以及前援判例等,以帮助充实理论、原则,并为其提供充分的正当性依据。在这种情况下,道德并不一定具有绝对的优先性。其二,实际的情况可能是并没有明确的原则、规范可以应用,因为,实际情况可能是人们有丰富的选择空间;更严重的情况则是,人们可能面临一系列具有应用价值的伦理原则、道德规范,但这些原则与规范本身却可能是相互冲突的。其三,这一方法还会导致论证的无限性,即论证的无穷尽性要求。因为,任何一个层面的原则、规范的应用都需要更高层面的原则的支持。除非有一个不证自明的原则,但是,至少到目前为止,尚没有这样一个为人们所共同认可的原则!

(二)强调道德传统与经验以及特定境遇的自下而上的道德推理

这种方法从具体的实践案例出发,推导出具体道德境遇下的人们"应当如何道德地作为"的结论。在这种方法论中,伦理原则、道德规范不是行为考量的最核心要素,因为,持这一方法论的学者们认为:其一,伦理原则、道德规范的意义、功能及其重要性都源于此前特定境遇下的道德推理,或者说伦理原则与道德规范是从各种案例中所达成的社会共识所发展而来。其二,案例分析中得出的关于行为的道德结论是可以类推应用的,因此可以运用于新的情况。其三,人们就是在自己的各种类似案例处置过程中确立了对某种道德的信念,也因此确立了某种道德传统。与之相应的是,与知道解决当下境遇中的问题当基于何种原则相比,知道如何进行有效的推理并采取相关行动要重要得多。在日常生活中,人们也时常做类似的推理,有时,也的确能在这些类比推理中达成对自己结论的自信。这一方法所面临的主要问题包括:其一,面对同样的境遇,可能存在着相互冲突的类比推理、判断与案例解析。该方法论并没有为由此而可能产生的歧见提供合理的解释与有效的解决方法。其二,由于自下而上的模式过于依赖前援案例分析,从而可能导致对实际所面临案例的相关特点的忽视,这就使得其结论的有效性大打折扣。其三,这种方式提出的是一个没有具体内容的方法,在这一方法中,并没有一个稳定的规范框架,这既导致了对判断的控制的缺失,更无法阻止偏见的产生。

(三)融贯论

"融贯论"是在前二者的反思与批判的基础上建构起来的道德推理方法,即融合了一般规范与伦理理论、道德经验与特定境遇的理论分析与案例分析的方法。在自上而下的道德推理方法中,道德行为需以伦理原则、道德规范为准绳;而在自下而上的道德推理方法中,关于道德境遇的道德判断则成为道德推理的核心要素,道德行为要以道德境遇的道德判断为依据。然而,在当下的研究中,人们普遍认为,对应用伦理学来说,作为顶端的理论、原则与作为底端的案例、特定判断都不构成充分的资源,因为它们任何一方都没有足够的力量提供与需要相一致的可靠结论;原则需要针对案例的具体化,而案例分析则需要来自一般伦理理论与原则、规范的关照。这即是强调:作为当代应用伦理学方法的道德推理是在二者间的双向互动,它摆脱了自上而下或自下而上的单向、机械推理模式,而转向综合了两种推理模式要点的"融贯论"模式。

彼彻姆与科恩所谓的"融贯论"其实是一种很模糊的表达,完全不能作为一种方法论的定性称谓。两位学者显然也意识到了这个问题,基于"融贯论"的推理方法在程序上与罗尔斯在正义探讨中提出的"反思平衡"有相通之处,两位学者又把这种所谓的"融贯论"方法称为"反思平衡"的方法。但这种解读同样值得商榷,因为,很明显,彼彻姆与科恩两位学者是想用"反思平衡"来指代一种作为应用伦理学方法的道德推理。然而,"反思平衡"本身却绝非一个专属于道德推理的概念:"反思平衡"源于 20 世纪中期人们对归纳逻辑的正当性讨论;后来,这一理论主要应用于伦理学与政治哲学,并有较大发展。罗尔斯《正义论》中的应用使得"反思平衡"成为一个颇受关注的概念。罗尔斯设想人们在"无知之幕"的遮蔽之下进入"原初状态",如果此时的条件足以产生与人们对正义的深思熟虑的信念相符合的原则,那么,一切事情当然就可以顺利地进行下去。然而,如果"原初状态"下的条件并不足以产生这种原则,那么,我们就有必要进行一种"反思平衡"的推理,即我们要么修改我们对"原初状态"的说明,要么修改我们现有的判断。这个过程可能会有很多反复,“这样反反复复,有时改变契约环境的条件,有时收回我们的判断并使我们的判断与原则相一致,这样,我认为我们最终将会找到一种对原始状态的说明,这种说明既体现了合理的条件,又产生了符合我们经过适当修改和调整的深思熟虑的判断。”不难看出,彼彻姆与科恩所谓“融贯论”的道德推理虽然在形式上与“反思平衡”有一致的地方,然而,反思平衡的应用并不局限于道德推理,在非道德推理的实践推理与逻辑推理中也可以大有作为:“从实践伦理学的观点看,他的理论似乎可应用于从医学到企业、法律等的许多方面。”罗尔斯本人也提出,“反思平衡”并不专属于道德哲学。他指的是纳尔逊·古德曼早在1955年在其《事实、虚构与预言》中对演绎推理与归纳推理的逻辑论证中就运用了这种方法。

然而,彼彻姆与科恩关于“融贯论”的分析绝非一无是处,至少两位学者明确指出:作为当代应用伦理学方法的道德推理绝不应当是一个机械的单向的一次性推理过程,而应当是一个基于伦理理论与实践境遇二者之间有机的、双向互动式的反复运动过程。两位学者都清醒地意识到,机械的单向的推理是在一个确定了程序的框架中寻求现实道德问题的解决,它追求的是推理程序的完满性以及行动与伦理原则或道德规范的一致性,这种推理明显忽略了现实的生动性与理论的生长逻辑——理论从来都是在现实的滋润中日趋丰满的。从“融贯论”所揭示的当代应用伦理学方法论及其逻辑看,当代应用伦理学的方法实质是一种“基于反思平衡的道德推理”,即在面临现实道德问题时,当代应用伦理学并非简单、机械地在伦理理论的基础上演绎出道德上正当行为的理由或根据,亦非简单、机械地在前援判例与实际的境遇分析中直接得出道德行为的理由或根据。实际的情况是,在面临现实道德问题时,当代应用伦理学研究首先必须要解读问题的伦理意蕴,并在道德正当性的关照下寻求可能的道德解决。在这一得出道德正当行为结论的道德推理过程中,既有关于实际境遇的分析,也有来自伦理的理论关照。其中,“反思平衡”的应用则在于:当既有的道德正当性理论遭遇生活实践的挑战时,人们要么自觉地反思既有的道德正当性理论,修订之或寻求新的道德正当性理论支持;要么重新解读实践问题的伦理意蕴,以修订之前的可能的不当解读。这即是说,在当代应用伦理学的研究中,道德推理必须在实践问题与道德正当性理论二者间寻求一种“反思平衡”。由是,当代应用伦理学解决现实道德问题的过程既代表了伦理学的生活化进程,又代表了伦理学理论的自反式发展。“反思平衡”赋予道德推理以一种独特的气质:一方面,它对实际所面临道德问题的解决是以伦理理论为基点,它关于行动的结论也是一个有其独特的道德意蕴的规范性判断，这表明了其进路的伦理色彩；另一方面，它在关注实际道德问题的促动下反思、发展道德理论，不墨守理论之成规，而寻求理论发展的可能性。在当代应用伦理学的研究中，得出关于行动的结论并不代表道德推理的终结，因为任何一次道德推理都不可能完美无缺；当代应用伦理学对实践道德的解决实质上就已经成为一个需要通过反思平衡持续修正的无止境的进程。

二、伦理学史上的道德推理方法

道德推理并非当代应用伦理学研究的新兴产物，实际上，早在中世纪耶稣会的宗教实践中，道德推理就极受推崇，并有大规模应用。当时，道德推理的应用主要体现在决疑术的应用中：决疑术是一种"基于案例的推理"，即以过去相同或相似问题的解决为参照，通过将特定境遇下推导出的原则扩展至新的相类似境遇，以寻求新境遇下实践问题的解决。在决疑论者看来，同样的案例应当同等对待，他们试图从不同的案例，或所谓的"纯粹案例"以及当下所面临的案例中推导出的相似性来判定人们在特定境遇下行为的道德正当性理由以及恰当的道德行为方式。中世纪耶稣会广泛推广决疑术的推理方法并印发了大量的决疑术手册，以帮助牧师们在面对无数前来忏悔的人所提出的各种难题时指导人们做出正确的行为决策。之所以说耶稣会的决疑术是一种道德推理，是因为在大多数情况下，牧师们所面临的问题都不是"非道德"问题——前来忏悔的教徒问计于牧师的多是基于良心而自责的道德问题。事实上，几乎所有的良心问题都能在卷帙浩繁的决疑术手册中找到相应的解释与解决的条款。依据这些条款，牧师们的决疑指导也多带有浓重的伦理色彩：他们给出的道德行为的主要根据是来自"神"的关于"要信神""爱人""行善"或"莫作恶"等指令。同时，他们给出的正当行动的结论也是一个道德判断，即"你当如此作为才是道德的（正当的），因为这是神的指令；在之前的相似境遇中，人们就是如此作为的，而且他们如此作为是得到了认肯的"。在这个意义上，决疑术是一种较为完备的道德推理方法，其要点在于它不是从理论问题开始，也不过分强调理论问题，而是从人们所面临的现实生活境遇入手，分析问题，指明合乎教义的行动；这区别于纯理论的教义教导或训诫，并因其直接针对现实生活境遇而更能为人们所接受。1550—1650年期间，决疑术发展到顶峰时期，但同时也步入一个被滥用的时代。巴莱西·帕斯卡在《致外省人信札》中对决疑术展开了才华横溢的野蛮攻击，他不但揭露了决疑术被教会滥用的现状，更认为教会是当时欧洲道德失范、信仰淡薄的社会状况的罪魁祸首，是“一切不道德的根源和基础”。在帕斯卡等人的讨伐声中，决疑术逐渐走衰。

如果循伦理学史向上追溯，不难发现，道德推理方法还可以追溯至更早的古希腊亚里士多德关于实践智慧的论证，以及后来的罗马法的司法实践，拉比犹太教的论辩术，等等。阿尔伯特·约翰逊以及斯蒂芬·图尔敏两位学者认为，以上三种早期文化的理念与实践也是决疑术的源头所在。在关于实践智慧的讨论中，亚里士多德强调实践智慧是关于实践活动的正确原理，没有实践智慧也就没有正确的选择，正是实践智慧提供了达到目的的实践；在亚里士多德看来，对于特定个案和情境中的人类行为的实践难题的解决，需要来自经验的个案知识，也必须拥有像实践智慧这样的德性，而这种德性只有通过对道德实践的批判反思方可以获得。亚里士多德认为，几何学术语不能胜任对特定个案和情境中的人类生活中的实践难题的讨论，修辞学术语则可以胜任这一任务。因此，在亚里士多德的学科框架中，伦理学与政治学、修辞学是紧密地结合在一起的。罗马法的司法实践极为推崇个案推理的技术和方法，其实质也是一种有着决疑术特点的推理应用。拉比犹太教的论辩术则更是有着明显的决疑术的推理色彩，这在其“哈拉卡”中有着明显的表征：“哈拉卡”是拉比犹太教时期的犹太人的宗教仪礼、日常生活和行事为人的律法和典章汇编；从其关于会堂论辩的规定来看，其论辩是一种典型的道德推理：会堂论辩的关键是以权威拉比的观点作为处理实际问题的标准，以寻求新的特殊难题的解决。具体的做法是，犹太人在会堂里就某些存有争议的问题进行论辩，以谋求达成共识。在论辩中出现的争歧大多是依据权威拉比的观点处置，但拉比的观点也不是绝对不接受挑战：如果有人针对某些问题提出了新的观点并被认可，那么，此前权威拉比的观点也可能因此而被修订。中世纪之后，功利主义理论也包含了一种典型的道德推理逻辑，即行为的道德正当性的唯一依据是“最大多数人的最大幸福”，在这里，所有的道德行为的正当性都基于其与“最大多数人的最大幸福”这一原则的一致性。启蒙时代之后的元伦理学时代，伦理研究的基本取向是从伦理语言及其逻辑演绎中确立道德价值合理性的根据，生活中的现实道德问题则不成为其关注的焦点，关于行为的道德推理方法也就被搁置了。正是在这个意义上，约翰逊与图尔敏还把当代应用伦理学道德推理方法的应用看成是决疑术的复兴。把当代应用伦理学方法简单解读为决疑术的回归显然是值得商榷的，因为基于反思平衡的道德推理明显超越了决疑术道德推理方法。但是，两位学者关于决疑术的研究是在20世纪70年代中期到80年代中期完成的，他们并没有观察作为当代应用伦理学方法的道德推理已经发展到了一个超越了决疑术道德推理的阶段，故他们的这种论断虽有不当之处，也是可以理解的。更为重要的是，他们的这一论断揭示了一个极重要命题：从道德推理这一方法重受重视的角度看，当代应用伦理学其实是伦理研究在反思元伦理学的进路上向传统规范伦理学的回归！

三、应用伦理学方法研究的启示意义

上述关于当代应用伦理学方法的考察意义远远超出了方法论本身，它还为我们回答当代应用伦理学研究中的其他存有较大争歧的问题提供了极其有益的启示。

(1)当代应用伦理学的道德推理方法经历了一个从低级到高级的发展过程，而这一方法论的发展过程则完整地呈现了当代应用伦理学自身从不成熟走向成熟的发展过程。从时间序列上看，彼彻姆与科恩所论的当代应用伦理学三种方法论之间存在着一种明显的先后与更替序列，即自上而下的道德推理代表了当代应用伦理学最早期的方法论；自下而上的道德推理代表了当代应用伦理学中期阶段的方法论；而融贯论的道德推理则代表了当代应用伦理学最新阶段的方法论。从道德推理方法的实际看，这也是一个道德推理方法从低级到高级的发展过程：其一，自上而下的有着工程模式特点的道德推理是最低层次的道德推理，这种道德推理直接依据某一预设为具有道德正当性与优先性的伦理原则或道德规范而确立某一特定行为的道德正当性。其二，自下而上的有着决疑术特点的道德推理则属于第二层次的道德推理，这种道德推理并不着眼于某一特定的行为道德正当性证明，而是着眼于某一类行为之道德正当性证明。其依据仍然是道德规范与道德原则，它区别于自上而下的道德推理之处在于：在这种道德推理中，人们通过诉诸道德规范或原则，将某一特定行为归于某一类行为来实现某一特定行为道德正当性的证明。其三，第三层次的道德推理则是更多地关注道德推理本身的思考：如，道德推理可能吗？其逻辑前提是否合理？由该前提能否推出有效的行动结论？等等。这是关于道德推理的元伦理学探究，在这种探究中，哲学家们思考我们当如何以伦理的方式思考，以及这种思考是否能确立行为的道德正当性基础。这一思考所表达的立场是：在面对实践道德问题时，道德推理可以给出行为决定的正当性与否的权威定论，而且，除此以外，我们没有别的办法来得到这一个定论。

与当代应用伦理学方法论的发展相一致的是，当代应用伦理学本身也经历了一个从不成熟到日渐成熟的发展过程。在当代应用伦理学的前期阶段,从自上而下到自下而上两种道德推理方法的更替深刻地反映了人们试图在摆脱元伦理学的研究进路而重构实践伦理研究的冲动;但其方法论本身的不成熟也标志了当代应用伦理学兴起之初在方法论上的迷失;它既揭示了当代应用伦理学研究兴起之前伦理研究的偏失,也通过研究者们在方法上的简单与粗暴而生动地表明了当代应用伦理学早期研究的不成熟。而基于反思平衡的道德推理方法则标志着当代应用伦理学在自身的发展与反思中逐渐走向成熟。瑞士学者图恩赫尔曾在当代应用伦理学发展史的维度上界分其研究历程,他把当代应用伦理学的发展解读为三个阶段:"外行的伦理学"——"连接线的伦理学"——"无可奈何的伦理学":"外行的伦理学"是指最初阶段的当代应用伦理学更多是从事实际工作的工程师、医生或其他行业的非伦理学专业的人们在解决其实践工作中所遭遇的道德问题时而生发的应用伦理学;这些职业工作者受困于自身所从事领域的道德难题,却又不能在传统的伦理原则与道德规范的解释、解决中得到实质性的帮助,于是,他们更多地从其职业视域分析其所面临的现实道德问题;这种分析虽然缺乏专业研究的系统性、理论性,但却独具其职业领域的可操作性。这里的"外行"即是相对于学院派的哲学家和伦理学家而言的"外行"。"连接线的伦理学"主要是指在"外行的伦理学"阶段之后,应用伦理学更多的是在专门科学领域与伦理学的学科交叉处开展研究,如医学—伦理学、经济—伦理学、生态—伦理学、传媒—伦理学,等等。这种研究并不专属于哲学的伦理学,因为在不同的跨学科领域会有不同的学科方法介入。正是在这个阶段,应用伦理学作为一般伦理理论的简单、机械的应用进路受到来自各方的质疑与批判,但同时,学者们在应用伦理学的学科性质与方法等当代应用伦理学的元理论方面也开始走向一个多元论时代。这种状况直接促生了图恩赫尔所说的"无可奈何的伦理学",严格地说,"无可奈何的伦理学"并不代表当代应用伦理学发展的新阶段,它更多的是一种对"连接线的伦理学"的实际境况的描述,即在问题多元化的态势下,似乎很难有一个可以解决多样性道德困境的普适性原理、程序或方法。

(2)应用伦理学方法的发展史还表明,当代应用伦理学并不是一门独立于规范伦理学之外的研究。一方面,道德推理的方法或理念早在亚里士多德建构伦理学的体系之初就有所应用,这种应用在中世纪发展成为较为完备且广谱的决疑推理。虽然在帕斯卡等人的讨伐声中,决疑术的道德推理一度走衰。然而,在经历了启蒙时代的伦理学科学化取向与现代以来的元伦理学发展阶段之后,在当代应用伦理学的研究中,道德推理的方法再度被重点关注,在实际的应用中,道德推理方法本身也在不断创新、发展。故此，从方法论的角度看，作为当代应用伦理学方法的道德推理方法的发展其实代表了伦理学自身在反思元伦理学研究方法的基础上向规范伦理学方法的回归。这在当代应用伦理学研究的内容上也得到了验证：在伦理学史上，我们所熟知的伟大的道德哲学家们大多在其理论研究的基础上评论或批评他们所处时代的制度、政策与实践问题。这些问题包括战争问题、经济问题、分配问题、信守诺言、签订契约、互际关系、犯罪与惩罚等。另一方面，当代应用伦理学因其直接关注现实社会生活的实践道德问题及其解决而备受关注并迅速发展，但是当代应用伦理学所从事的研究其实是伦理学家们一直都在从事的研究，他们分析概念、深究道德观点或理论中隐含的预设、针对所面临问题的道德现象作批评性、建设性伦理思考；也对为信仰、政策与行动所做的论证作批判性思考；他们为道德观点寻求理性的辩护；他们通过深思熟虑的判断与道德内容来区分合理的道德要求与不合理的道德要求；他们试图刺激道德想象力、提升分析技能，并淘汰偏见、不当的情绪、虚伪的权威及类似影响正确道德判断的东西。在这个意义上，彼彻姆等人并不认同基于当代应用伦理学繁荣发展背景下的理论伦理学与应用伦理学的二分法进路："伦理理论与应用伦理学之间概念与规范并没有一个明确的分界线，甚至从理论到应用之间也没有明显的连续性。因此，应用与理论的区别是需要谨慎对待的。"英国当代应用伦理学研究专家阿尔蒙德·博纳莱德也持同样的立场：在她看来，应用哲学，包括应用伦理学的兴起与西方哲学作为一个整体的传统是一致的。自泰勒斯以至毕达哥拉斯学派、伊壁鸠鲁学派、斯多噶学派等就提出了生活实践的原则，柏拉图、亚里士多德认为因其自身而善的终极善既能导引个体的生活方向，又指导建设道德善的社会。后来的哲学家们，如托马斯·阿奎那、格劳秀斯、洛克、康德、边沁、密尔、杜威等也时常把他们的伦理预设应用到具体的实践问题的分析之中。但是，人们似乎从未把这些哲学家的这种应用看成是道德哲学的又一细分。正是在这个意义上，我们完全可以说，当代应用伦理学并不代表一种新的伦理学学科的兴起，它实质上是伦理学研究在批判、反思元伦理学研究的基础上向规范伦理学的回归，是规范伦理学的当代形态。

参考文献

[1] BEAUCHAMP T L. The Nature of Applied Ethics. See A Companion to Applied Ethics [M]. Malden: Blackwell Publishing Ltd, 2003.

[2] COHEN S. the Nature of Moral Reasoning: the Framework and Activities of Ethical

Deliberation, Argument, and Decision-making[M]. New York: Oxford University Press, 2004.

[3] RAWLS J, A Theory of Justice[M]. Cambridge: Harvard University Press, 1971.

[4] DEMARCO J P, FOX R M. New Directions in Ethics: The Challenge of Applied Ethics [M]. New York: Routledge & Kegan Paul Inc, 1986.

[5] 帕斯卡. 致外省人信札[M]. 姚蓓琴,译. 上海:上海社会科学院出版社,2002.

[6] JONSEN A R, TOULMIN S. The Abuse of Casuistry: A History of Moral Reasoning [M]. Brooklyn :University of California Press, 1988.

[7] 亚里士多德. 尼各马科伦理学[M]. 苗力田,译. 北京:中国人民大学出版社,2003.

[8] 邓安庆. 无本质的应用伦理学[J]. 哲学动态,2005(7).

[9] ALMOND B. applied ethics[EB/OL]. (2015-03-03)[2016-02-13]. http://www.rep.routledge.com/article/L005.

网络时代的“诸神共舞”与价值引领①

李梦云②

【摘　要】网络世界的“诸神共舞”与现实社会的“诸神冲突”形成对照。在“诸神共舞”时代，道德价值蜕化为审美价值甚至“审丑价值”，理想主义话语蜕变为后现代式的“经典话语”，价值体系呈现出多元化表征。这需要社会主义核心价值观发挥价值引领作用，教育者成为网络世界“平等的首席”，伴随马克思主义的时代化进程，马克思主义话语也要做出创新。

【关键词】网络时代；“诸神共舞”；马克思主义；价值观

在一定意义上，中国正步入网络时代。随着网络技术的不断发展，网络基础设施的不断完善，人与人之间的信息交互更为丰富，传播速度更为快捷，交流手段和交往方式也更多更新。在“互联网＋”时代，网络逐渐实现了对于生活场景的全覆盖，以“博客”“播客”“微博”“微信”等互联网信息交互工具为代表的技术手段，构建与现实生活紧密关联的虚拟社区。人们越来越依靠新兴媒介来进行交往，网络技术全面渗透到社会有机体的方方面面，并很大程度地改写了当代人的生产生活。网络生产力成为“超第一生产力”，生产关系及上层建筑领域因此而发生剧烈变动，现实社会的“诸神冲突”与网络世界的“诸神共舞”相互交错。

一、“诸神冲突”与“诸神共舞”

所谓“诸神冲突”与“诸神共舞”，二者貌似相悖，其实异曲同工。在网络时代

①　本文系国家社科基金项目“中国知识分子精神的历史演变与当代构建”（15BKS092）的阶段性成果。

②　李梦云，浙江工商大学马克思主义学院副教授，主要从事文化建设与社会发展研究。

背景下，网民不再信奉单一的“神”，而是在各种“神”之间做出选择。在长期的马克思主义以及现代思想熏陶下，中国网民的这种选择已经少了些传统宗教信仰的笃信，反而多了些现代理性色彩。这就意味着“从被‘神’颠倒的世界，回归到人的理性可以理解及审视的世界……意味着人作为理性主体自觉、自主地用理性驾驭感性，用精神控制欲望，用操守恪守义务，找回真正的‘自我’”①。

1. 现实世界的“诸神冲突”

现实世界是现代(化)社会。现代世界观伴随着“宗教—形而上学世界观”的“去中心化”而诞生。相对于神话世界观的“去神秘化”而言，这又是一次飞跃：从对“神”(“上帝”“真主”“佛陀”……)的信仰，到摒弃外在的信仰而关注人自身的理性。康德提出这样一个论证规则：只按照你的意愿它可以同时变为一个普遍的道德律的箴言去行事。“我们能够通过演绎方法使人们相信，我们所有的经验都是被法则支配的，而且是被牛顿式因果关系律的法则所支配的。”②这实际是表明个体可以通过自我活动建立起一个道德原则，或者是替一个道德原则找到基础。然而在现实世界里，这种逻辑往往演绎出“爱吾所爱”“我选择我喜欢”的信条，人是万物的尺度，人成为“神”的标准。现代理性观的转变使得人们再也不能获得“至善”和“终极价值”，一切意见、喜好和立场必须得到宽容。然而，宽容一切就是一切都得不到宽容。由此，“你将侍奉这个神，如果你决定赞成这一立场，你必得罪所有其他的神。”③一种神圣教义一统天下的局面一去不返，诸神冲突的格局已然形成。

2. 网络世界的“诸神共舞”

网络媒介所建构起来的本来是一个虚拟世界，然而正是在这虚拟的世界簇拥着“诸神共舞”时代的来临。曾经网络上先后出现过“菊花教”“芙蓉教”“红衣教”“梨花教”等，“信春哥得永生”的话语充塞网络空间，甚至成为现实言说。然而，一个又一个的“演艺神”终将走下“神坛”。“信春哥”演变成“信曾哥”及至“信犀利哥”“信凤姐”……可谓“你方‘演’罢我登场”。在网络时代，只要足够“雷人”便能“火”，便能“走红”，并极有可能成为新的“神”。然而，网络“教派”不过是网民“集体无意识”的产物，并不像现实社会中的教派一样具有严格的教义教规，诋毁乃至谩骂并非根深蒂固的偏见，而是戏讽，表达着网络世界“诸神共舞”的“宗

① 于希勇：《马克思恩格斯伦理思想的展开维度》，中国社会科学出版社 2015 年版，第 73 页。
② [美]阿拉斯代尔·麦金太尔：《伦理学简史》，龚群译，商务印书馆 2004 年版，第 253—254 页。
③ [德]马克斯·韦伯：《学术与政治》，冯克利译，三联书店 1998 年版，第 44 页。

教宽容”。

3. 网状格局下的“周期律”

“网络之神”足以“振臂一呼应者云集”，但“网络之神”总逃脱不掉“其兴也勃焉其亡也速焉”的“周期律”。一旦“光环”褪去，他（她）们便是像其他网民一样的平民。网络建构起神圣同时又瓦解神圣（“祛魅”），究其根由在于“网状格局”。“网状格局”不似法国社会学家迪尔凯姆的“团体格局”，也不似费孝通的“差序格局”。在“网状格局”下，每个人都以自己为中心结成网络，但不以亲属、“圈子”等特定关系为主轴，而是从自我这个“节点”拓延网络上任何一个“节点”和“空间”。简而言之，“网状格局”是没有固定格局的格局，是充满变数的格局。

二、“诸神共舞”时代的价值观透视

在人类历史上，没有哪一种技术的进步像网络一样，对居于文化内核的价值观发生如此深刻的影响。确切地说，网络技术为中国经济转型和社会变迁引发震动的价值观领域，提供了碰撞场所和展示窗口。

1. 道德价值转变为审美价值甚至“审丑价值”

道德价值是人类追求的内在价值，而作为外在与辅助价值的审美则是达到终极目的即道德价值状态的手段或工具价值。在艺术审美领域，美与丑的评判可以与道德准则没有交集，没有交集就不会发生冲突；然而在现实生活中，美丑与善恶的矛盾却会鲜明地表现出来：郎才女貌式的爱情美好得宛如在诗中、在梦中，但现实中的社会伦理却未必给予正向的评判。这是因为目的与手段的统一是常态，而分离则是例外，无论是纵向的历史，还是横向的现实。

英雄和模范曾经是一代又一代人的主流人格理想。然而，在“诸神共舞”的网络时代，“神—人”之间带有超越性价值和意义的关系蜕变成“人—人”之间的对等甚至“嬉戏”关系。谁都可以粉墨登场，谁都可以自我言说，通过“晒”与“被晒”来表达自己的意愿与价值观。“偶像”与“粉丝”之间更加注重的是“形”有灵“犀”，而非“心有灵犀”。在一种纯粹娱乐的状态下，只要能够吸引注意力，不论理性与非理性，包括各式超级自恋都有可能成为“焦点”“看点”和“卖点”。

从价值的角度看，纯粹的娱乐如果传递正能量，使人精神受益，就是统一于终极道德价值的“审美价值”。如果为了娱乐而娱乐，甚至蜕变为“审丑”，则是因与内在价值的背离而既无工具意义又无目的上的价值。互联网上受众“审丑式”迷恋的笑，是因为现实世界中不能笑、没有可笑或者无法孕育深刻的笑。正因如此，笑过之后迅即转化为“打酱油”这一现实冷漠。从更深层意义上讲，正是因为目的价值的缺失所造成。

2. 理想主义话语蜕变为后现代式的“经典话语”

话语是思想和信仰的表征。“为天地立心，为生民立命，为往圣继绝学，为万世开太平”，是传统儒家文化语境下的理想主义话语；“身无半文、心忧天下”，是毛泽东时代青年救亡图存的理想主义话语；“跑步进入共产主义”，是“大跃进”时期“癫狂”的理想主义话语。十多年前，有学者统计出改革开放以来“二十年间对大学生产生深刻影响的十句流行语”，如“自费上学，自主择业”“团结起来，振兴中华”“跨世纪”等。[①] 可以看出，这些话语中尚有诸多理想主义成分。

而如今网络世界“诸神共舞”的现状是网络话语堆砌起来的一座座“丰碑”。网络的“网状化”与后现代主旨的“多样化”异质同构。在“虚拟”的掩护下，“在后现代的解构之维中，复制与拼贴已成为恶搞文化的两大后现代性状”[②]。“恶搞文化”衍生的是恶搞话语。伴随“贾君鹏你妈妈喊你回家吃饭”的是“（某某某）你母亲喊你回家吃饭”。“贾君鹏事件”方兴未艾，一位网友陈述跟“贾君鹏帖”的原因：“我们跟的不是帖子，是寂寞。”随即，这句话又被反复引用。“×（主语）×（谓语）的不是×（宾语），是寂寞”语体开始蔓延，诸如：“哥种的不是菜，是寂寞”；“哥跟的不是贴，是寂寞”；“哥打的不是游戏，是寂寞”；“哥吃的不是面，是寂寞”；“哥抽的不是烟，是寂寞”；“国足踢的不是球，是寂寞”……这不仅仅是假想的语词排列组合，而是表达了“经典话语”人人可以言说。

由此可见，话语表面上围绕着“诸神”涯动，实则是围绕着“我”旋转。我是“无名”的网民，但只有我才是真正的“神”。如果说“现代主义的艺术是想成为一个没有宗教社会里的宗教”[③]，那么后现代式的话语则是想成为没有“经典话语”的网络世界里的经典。在“诸神共舞”的价值取向中，一切新形成的关系尚未固定已经陈旧，一切神圣皆被亵渎，尊崇和敬仰不复存在。

3. 价值体系呈现出多元化表征

从理论上来讲，一个社会的共享价值观的集合就是核心价值体系。然而在

① 杨晓苏：《二十年间对大学生产生深刻影响的十句流行语》，载《青年研究》1999 年第 7 期。

② 蔡骐：《对网络恶搞文化的反思》，载《国际新闻界》2007 年第 1 期。

③ 杰姆逊：《后现代主义与文化理论》，北京大学出版社 1997 年版，第 175 页。

网络世界里，不同社群、阶层共享着多样的价值观。譬如，“诸神共舞”改写了立德、立功、立言“三不朽”的传统价值排列次序，这三个“元素”可以有 P_3^1、P_3^2 和 P_3^3 等多种排列方式。进而言之，“网络关系改变了个人服从集体的纵向次序，甚至改变了人际关系平等原则的横向次序，已经处于变动过程中的价值格局演进成无次序的‘网状格局’。在信息爆炸式扩散、几何式增长的催生下，网络时代的价值观特质鱼龙混杂、价值观矢量四面八方。”①

《人民论坛》2009 年底经过调研选出我国未来十年的十大挑战，其中位居第十的是“主流价值观边缘化危机”，这一挑战因为涉及深层精神领域而格外引人瞩目。② 然而实事求是地看，网民群体尤其是青少年群体中根本不存在“主流价值观边缘化危机”，因为主流价值观具有相对性：过去主流的价值观现在不一定主流，现在主流也不可能永远主流，在一代人中主流的价值观到了下一代还可能会不断改变。只要一种价值成为社会多数人的看法时，就是主流价值观。所谓“主流价值观边缘化危机”，实则是“主导价值观”的边缘化及“共享价值观”建构的危机。

三、重建马克思主义话语权

网络时代的“诸神共舞”，要求高校德育由“技术”入“政道”，要求思想政治理论课教学在应用现代科学技术的同时，体现思想性、坚持政治性、富有教育性，也就是要坚持正确的价值导向。正如有学者指出，“价值导向就是引导人们认同和坚持社会主导价值倡导的价值取向。价值导向的精神交往将思想政治教育互动关系与其他互动关系从本质上区别开来。”③

1. 做网络世界“平等的首席”

在西方社会，消解“诸神冲突”的方式是所谓“消极自由”，亦即“免于……的自由”（Liberty from …）。现代西方社会具有各种不同的“整全性”（comprehensive）宗教学说、哲学学说和道德学说，这些学说之间“互不相容却又

① 许敏燕等：《论网络时代主流价值观的重建 网络时代的青少年和青少年工作研究报告——第六届中国青少年发展论坛暨中国青少年研究会优秀论文集》，2010 年。

② 参见《人民论坛》2010 年 3 月（上）。

③ 骆郁廷、郭莉：《精神交往：思想政治教育互动关系的本质》，载《教学与研究》2014 年第 1 期。

合乎理性”[①]，理性无法进行有效的整合。因此，在各种“整全性理论”无法“公约”(incommen surability)而个体价值又被置于社会首要地位的情况下，整个权利体系便被迫进行一种“去道德化”，亦即将权利之中的道德框架全部抽空。在这样一种观念的规导下，“主体(一个人或人的群体)被允许或必须被允许不受别人干预地做他有能力做的事、成为他愿意成为的人的那个领域”[②]。“消极自由”适合西方社会团体格局：好像是一捆柴，几根成一把，几把成一扎，几扎成捆，条理清楚。针对网络世界与现实世界的反差，有学者划分出“两个世界”：公共—政治世界(领域)与消费—娱乐世界(领域)。[③] 前者是“他人的”世界，后者是“自我的”世界；前者是“受控”的世界，后者是“自由的”世界。于是，“我的地盘听我的”，“我的世界可以很疯狂”……当下中国社会，是现实世界“差序格局”与虚拟世界“网状格局”的交错——网络虚拟的现实化，现实关系的虚拟化。如果说传统意义上的“把关人”(Gatekeeper)是控制，“网络资讯人”(Heads-up Displays)是“不作为”，是对话语权争夺战的视而不见。为防止“诸神共舞”引发“群魔乱舞”，便有“去做……的自由(Liberty to…)”。当然，价值观引领者不应以“意见领袖”自居，而应做网民中“平等的首席”(First among Equal)，此乃以核心价值引领“诸神”的正途。

2. 创新马克思主义话语

核心价值体系是和谐文化的根本，社会主义核心价值体系应营造“诸神共舞”的和谐话语场景。话语不是单纯的语言和文本，而是一种系统化的结构，其中包含有纵向的历史、现实的社会以及制度的特性，表现为以信仰为核心的语句、短语、词汇、概念等。对于网络世界中话语的把握与诠释，不仅是解释、说明，更要站在建构网民命运关联的高度进行定位与引导：“语言不再是与事物的认识相联系的，而是与人的自由相联系的……在我们定义语法的内在法则时，我们就在语言与人的自由命运之间结成了一种深刻的同源关系。”[④]马克思主义话语在网络时代需要面对的问题是，在解决了基本的温饱问题之后，人们期盼更美好的生活与未来，在可以借助于方便快捷有效的信息手段的条件下，通过话语的双向沟通来实现价值层面的共鸣。

---

① John Rawls：《政治自由主义(导言)》，万俊人译，译林出版社2002年版，第4页。

② Berlin Isaiah：《自由论》，胡传胜译，译林出版社2005年版，第189页。

③ 陶东风：《去精英化时代的大众娱乐文化》，载《学术月刊》2009年第5期。

④ [法]米歇尔·福柯：《词与物——人文科学考古学》，莫伟民译，上海三联书店2001年版，第379—380页。

故此，“一起打拼”“打铁要靠自身硬”“人世间的一切幸福都要靠辛勤的劳动来创造”等反映人民心声的话语，应该成为社会主义核心话语重要特色。社会主义核心话语体系，应该以造福人民为主旨，扣动人民的心扉，引起情感上的共鸣；应该以文化艺术节、高雅音乐会和“老戏新唱”“微电影”“公德漫画”等喜闻乐见的方式，增强话语感召力；应该创新议题设置机制，像打造“任仲平品牌”那样建构话语机制——“七八条枪，七上八下，七嘴八舌”。过去那种以“指示”为主要形式载体的自上而下的传达方式，以及与此相配套的以汇报为主要形式载体的自下而上传达方式，应重构为抒发人民心声的新话语。

3. 重构青年一代认可的话语

时至当代，社会流行语更趋多元复杂，网民成为话语权主体。由此，一方面，“把关”功能弱化，尊重青年话语权乃是时势所趋；另一方面，网络时代的文化伴随着年轻人的成长而成长，故而会在相当长的一段时间内归属于青年亚文化。“亚文化是与身处的阶级语境相联系的，青年亚文化产生于社会结构和文化之间的一个特别紧张点，它们可能反对或抵制主导的价值和文化。”①

因此，一方面，应加强社会主义话语体系的核心地位，采取去粗取精等路径，重构当代青年流行话语。在论坛、贴吧等网络空间中，正向传递马克思主义主流文化的同时，通过审核、引导、扩散、断开、屏蔽甚至删除等措施，倡导健康网络用语，大力宣传和弘扬传统文化中蕴含的经典话语。如将“淡定”“信春哥”“信曾哥”等话语，通过适当的途径与方式，以网民所能接受的方式，重构为“淡定做事、热心助人”“信科学”“信真理”等话语；版主应有所担当，一边负责清理“脏”“乱”“差”帖，一边表扬“精”“妙”“绝”帖。另一方面，也要将青年视为世界未来希望之所在，将青年网民视为话语权主体，创新社会主义核心话语表达方式。习近平指出：“青年是中国特色社会主义事业接班人、是国家的未来和民族的希望……青年人朝气蓬勃，是全社会最富有活力、最富有创造性的群体。党和人民对广大青年寄予厚望。”②对于青年，“我们应当既以理论家的身份，又以宣传员的身份，既以鼓动员的身份，又以组织者的身份‘到居民的一切阶级中去’。”③

政府首脑与网友在线交流接入互联网话语体系，行政机关纷纷打造自己的

① ［美］阿雷恩·鲍尔德温：《文化研究导论》，陶东风译，高等教育出版社2004年版，第330页。

② 习近平：《在知识分子、劳动模范、青年代表座谈会上的讲话》，新华网，http://news.xinhuanet.com/politics/2016-04/30/c_1118776008.htm。

③ ［俄］列宁：《列宁全集》(第6卷)，人民出版社1986年版，第79页。

电子政务平台努力抢占网络话语制高点，部分官员以微信、公众号、博客等方式积极介入网络话语世界……只有这一切的努力围绕着追求内在价值的终极至善目标时，才能建构网络世界中的共享价值，为社会主义核心价值观提供互动平台和深刻根基。

欲望、普纽玛与行动[①]

——亚里士多德心理学对身心二元论的突破

陈　玮[②]

【摘　要】本文通过考察亚里士多德在《论动物的运动》中的相关论述，试图从心理学和生物学两个层面重构他的欲望—普纽玛—行动模型，并由此指出“普纽玛”在欲望导致行动的过程中，在物理层面上起到了重要的联结作用。这种解释模型为亚里士多德突破身心二元论的传统思路、结合物理层面的因素来说明人类行动者的心理过程提供了关键支持。在此基础上，本文考察了戴维·查尔斯对亚里士多德的思路所做的评论并试图回应可能招致的批评，由此捍卫查尔斯对亚里士多德的解读与辩护。本文认为，尽管亚里士多德在《论动物的运动》中对普纽玛的说明仍存在含混之处，但是他所持的这种心理物理学路线在今天仍然能为我们研究人类行动者的道德心理提供重要启发。

【关键词】亚里士多德；灵魂；欲望；行动；普纽玛

亚里士多德在《论动物的运动》[③]中明确提出，动物的灵魂（尤其是欲望的部分）是导致一个有生命的物体运动的原因。根据普遍的运动原理，一切物体的运动都必须具有某个导致运动的原因。具体到动物的运动，这个原因就是与身体相对的、无形体的灵魂。[④]不仅如此，由于一个充分发展的、较高层级的灵魂（例

---

① 本文原载于《自然辩证法通讯》(2015 年 4 月)；受到教育部基地重大项目“古希腊罗马政治伦理研究”(12JJD720001)的资助。

② 陈玮，浙江大学人文学院哲学系讲师，主要从事古希腊哲学研究。

③ *De Motu Animalium*，以下简称 *MA*，本书所用英译文来自 M. Nussbaum: *Aristotle's De Motu Animalium*, Princeton University Press, 1978.

④ 亦参见 Aristotle: *Aristotelis De Anima*, Oxford University Press, 1956. 英译本见 J. Barnes: *The Complete Works of Aristotle*, Princeton University Press, 1984. 中译参秦典华译本，[古希腊]亚里士多德：《亚里士多德全集》(第三卷)，中国人民大学出版社 1992 年版。以下简称 *DA*。

如成年人的灵魂）内部具有不同层次[①]，因此，在最具体的层面上，导致运动的原因就是灵魂中的思考和欲望的部分，即推理（*dianoia*/reasoning）、想象（*phantasia*）、决定（*prohairesis*/decision）、想望（*boulēsis*/wish）与欲求（*epithumia*/appetite）。[②]但是，仅仅指出灵魂中的哪个部分构成了运动的原因是不够的，因为要说明动物如何运动、人类行动者如何被自身的欲望和思考推动着做出一个行动，我们还需要对灵魂的某个部分如何推动身体运动给出充分的说明。一旦亚里士多德试图回答这个问题，就会面对三个困难：第一，如果灵魂遵循普遍的运动原理而推动身体运动，且“接触致动”[③]是物理世界中普遍的运动规律，那么如果灵魂像亚里士多德所说的那样是自身不动的，它又如何令一具身体发生运动？第二，如果灵魂是无形体的，那么一个无形体的灵魂如何与一个有形的身体发生接触并导致后者运动？第三，与身体相对，灵魂内部如何产生动机性的、足以推动身体进行运动的力量？前两个困难实际上涉及如何结合物理层面的原理来解释心理过程的发生，第三个困难则要求在此基础上对心理活动做出进一步说明。如果能够消除这三个困难，那么亚里士多德在某种意义上就突破了将身体和灵魂/心予以区分甚至加以对立的二元论框架，并成功地结合物理与心理层面的要素说明了欲望如何导致行动。因此，在《论动物的运动》中，他先后提出了五个模型，并通过对这些模型不断地进行比较、改进和综合来回答灵魂如何导致运动这个问题。[④]

一、欲望如何导致运动：四种预备性的模型

我们首先考虑亚里士多德在《论动物的运动》中提出的四个模型，这些模型都旨在说明欲望如何引发一个相应的行动，但是它们都具有不同程度的缺陷，在

① 根据《尼各马可伦理学》(*Ethica Nicomachea*，以下简称 *EN*)，灵魂内部具有理性的部分和没有理性的部分(1102a30)，其中无理性的部分又分为营养和生长的部分(1102a35-1102b14)与欲望的部分(1102b15-1103a5)；而有理性的部分又分为知识的部分和理性计算的部分(1139a5-15)。根据《论灵魂》(*DA*)，灵魂可划分为营养与生长、欲望和理性这三个部分，其中欲望又可分为欲求、意气和想望(*DA*414b-415a20)。

② 参见 *MA*700b15-25。Nussbaum 将 *prohairesis* 译作 choice，我采用 decision 的译法，并相应地将中文译作“决定”。

③ 参见 *DA*406a-407b15。

④ 以下并非依照自然的文本顺序来依次讨论这四个模型，而是根据从纯粹物理层面到心理—物理层面的顺序逐次考察。这四个模型在文本中本来的次序请参考文中标注的行号。

这个意义上可以被看成是预备性的模型。

（一）物理层面的模型（*MA*701b1-15）

亚里士多德用两个例子来说明动物运动的机械规律。一个例子是活动木偶，由于某种内置的简单装置（绳索与固定其上的铆钉）就可以自己发生运动。另一个例子则是某种供孩童玩耍的小车，由于车轮的尺寸被设计成大小不同，因此当人试图沿直线推动车子的时候，车身就会以较小的尺寸为中心而发生圆周运动。亚里士多德指出，就第一个例子而言，动物的身体主要由筋腱和骨头构成，前者就像绳索而后者仿佛铆钉，这二者的松弛和碰撞导致了运动的发生。由此可见，机体内部的某个简单装置就可以引发整个身体的运动。而就第二个例子而言，一个最初的、试图使推车直线运动的推力却导致它做圆周运动。与此类似，动物的身体最初也可能受某种力量推动而发生运动，但其自身的构造将会间接地导致后续运动发生变化。因此，并非每一次运动以及运动的改变都需要一个直接的力量。在这个意义上，最初的推动力尽管不能直接引发并决定每一个后续的运动，但是它也可以被视为运动的源头。按照这个最简单的模型，亚里士多德对动物运动的最基本原理给出了一个物理层面的描述。值得注意的是，他仍然保留了灵魂作为最初推动力的可能。①

（二）中点模型（*MA*702b13-703a）

由于动物的身体结构通常都是左右对称的，亚里士多德于是设想了一个“中点”（*meson*）来说明灵魂如何能够同时驱使身体的两边运动。他首先假定运动的原因总是比运动的部分更高，而推动运动的原因必然处于运动的二者中间（*MA*702b15）。接着，亚里士多德构造了一个图形 ABC，其中 B 被 A 推动，而根据此前说明的原则，必须存在一个自身不动的原因。因此 A 虽然“潜在地是一，但实际上是二，这样它就不再是一个点，而是某种量（*megethos*/magnitude）”（*MA*702b30）。同时，由于 C 可能与 B 同时运动，那么它的原因也就存在于 A。因此“必然存在另外的某个事物，它推动二者运动但是自己不受推动”（*MA*702b34）。否则如果存在着两个原因分别推动 B 和 C 运动，它们就会彼此相抵。于是必然存在着单一的某物同时推动两个物体运动，由于它不能是空间上的量而只能是一个点，因此它必然是处于中点的灵魂。

需要注意的是，这个模型其实存在问题：首先，亚里士多德没有说明所谓相

---

① 在 *MA*701b16-17，亚里士多德紧接着指出，动物运动的改变是由想象物（*phantasiai*）、感知（*aisthēseis*/sense-perceptions）和观念（*ennoiai*/ideas）引起的。

互对称的身体究竟是指从中一分为二的两部分、还是指对称的四肢。其次，推动运动的原因为什么必然处于中间，而不能处于左边或是右边，亚里士多德也没有给出说明。但是他做了一个类比，即：欲望作为推动运动产生的原因，就是处于身体结构的中点 A（*MA*703a5）。这就为我们引入普纽玛并重构“欲望—普纽玛—行动”这个重要的模型奠定了基础。[①]

（三）实践三段论的推理模型（*MA*701a5-25）

较前两个模型而言，亚里士多德对第三个模型只做了简单说明，他试图用这个模型来说明灵魂中理性部分的活动如何导致身体活动。根据他的论述，两个前提（普遍前提和特殊前提）的共同运作会导致一个结论，而对于实践领域的理性推论过程来说，这个结论就是一个与理性判断相一致的运动。例如，“每个人都应该散步”（普遍前提）和“我是一个人”（特殊前提）相结合，就会促使从事上述推理的人立刻做出一个散步的行动——只要当时没有任何因素对他形成阻碍或者强制。

事实上，这个三段论模型的有效性一直备受争议，其中一个原因是，实践三段论的推导模式是亚里士多德类比于逻辑推论的普遍原则而在实践领域建立的推论模型，但是对于和实践事务相关的领域（例如伦理学和政治学）而言，由于研究的对象是可变的，因此逻辑上成立的三段论在实践领域并不必然成立。因为在推论的最后一个阶段，在外部环境和行动者内心中都有可能出现阻碍和强制因素（前者例如某种不可抗的外力，后者例如一个与理性判断相反的强烈欲望），因此这个推论的有效性就十分可疑。[②]亚里士多德本人也意识到了这个问题，为此他指出，在特殊前提部分，起作用的与其说是对于特殊事物的理性判断，不如说是针对某个具体对象的感知与欲望，而后者具有实际地引发一个相应行动的动机性力量。也就是说，实践三段论的推理模型要想成立，需要添加两个要素，即目的和欲望。这就使理论推理模型实际上转向了目的—动机模型和欲望模

---

① 实际上，亚里士多德的中点模型的重要性不止于此，在伦理学著作中，他用“中点”来说明美德（*EN*1106a25-1107a25）。而在讨论“不能自制”这种不好的中间性品质时，他使用了“偏瘫”作为类比（*EN*1102b15-20），以此说明一个处于中点的致动原因（灵魂/理性）不能有效地推动一边的身体做出相应的行动。由此我们至少可以看到，亚里士多德在物理层面上描述身体运动所使用的思路也可以扩展到他对灵魂的描述，或者说对应于他对灵魂活动的描述。

② 关于如何解释并填补前提和结论之间存在的这种缺口，一直存在着不同的思路，例如将实践三段论的结论界定为对行动的倾向，或是在特殊前提和结论之间加入一系列动机效力逐渐增强的中项，等等。关于这个问题的一个讨论，参见 P. Gottlieb：*The Practical Syllogism*，in R. Kraut：*The Blackwell Guide to Aristotle's Nicomachean Ethics*，Blackwell，2006，pp. 218-233.

型。由此可见，当亚里士多德说一个行动是与理性部分相一致的时候，他并不是在说单纯的理性部分的活动就可以导致动物的运动，而是强调了这种理性计算同时伴随着与之相一致的目的识别和欲望动机。[①]

(四)目的—动机模型(*MA*700b5-701a5)

该模型具有特殊的重要性，亚里士多德对它的阐述也比较详尽。它不仅集中体现了亚里士多德的目的论观点，这个观点在某种意义上为他的整个理论体系(尤其是伦理学)提供了基础，而且为后面说明从欲望到普纽玛的致动模型做好了准备。亚里士多德论述的要点如下：第一，无生命的物体是被其他的外物推动而发生运动，致动原因在它之外。而有生命的物体的运动由灵魂推动，灵魂内在于生物自身。第二，一切动物推动运动或受到推动而运动必然都是为了某个目的，这构成其运动的限制，也是运动的原因。第三，推动动物运动的原因在于理性的推理部分：想象、决定、想望和欲求，这些部分及其相应的能力使得动物的灵魂能够感知并趋向某些特定的目标物。[②]而“想望、意气和欲求都是欲望，决定则为推理和欲望这两个部分所共有。因此第一推动者(first mover)就是欲望以及思考的对象；不过，并不是所有的思考对象都能充当第一推动者，合格的只有那些属于实践领域的目的。所以，只有这种类型的善事物才能推动运动，而不是所有高贵的事物都能推动运动”(*MA*700b23-25)。而所谓“这种类型的善事物”，亚里士多德认为，就是人们从事其他事情所要达到的目标，以及那些看起来是善和快乐的东西。就此而言，动物的运动与其他事物(尤其是天体)的运动有所不同，区别就在于，推动天体运动的第一推动者自身是不被推动的，而推动动物运动的欲望部分自身是由其目的所激发的(*MA*700b35)。

值得注意的是以下两点：首先，欲望作为动物运动的原因，其自身是被唤起或者说被推动的，这个唤起欲望的因素就是它所追求的目的。考虑到这一点，仅仅将运动的原因归结为欲望并不充分。因为当亚里士多德承认欲望更直接地引发动物身体的运动时，他也强调欲望本身需要目的来唤起自身的力量，或者说赋予它以能量。这个“唤起”的过程将在普纽玛的致动模型中得到说明。第二，亚里士多德所说的欲望是与理性相对、诉诸身体的部分，但是它并非完全与理性相隔绝，而是具有某些理性的要素，它也要求实践理性的运作并在具体过程中体现

---

① 《尼各马可伦理学》明确表示，理性部分本身不动且不单纯导致行动。参见 *EN*1139a35-b1。

② 例如欲求趋向食物、水和性的对象，想望趋向善的事物，等等。对这方面的一个概括，参见笔者拙文：《亚里士多德论人类欲望的三种形式及其统一》，载《道德与文明》2011 年第 3 期。

为想象与决定的能力与施展。[①]因此,亚里士多德的目的论前提,或者说按照这个前提构造的目的—动机模型就在两个方面发挥了作用,一个为欲望自身的活动提供了动机(欲望的目的),另一个则避免对动物运动的说明落入某种完全物理性的说明。后面这点尤其重要,因为它将引导我们把亚里士多德的欲望致动模型理解为一种心理—物理学层面的(psychophysical)论证路线,从而避免传统的二元论解释模式。

二、"欲望—普纽玛"模型:一种非二元论的解释路线

通过构建上述四个模型,亚里士多德已经对动物运动的物理层面和心理层面分别做出了说明,成功地将运动的原因聚焦于灵魂的欲望部分,并初步指明了欲望致动的动力来源。然而,要说明动物是如何运动的,以上四个模型还不够充分,因为物理和心理这两个层面之间看起来还存在一个缺口,这二者之间还缺少一个动力性的机制。

在《论动物的运动》第十至十一章,亚里士多德提出了诉诸普纽玛(*pneuma*)的欲望致动模型。[②]普纽玛在古代哲学文献中具有多重含义,它的本意是"呼吸",亚里士多德在这里提出某种"天然的普纽玛"(connate *pneuma*),即动物自身天然地通过肺(某些动物例如鱼,则是通过鳃)而将某种气体吸入体内。[③]在他看来,一切动物都具有天然的普纽玛并通过它产生能量与力量(*MA*703a9)[④],这构成了运动产生的直接原因。按照戴维·查尔斯(David Charles)的概括,欲

---

① 事实上,单纯的生理反应被亚里士多德排除在'自愿"运动的范围之外,例如性唤起等。这种生理活动过程纯粹是外物作用于身体器官的反应,是不经过理性程序的。亚里士多德甚至认为此类反应不该被纳入"欲望"的范围。根据他的界定,欲望一定是对某种对象的感知与主动追求(参见 *MA*703b3-10)。

② 普纽玛(*pneuma*),早期希腊哲学家(尤其是阿那克西美尼)用它指"呼吸"或"气",以之作为某种原始的实体和基本物质形式,后来演化为"精气"。参见汪子嵩等:《希腊哲学史》(1),人民出版社 1997 年版,第 220—240 页。G. S. 基尔克等:《前苏格拉底哲学家:原文精选的批评史》,聂敏里译,华东师范大学 2014 年版,第 216—241 页。

③ 参见托伪的亚里士多德著作《论气息》(*Peri Pneumatos*),该篇作品认为这种天然的普纽玛是在动物体内运行的、某种比空气更纯净也更精细的气态存在物。尽管《论气息》被认为是伪作,但是也反映了一种关于普纽玛的观点,故此值得参考。

④ 天然的普纽玛如何产生推动运动的力量与能力,相关论述参见 *MA*703a20-25:"运动的功能就是推与拉,因此运动的工具就必须能够扩张和收缩。而这正是普纽玛的本性。因为它不受限制地收缩与扩张,并且出于同样的原因也能够拉动和推动。与火相比,它具有重量;而与其反面相比,它又轻盈。任何不发生改变而推动运动的事物都必须属于这种类型"。

望—普纽玛的致动模型大概由以下四个步骤构成：

（1）行动者思考或想象一个他所追求或躲避的对象；

（2）出现恐惧、自信或性冲动，同时伴随着热与冷；

（3）天然的普纽玛（connate *pneuma*）扩张或收缩；

（4）肢体做出相应运动。

根据这个模型，我们可以在作为运动原因的欲望和具体的身体运动之间建立起一个联结步骤（即第 3 步），而构成这个联结的正是普纽玛。事实上，如果我们对照前面第三个模型即实践三段论的推理模型，就会发现亚里士多德同时从两个层面来说明动作的发生（见图 1、图 2）。

A. 实践三段论

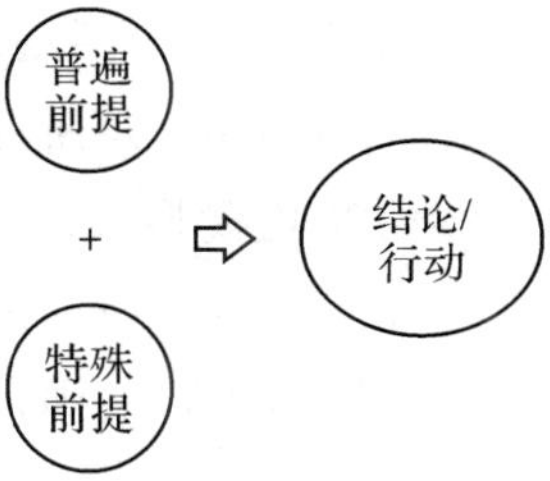

图 1 实践三段论

B. 普纽玛模型

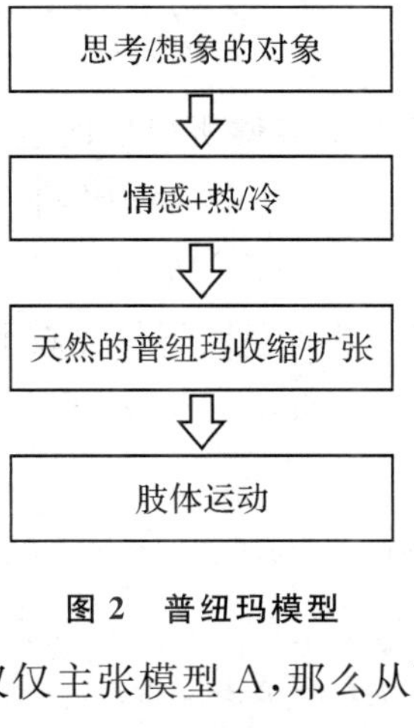

图 2 普纽玛模型

如前文所述，如果我们仅仅主张模型 A，那么从两个前提的结合能否必然得出作为结论的行动，是存疑的。但是由于特殊前提处理的对象实际上就是思考和想象的对象，所以模型 B 可以添加到模型 A 之中，形成一个整体的连续运动模型（见图 3）。

C. 推理—欲望致动模型①

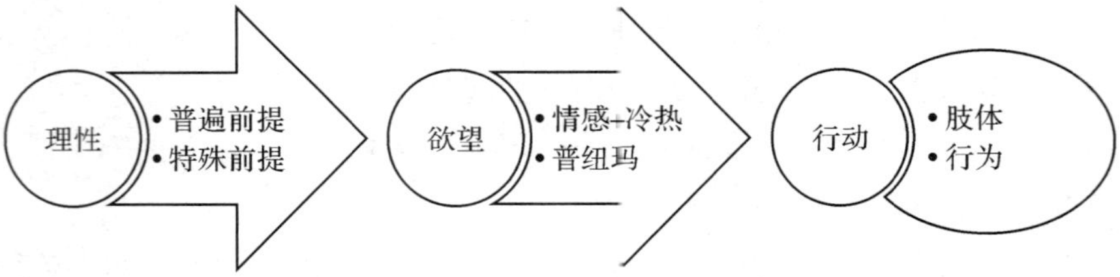

图3 推理—欲望致动模型

在C模型中,我们看到,由于从特殊前提到行动之间的过程被一个物理层面的描述加以充实并扩展,理性判断与行动之间也就具有了连续性。其中,特殊前提所针对的对象直接构成了情感的感知对象,这两个部分实际上是重叠的。根据第一个模型,普纽玛的扩张与收缩类似于活动木偶的内部装置,它的变化在最基本的物理层面引起了动物的肢体动作,并由此结合推理、想象和欲望等因素,趋向某个具体的目标。因此,普纽玛模型实际上诉诸生物学原理,并在此基础上更为细致地解释了行动者是如何从特殊前提走向一个作为结论的行动。在这个过程中,心理与生理两个层面紧密联结,共同发挥了作用。

三、亚里士多德的心理物理学路线以及对普纽玛的补充说明

对于如何理解并评价亚里士多德所提出的这种解释思路,一个富有启发性的评论是由查尔斯在他的论文《行动中的欲望:亚里士多德的运动论述》中提出的。他认为亚里士多德对身—心关系问题实际上持有某种可以称为"心理物理学"(psychophysical)的思路。这种思路不仅突破了自柏拉图以来的传统二元论模式,②也不囿于物质主义(materialism)或精神主义(spiritualism)的任何立场,

① 这里我有意避免使用一个垂直的图例,以避免任何关于亚里士多德是"自下而上"还是"自上而下"地说明身—心问题的解释倾向。

② 柏拉图的这种二元论模式尤见于《斐多》。在这篇对话中,柏拉图将灵魂构造为某种与身体相分离且对立的存在,能够在身体死去之后继续持久存在,并由此获得真正的知识即理念。英译本见 Plato: *Phaedo*, trans, in D. Sedley, A. Long: *Meno and Phaedo*, Cambridge University Press, 2010. 关于柏拉图二元论观点的一个简要介绍,参见 H. Robinson: *Dualism*, *The Stanford Encyclopedia of Philosophy* (Winter 2012 Edition), URL=<http://plato.stanford.edu/archives/win2012/entries/dualism/>. 关于对这种观点在《斐多》中是否得到了有效论证的一个捍卫,参见 M. Pakaluk: *Degrees of Separation in the Phaedo*, *Phronesis*, 2003, vol. 48.

而是采取了一种中间性的道路。[①]根据查尔斯，亚里士多德的这种心理物理学路线集中体现在两个方面：一是他对欲望的界定；二是对于身—心联结物的强调。

就第一个方面而言，查尔斯指出，亚里士多德按照某种结合情感与身体反应二者的方式来定义欲望。他援引《论灵魂》第一卷第一章来指出亚里士多德根本上主张灵魂的属性和各种波动都不能与自然的质料（身体）相分离，即使在定义上也是如此。因此，亚里士多德诉诸物理层面的因素来界定欲望，将欲望（尤其是恐惧与愤怒）视作血液的冷却或沸腾。[②]就第二个方面而言，普纽玛致动模型的核心步骤就是使用“天然的普纽玛”来联结灵魂（欲望）部分和身体部分。根据前文所述，普纽玛的扩张和收缩导致身体行动。而按照查尔斯的解释，关于普纽玛是如何导致行动的，还有两个问题需要进一步澄清。首先，普纽玛可以被看作欲望推动运动的某种“工具”(instrument)，它的运行是为身体和灵魂所共有的，是一个同时在心理和物理层面运作的过程（尽管有时候这种运行可能是不被意识到的）。其次，普纽玛的扩张和收缩也是由热与冷引起，机体内部冷热的变化会导致普纽玛的形状和大小发生改变，进而引发筋腱和骨头的变化，从而导致运动。

然而，正如查尔斯自己承认的，亚里士多德对于普纽玛如何参与界定欲望、如何导致一个具体的行动，并没有给出足够充分的论证。[③]不仅如此，即使我们综合实践三段论和普纽玛模型构建起一个相对完整的行动程序，以下问题仍然需要说明：普纽玛究竟是什么？它和欲望之间的联系和区别何在？它是如何导

① 相关讨论参见：C. Shields: *Soul and Body in Aristotle*; R. Heinaman: *Aristotle and the Mind-Body Problem*; M. Wedin: *Content and Cause in the Aristotelian Mind*，以上均见于文集 L. Gerson: *Aristotle Critical Assessments*, vol. Ⅲ(Psychology and Ethics), Routledge, 1999.

② 参见 *DA*403a18-28，403b17-19。

③ 查尔斯试图诉诸目的来补充亚里士多德对普纽玛运行机制的说明。但是正如前文所指出的，目的—动机模型更适合于说明欲望内部的能量的来源，对于解释普纽玛的问题则并不十分有益。事实上，我怀疑这里存在着一个论证上的循环，因为对身—心联结物的论述要求一个已经重新定义的欲望概念作为前提。根据前文所述，这样一个欲望概念应当具备两个特点：第一，它的内部具有精细的层次，以对应不同种类的外界对象；第二，它和身体或者说质料的部分具有极其紧密的关系。有了这样一种被查尔斯称为“心理物理学”的欲望概念作为基础，亚里士多德就可以较为顺当地论证欲望如何实际地导致动物运动。但是，亚里士多德所采取的方式仅仅是指出普纽玛是一种身—心结合物，进而在欲望和行动之间建立直接的联结。为了解释这个可能的循环，我后面会引入《论呼吸》(*On Respiration*)和托名亚里士多德的《论气息》(*On Breath*)来说明，亚里士多德使用他的（或者同时代的）生物学著作，对于普纽玛在什么意义上可作为身心结合物，以及它是如何联结欲望和行动的给出了一个说明。不仅如此，早期希腊哲学家（例如阿那克西美尼）的观点无疑为亚里士多德在这里使用普纽玛作为基本联结物的思想奠定了基础，澄清二者之间的联系有助于我们更好地说明亚里士多德对于普纽玛的构想。不过这将是另一篇论文的内容。

致机体发生运动的？在此，我试图从两个方面来补充亚里士多德对普纽玛的说明，以此来捍卫查尔斯对亚里士多德提出的心理物理学解释。我将首先根据亚里士多德的生物学论著《论呼吸》来说明他对欲望（甚至灵魂）的定义确实在根本上诉诸生物学层面的解释。其次，我将提出一个初步的思路来试着回应关于普纽玛的质疑。

首先，正如查尔斯指出的，亚里士多德主要是从物理学和生物学的层面来说明生物体的生命原理和运动机制，并在这个基础上讨论动物的情感活动以及灵魂各部分的功能与运行。就此而言，他的《论呼吸》等生物学著作为此提供了经验基础。《论呼吸》将动物的生命基础归结于肺和心，心脏提供血液和热并由此为生命和灵魂的存在提供基础，但是过度的热反而会导致生物体的耗竭和死亡，因此肺（或者鳃）就通过呼吸来造成冷却，使得生物体在心脏和肺协作造成的收缩与扩张、发热和冷却的协调变化中持续生存并活动。[①]由此可见，在最根本的层面上，动物会自动地去寻求使机体保持恰当温度的外部条件，例如空气和水，而热的鼓动和冷的收缩驱使它们本能地趋利避害，追求一切有益于机体生存的事物，躲避那些可能对生命造成威胁的环境，并通过呼吸来完成身体与环境之间的相互作用。完成这些行动不需要更高层面的灵魂感知与意识。相比之下，情感和意识活动则主要通过灵魂当中的欲望部分来完成。[②]

其次，如何解释普纽玛一直是比较困难的问题，其难点大致如下：第一，如何理解并设想普纽玛？如果普纽玛是气，那么它和空气有什么差别？来源何在？第二，如果像查尔斯所说的，欲望推动普纽玛发生改变，将之作为工具再进一步引起肢体的运动，那这就意味着欲望能够推动某种实体发生活动。既然如此，亚里士多德为什么不直接论证欲望可以推动机体的某个内在组织进而导致活动？为什么还需要“普纽玛”这样一个中间环节？按照查尔斯的观点，之所以会产生这样的难题，恰恰说明我们仍然是从一种笛卡尔式的二元论角度来理解和思考普纽玛，将之看作一种弥合身与心的设施或者手段。也就是说，如果我们彻底地持有一种心理物理学的思路，关于普纽玛的问题就不会以上述方式出现。

---

① 参见《论呼吸》，474a25-474b25，476a10，478a12-35。

② 如前文所述，亚里士多德的欲望概念本身就从质料的层面获得了最基础的定义和说明。对此有一个很明确的论述：“愤怒本质上是结合了质料的，因为它的形式是一个结合着质料的形式：这形式即被理解为在这种物理过程中、在本质上与质料相结合”。而欲望在生理功能和心理感受这两个层面就同时具有了原初的能量。由此可见，认为亚里士多德仅仅解释了愤怒和恐惧这两种欲望的物理层面基础，从而无法建立对整个欲望部分的有效概括，这种批评是不充分的。到现在为止，我们至少可以看到，欲望的较为基础的部分（欲求和意气）都可以在物理层面上通过生物体的热与冷来加以界定。

必须承认，查尔斯为亚里士多德所做的这个辩护是不充分的。如果普纽玛在欲望导致行动的过程中确实是在现实层面和解释层面都有效的关键因素，那么我们就必须尝试对它的性质和活动原理提出更细致的说明。鉴于亚里士多德本人对普纽玛的说明并不充分，那么，对于托名亚里士多德的伪作《论气息》加以考察或许是有益的。这篇文献对普纽玛有如下说明：第一，普纽玛并非来自外部的营养或空气，而是由于身体内部变热而产生。第二，它是一种气息，但是比空气更精细和纯净。第三，普纽玛遍布全身，身体器官乃至皮肤、肌肉都具有内在的孔道，普纽玛通过这些孔道在周身运行流通。第四，普纽玛推动运动的开始部分在于筋腱，而非骨头。如果上述说明有其可取之处（且不管是不是亚里士多德本人做出的），那么我们就可以看到，亚里士多德在《论动物的运动》中提出普纽玛作为实在的、关键性的联结物并诉诸它来说明动物身体的整个运动如何发生，就不像表面上看起来的那样神秘或缺少科学根据。普纽玛可以被认为是某种遍布动物身体内部的气态存在物，随着血液沸腾（尤其是心脏周边）而产生的热量而扩张，随着肺部呼吸导致的冷却而收缩。当这种不停扩张和收缩的气息随着身体各个部分的孔道进入循环的时候，在正常情况下，它就按照某种节律（例如心跳或呼吸）对身体的活动进行调节，而这部分活动往往是不为动物所意识的。当动物受到外部出现或内心想象的某种形象的刺激而本能地发生回应时，随着呼吸和心跳的改变，欲望和普纽玛就会发生相应的改变，动物就会随之做出相应的行动。由此可见，如果从这个层次来解释普纽玛，那么查尔斯采取的心理物理学阐释路线确实具有一定的根据，动物（或者说人类行动者）从心理到生理的整个活动机制也就在亚里士多德的思想系统内部获得了一个牢靠且顺当的解释。

然而，这里仍然可能招致两方面的批评：一方面，从形而上学的层面来看，如果我们强调亚里士多德在根本上是一个本质主义者，主张形式赋予质料以现实性，灵魂作为类似形式的存在而赋予身体以现实性，那么即使我们承认欲望—普纽玛导致运动的作用具有物理基础，我们也依然可以得出结论说，亚里士多德采取的是一种“自上而下”的身心观——尽管它可能在很弱的意义上是二元的。[①] 另一方面，从经验研究的角度来看，如何证明普纽玛是实体而不是某种神秘的存在物，这依然存在问题。考虑到近代以来的科学和医学发展已经为我们勾勒出

① 参见曹青云：《亚里士多德的灵魂观与当代功能主义》，载《世界哲学》2015 年第 2 期。

一幅迥异于亚里士多德所描述的动物活动的心理—生理学图景①。因此,无论是采取“自上而下”还是“自下而上”的思路,亚里士多德的欲望致动模型似乎都陷于一种尴尬的境地,在解释的能力和可信性两方面似乎都不具有优越性。

尽管如此,我们依然有两个方面的理由来支持查尔斯针对亚里士多德所提出的这种心理物理学的解释思路,并由此而更加重视对亚里士多德的灵魂理论及欲望致动模型的研究。第一个方面的理由就在于身—心二元的思考模式长久以来在某些道德心理学层面的问题上对我们形成了阻碍,例如人类的本质、人类认识能力的优越性与局限性、不能自制(意志软弱)是否可能等。如果我们依然采取柏拉图、笛卡儿的传统框架来审视这些最基本的哲学问题,难免会陷于某种两难境地,而这样的代价无论对于理论模型还是道德关注而言都过分巨大。第二个方面的理由则出于某种实际的伦理关切,也就是说,面对人类自身理性与欲望之间的矛盾和冲突问题,即使我们在理性和欲望各自的部分不断做出精细的划分(例如在理性的部分划分出决定或意志,在欲望的部分区分出理性欲望,等等),即使我们通过构造联结物和连动机制来弥合这两个部分,我们都会在一个最根本的问题上捉襟见肘,即在导致一个实际行动的方面,究竟是理性还是欲望更具有实际效力?而这一理论层面的尴尬处境会直接影响到很多实际的问题,例如如何理解并规定个人和共同体所追求的最高善?如何实现最高善?如何理解并培养美德?如何在共同体之中规划并推行合理的道德教育方案?等等。考虑到这两个方面的因素,我们或许可以认为,充分地重视并努力合理地解释亚里士多德在他的生物学和灵魂论部分对于动物(以及人类)的欲望和行动模型,尤其是尝试着发展一种突破传统二元论思路的解释路径,对于解决道德心理学领域的基本难题和一系列应用问题来说都具有重要意义。

参考文献

[1] NUSSBAUM M. Aristotle's De Motu Animalium[M]. Princeton: Princeton University Press, 1978.

[2] ROSS W D. Aristotelis De Anima[M]. New York: Oxford University Press, 1956.

[3] BARNES J. The Complete Works of Aristotle[M]. Princeton: Princeton University

① 事实上,亚里士多德的致动模型的局限为我们提供了一个很好的提问契机,即在神经科学研究极大发展的今天,我们能够推荐什么样的思路、诉诸何种更具科学性的概念来解决亚里士多德试图解决的问题?心理层面和生理层面是如何发生联结并有效运作的?这个问题值得科学家和哲学家(就像亚里士多德所说的自然哲学家和辩证学家,见 *DA*403a30-403b5)共同努力探讨。

Press，1984.
[4] 苗力田.亚里士多德全集:第三卷[M].秦典华,译.北京：中国人民大学出版社，1992.
[5] GOTTLIEB P. The Practical Syllogism[C]//KRAUT R. The Blackwell Guide to Aristotle's Nicomachean Ethics. Oxford：Blackwell，2006.
[6] 陈玮.亚里士多德论人类欲望的三种形式及其统一[J].道德与文明,2011(3):68-73.
[7] 汪子嵩,等.希腊哲学史:第一卷 [M].北京:人民出版社，1997.
[8] 基尔克,等.前苏格拉底哲学家：原文精选的批评史[M].聂敏里,译.上海:华东师范大学出版社，2014.
[9] CHARLES D. Desire in Action：Aristotle's Move[A]// PAKALUK M，PEARSON G. Moral Psychology and Human Action in Aristotle. New York：Oxford，2011.
[10] SEDLEY D，LONG A. Meno and Phaedo[M]. New York：Cambridge University Press，2010.
[11]ROBINSON H. Dualism[EB/OL].（2012-11-20）[2015-01-16]. http://plato. stanford. edu/ archives/win2012/entries/dualism/.
[12]PAKALUK M. Degrees of Separation in the Phaedo[J]. Phronesis，2003,48(2).
[13] SHIELDS C. Soul and Body in Aristotle [A]//GERSON L. Aristotle Critical Assessments：vol. Ⅲ（Psychology and Ethics）. New York：Routledge，1999.
[14] HEINAMAN R. Aristotle and the Mind-Body Problem[A]// GERSON L. Aristotle Critical Assessments：vol. Ⅲ（Psychology and Ethics）. New York：Routledge，1999：32-49.
[15]WEDIN M. Content and Cause in the Aristotelian Mind[A]// GERSON L. Aristotle Critical Assessments：vol. Ⅲ（Psychology and Ethics）. New York：Routledge，1999.
[16] 曹青云.亚里士多德的灵魂观与当代功能主义[J],世界哲学，2015(2).

人与自然关系的社会生成[①]

——历史唯物主义的视角

鲁明川[②]

【摘　要】世界不是“既成事物的集合体”，而是“过程的集合体”，人与自然也并不是孤立的存在，二者在人类社会活动过程中相互联系、相互作用并最终相互生成。当我们讨论生态问题中人与自然关系时，讨论的是社会属性的人与被人类活动打上社会关系烙印第二自然的关系，而不是人类中心主义或非人类中心主义所认为的“自然是人的一部分”或“人是自然的一部分”的外在“主奴式”包含关系。脱离人与自然的内在生成联系以及人与人的现实整体社会关系，孤立而空洞地争论“人的主体优先”和“自然价值至上”的人与自然问题，将永远无法找到妥善处理人与自然之间矛盾冲突的正确出路。

【关键词】生态；社会关系；生成；历史唯物主义

人与自然关系问题一直是理论界关注的热点话题，尤其是20世纪50年代以来，面对日益严重的全球性生态危机，理论界对这一问题进行热烈的讨论和广泛的研究，形成了诸多思潮流派，人类中心主义与非人类中心主义是其中最突出的两大代表。

一、人与自然关系：人类中心主义与非人类中心主义的争论焦点

人类该如何走出生态困境？人类中心主义与非人类中心主义就此展开了激烈的争论，虽然不同的历史时期，双方争论的形式和内容有所不同，但争论始终

---

① 本文系教育部人文社会科学研究青年项目“《资本论》生态哲学思想与中国特色社会主义生态文明建设”(13YJC710034)阶段研究成果。

② 鲁明川，浙江金融职业学院副教授，主要从事生态伦理研究。

围绕人与自然关系的焦点展开。

在人类中心主义看来，自然是人的一部分，无论世界的本原是物质还是精神，人始终是这种本原建构的世界的中心，人是“绝对的主人”，这是人类中心主义本体论意义的最直接表达；从价值论层面而言，人类中心主义认为，无论是自然存在物还是社会存在物，人的利益满足始终是这些“物”存在的意义，人是“绝对的尺度”；从认识论层面而言，人类中心主义主张无论是唯物主义还是唯心主义，人的认识能力始终是万事万物是非曲直的判断标准，人是“绝对的智慧”。概言之，人类中心主义坚信人类是万事万物的中心，只有人类才具有内在价值，其他任何非人存在物都只有工具价值，其核心要义就是“一切以人为中心，或一切以人为尺度，为人的利益服务，一切从人的利益出发”[①]。从古希腊的“人是万物的尺度”到中世纪的“人为神存在，万物为人而存在”、近代的“人为自然立法”，以及现代的“人是自然的管理者和改造者”，人类中心主义关于人与自然关系的历史图景在我们面前渐次清晰明朗，在这一历史演进过程中，人的主体意识不断被激活、人的主体地位不断被提高，科学技术“工具理性”不断被高扬，人在自然和神面前逐渐站立起来，人充分利用自然“为我所用”，促进近代科学技术的发展和工业社会的繁荣。但是，单向度地强调人的主体地位，将自然视为被征服和控制的对象，自然“仅仅在于为人类提供一个无足轻重的栖息地”[②]，原先整体的自然，在人的欲望与科学技术“合力”座架下，不断被肢解成满足人的需求和利益增殖的资源碎片，人的无限性需求与自然的有限性供给之间的矛盾冲突愈演愈烈。

面对高歌猛进、盛行其下的人类中心主义，非人类中心主义主张从自然出发，反思人类的行为，极力反对人对自然的主导和支配，认为人是自然的一部分，地球上万事万物是一个整体的生态系统，人和其他存在物都是这个整体生态系统的构成要素，自然以及自然界的生物都拥有客观的内在价值，人并不优于其他任何生物，没有凌驾自然、宰割其他生物的权利，人对自然以及其他生物负有道德义务。正是由于人对自然的征服和掠夺，才导致了生态危机的加剧。为此，解决生态危机根本出路是摒弃人类中心主义思想，回归自然，确立非人类中心主义思想，代表性的思想流派有动物权利主义、生物中心主义和生态中心主义。非人类中心主义将价值扩展到了极限，赋予整个自然界道德和价值的意义，从生态整体主义的角度去对自然进行更多的道德关怀，进而正确处理人与自然的关系。这

① 余谋昌：《走出人类中心主义》，载《自然辩证法研究》1994 年第 7 期。

② 程倩春：《敬畏自然——论生态文明的自然观基础》，载《自然辩证法研究》2014 年第 3 期。

为克服人类中心主义、革新人们传统的生态理念以及后来环境保护政策的制定和完善提供了必要的理论依据。但是,单一化地强调自然的内在价值以及人与自然的同一性,面对日趋复杂的社会问题,人类为何而存在、人类社会因何而发展以及生态危机解决的目的论意义等问题成了非人类中心主义无法解答的难题。

二、人与自然的现实:社会属性的人与第二自然

当我们讨论人与自然关系问题时,我们所讨论的"人"是何种意义上的人?所讨论的"自然"又是何种意义上的自然?这是首先必须厘清的基本问题。

一般而言,人和自然都具有二重性。自人类社会诞生以来,人类"在以自己的本质力量即生产劳动改造和利用自然界的时候,就在对自然界的关系上具有了二重性"①。人的二重性指的是人的自然性和人的社会性,人的本质属性在其社会性,这一观点马克思在《关于费尔巴哈的提纲》中有经典表述:"人的本质不是单个人所固有的抽象物,在其现实性上,它是一切社会关系的总和。"②人是一种社会关系存在物,人的全部活动在理论逻辑上都应该是社会活动,在社会生产和生活过程中,人不断与他人进行社会交往,并在社会交往中通过他人来确认自身的社会存在,离开了社会,离开了社会活动,人的社会关系将无法产生,人也因此失去了存在可能。"个体是社会存在物。因此,他的生命表现,即使不采取共同的、同他人一起完成的生命表现这种直接形式,也是社会生活的表现和确证。"③人的存在首要属性和基本前提是与他人建立的社会关系。把握人的本质,既不能把人归结于一种普遍的本质,也不能简单理解成孤立的自我,而是从社会关系的视角去把握具体个人的存在,人在社会关系中存在,这也是人与其他动物区别的重要内容,正如马克思所言,动物根本就没有什么"关系","凡是有某种关系存在的地方,这种关系都是为我而存在的,动物不对什么东西发生'关系',而且根本没有'关系';对于动物来说,它对他物的关系不是作为关系存在的。"④离开社会、离开关系,讨论人的本质问题,不过是抽象意义上的一种"思想体操",不可能洞悉到人的全面本质,也不可能觅到解决与人相关的各种社会问

① 李崇富:《马克思主义生态观及其现实意义》,载《湖南社会科学》2011年第1期。

② [德]马克思、恩格斯:《马克思恩格斯文集》(第1卷),人民出版社2009年版,第505页。

③ 同上,第188页。

④ 同上,第533页。

题的正确方法路径。

自然的二重性意指自然的先在性和现实性，先在性指的是自然先于人类存在的天然性质，即原始性；现实性指的是自然由于人类活动而产生的后天属性，即社会性。根据自然的二重性，我们将先于人类存在的自然称作原始自然或第一自然，将受到人类活动影响、与人类社会密切相关的自然称作人化自然或第二自然。随着人类认识和实践能力的不断提高，第一自然的原始性以及对人的异己性渐渐地被人类消除，失去了自然的自在性和外在性，成为与人类社会生活密切相关的现实的第二自然。自从人类社会产生以后，自然作为人类生产、生活的物质基础和活动对象，被纳入到了人的社会实践范围，从此自然就被深深地打上了人类社会实践活动的烙印，自然的历史和人类社会的历史便融为一体。人的出现以及人类社会实践活动的进行，改变自然的原始性，第二自然就此产生并随着人类社会的发展而不断发生变化，自然由于人的活动成了与人紧密相连的自然，成了社会历史性的自然，体现出明显的社会性，在人类社会的不同发展阶段，自然具有不同的表现形式，人类的实践不断地改变着第二自然，正如马克思指出的那样："大家知道，樱桃树和几乎所有的果树一样，只是在几个世纪以前由于商业才移植到我们这个地区。"①人的社会实践，使"樱桃树"不再是"固定不动的天然果树"，它具有能被人类利用的丰厚商业价值，并且可以进行跨区域移植，至此"樱桃树"被深深印上了"人的痕迹"。随着人类社会实践活动的深入，第一自然的"自然而然"状态将不断被打破，自然的"人工化"程度不断提高，第二自然日益普遍，"人类所进行的全部活动就是使自然界人化的活动，其面对着的作为活动结果的自然界，就是人化了的即被人类活动所作用的自然界。"②从某种意义上讲，自然的人化史就是人类文明史，"文明就是第二自然"③。

在论及人与自然关系问题时，马克思曾批判费尔巴哈人与自然观念的非现实性，这种"先于人类历史而存在的那个自然界，不是费尔巴哈生活于其中的自然界；这是除去在澳洲新出现的一些珊瑚岛以外今天在任何地方都不再存在的、因而对于费尔巴哈来说也是不存在的自然界"④。马克思向来反对抽象的、非实践的、非历史地看待自然，那种孤立地理解的、被固定与人分离的自然，对人来说就是无。离开社会的人奢谈原始自然，不过是一种"无反思"的朴素实在论。

---

① ［德］马克思、恩格斯：《马克思恩格斯文集》（第1卷），人民出版社2009年版，第528页。

② 王丹：《马克思主义生态自然观研究》，大连海事大学出版社2014年版，第41页。

③ ［日］汤川秀树：《人类的创造》，那日苏译，河北科技出版社2010年版，第5页。

④ 同①，第530页。

当然,作为自然属性的人也不断与自然发生各种联系,但这种生物学或生理学意义上的人与自然的关系不足以引致生态危机的出现。社会现实中人与自然的关系受到社会中人与人之间关系的制约。第二自然是"在人类社会的生产过程中形成的自然界",是"真正的、人类学的自然界"。[①] 在马克思看来,自然—人—社会构成了一个彼此关联的关系系统,系统的客观辩证法决定了我们考察自然时候不能脱离人和人类社会,在考察人和人类社会时也不能脱离自然。马克思所讨论的人与自然的关系,绝不是抽象的个人与原始的"自在自然"关系,也不是单个人与人化自然的关系,而是社会现实中的整体的人与现实自然的关系,即社会属性的人与第二自然的关系。

毫无疑问,生态问题是随着人类社会不断发展的社会化产物,讨论生态问题中的人与自然的关系必然要放置到人类社会历史或现实背景下,无论是人类中心主义和非人类中心主义争论的生态伦理问题还是人们一般意义上谈及的生态问题,其涉及的人与自然本质上是社会属性的人与打上人类社会关系烙印的第二自然。

三、人与自然关系的社会生成

人与自然的社会现实意味着人与自然的关系与社会紧密相连,人与自然关系的建立与变化离不开社会,在社会中生成。正如马克思所言:"在人类历史中即在人类社会的形成过程中生成的自然界,是人的现实的自然界。"[②]

(一)人类社会的形成:人与自然现实关系得以建立的历史前提

马克思指出,"全部人类历史的第一个前提无疑是有生命的个人的存在。因此,第一个需要确认的事实就是这些个人的肉体组织以及由此产生的个人对其他自然的关系。"[③]人的出现和人类社会的形成,是人与自然之间建立现实关系的历史前提。人与自然的关系只有在人与人的社会生产和生活中才有其现实性,"只有在社会中,自然界才是人自己的合乎人性的存在的基础,才是人的现实的生活要素。"[④]离开社会,人与自然就成了孤立的存在,按照马克思的观点,这

---

① [德]马克思、恩格斯:《马克思恩格斯文集》(第1卷),人民出版社2009年版,第196页。

② 同上,第193页。

③ 同上,第519页。

④ 同上,第187页。

种孤立的存在就是“非存在物”,就是“无”,人与自然关系在“非存在物”和“无”的状态中就失去了产生和形成的现实可能。马克思恩格斯认为,人类只有结成社会关系,并且“只有在这些社会联系和社会关系的范围内,才会有他们对自然界的影响”[①]。人的生存方式与其他动物的生存方式存在根本性差异,人是有意识的自觉的动物,会通过改变自然的活动,改善自己同自然的关系,进而获取或创造更好的生存条件,而其他动物只能被动的适应自然而获取生存。除此之外,人“不仅是一种合群的动物,而且是只有在社会中才能独立的动物”[②]。离开了社会,人与其他动物无异。在人类社会产生之前,人与自然的关系同其他动物与自然的关系没什么区别,都是单向度的对自然的依存关系,人的社会性尚未形成,真正的人与自然的关系也因此尚未形成。人类社会形成后,人与自然产生了复杂的互动关系,将人与自然的关系同动物与自然的关系区别开来,自然界在人的社会活动中逐渐“涌现”出来,最终成了真正的自然界。离开了人类社会,人的自身已经不再是完整意义上的存在,自然也无法成为人的活动对象,依然是一种“异人”的存在,无法建立起人与自然的现实联系,人与自然关系的谈论也就成了一种妄谈。

(二)“自然史”与“人类史”的统一:人与自然关系随社会发展变化而变化

马克思主义历史观认为,世界主要存在两种社会关系:一是人与人的社会关系,二是人与自然的生态关系。“生命的生产,无论是通过劳动而生产自己的生命,还是通过生育而生产他人的生命,就立即表现为双重关系:一方面是自然关系,另一方面是社会关系。”[③]在现实世界中,这两种关系是相互联系、相互作用的,是不可分割的。“历史可以从两个方面来考察,可以把它划分为自然史和人类史。但这两方面是不可分割的;只要有人的存在,自然史和人类史就彼此相互制约。”[④]马克思把“人与自然的关系”和“人与人的关系”视为人类面临的两大基本问题,是“两大变革”的历史任务,“我们这个世纪面临的大转变,即人类与自然的和解以及人类本身的和解”[⑤]。因此,我们在认识人与自然关系的时候,不能割裂“自然史”同“人类史”的联系,将人与自然关系孤立化、静止化,而是应该把

---

① [德]马克思、恩格斯:《马克思恩格斯文集》(第1卷),人民出版社2009年版,第724页。

② [德]马克思、恩格斯:《马克思恩格斯文集》(第8卷),人民出版社2009年版,第6页。

③ 同①,第532页。

④ 同①,第516页。

⑤ 同①,第63页。

人与自然的关系放到人与人的社会关系以及人类活动的历史进程中加以考察和理解。只有这样,人与自热的和解以及人与人的和解才能真正实现。

纵观人类社会历史进程,可以发现,人与自然的关系随着人类社会的发展而不断发生变化。“人类通过改造自然界的实践活动给自然界打上了人的烙印,将自己的本质对象化给自然界,使自然界是人的作品和人的现实,成为表现人本质的对象。”①人与自然的关系是人类实践过程中创造的人与人社会关系的映射,人们在自己创造的社会关系中不断赋予人与自然的关系以属于人的意义。人对自然的特定关系是受社会形态制约,不同的社会形态和社会制度,人与人的社会关系也不同。正如马克思所言:“自然界的人的本质只有对社会的人来说才是存在的;因为只有在社会中,自然界对人来说才是人与人联系的纽带,才是他为别人的存在和别人为他的存在……只有在社会中,人的自然的存在对他来说才是人的合乎人性的存在,并且自然界对他来说才成为人。”②在刀耕火种的原始社会和奴隶社会里,社会生产力极度不发达,社会生产力主要表现为自然生产力,人类劳动的对象是天然的植物和动物,还不存在现代意义的社会分工与合作,人类文明还处于“丛林文明”发展阶段,人与人之间的社会关系十分简单,群居式生活关系和主奴式生产关系是这一时期最主要的社会关系。生产力不发达以及社会关系的简单,使得人们只是从自我生存和繁衍的角度去认识自然,对自然的利用十分有限,人们对自然满是崇拜,“自然界起初是作为一种完全异己的、有无限威力的和不可制服的力量与人们对立的,人们同自然界的关系完全像动物同自然界的关系一样,人们就像牲畜一样慑服于自然界。”③早期人类社会中人与人的简单化交往以及低级化的社会生产生成了人与自然关系的原始和谐。当人类社会进入农耕社会后,随着人类生产实践的发展,人们掌握了农作物自然生长规律,对自然的认识能力进一步提高,人们开始常态化地利用已有的自然力并尝试改造已有的自然力,社会生产力有了较大发展,人类停下“游荡”的脚步,开始了定居生活,土地和草原成了人类劳动的主要对象,人类进入了“土地文明”时期,土地成了财富的来源,成了社会地位的象征,成了影响人们社会关系的决定性因素,根据占有土地的多寡形成了农耕社会特有的家族式等级制社会关系,人们开始疯狂地占有土地。但是,此时人们对土地以及自然的利用还严格遵循“天然的

① 曹孟勤:《人是与自然界的本质统一——质疑“人是自然的一部分”和“自然是人的一部分”》,载《自然辩证法研究》2006年第9期。

② [德]马克思、恩格斯:《马克思恩格斯文集》(第1卷),人民出版社2009年版,第187页。

③ 同上,第534页。

原则”，土地沙化和水土流失仍然还是有限的，没有破坏自然系统的自净能力和恢复能力，农耕社会中有限的人与人交往以及初级性的社会生产生成了相对和谐的人与自然关系。近代以来，人与自然关系随着人与人社会关系的日益异化，发生了本质断裂。尤其是人类社会进入资本主义社会后，但凡市场有需求的原材料都可以成为人类劳动的对象，人类进入了“市场文明”时期，人们在利益最大化原则的驱使下，人与人之间的社会关系不断地被物质量化，价值通约主义盛行，物化的社会关系支配了人与自然的关系，人与自然之间的物质代谢不断出现难以弥合的“裂缝”，导致了生态危机的频发。工业社会和后工业社会中物向化的人与人交往以及集聚化的社会生产最终生成了紧张冲突的人与自然关系。

人与自然关系的变化演进在人类生产活动的历史进程中进行，人与自然关系的历史演变，反映了人类文明形态的历史变迁。从这个意义上讲，一部文明形态史实际就是一部人与自然的关系史。

（三）人与自然关系的实质：人与人的关系

自人类社会诞生以来，人与自然之间一直存在着双向互动关系。人与自然是相互创造、相互生成的现实过程，正如马克思所言：“人创造环境，同样，环境也创造人。”[①]自然界并非是外在于人的存在，人与自然之间是一种对象性关系，而不是简单的“改造与被改造、征服与被征服”的二元对立关系，也不是单一的“人是自然的一部分”或“自然是人的一部分”的外在包含关系，二者是一种互为对象、互生互融的有机统一关系。“人与自然的关系，不是静态消极的‘主客二分’，不是外在二分的孤立定在，不是主体构造、征服、利用客体，而是自我主体与对象主体之间积极的双向选择与生成过程，是主体间的交往、对话、共在关系。”[②]人与自然的背后总隐藏着人与人的社会关系，人与自然的关系反映并折射人与人的关系，人与自然的关系受到人与人的关系的规约，我们可以通过人与人的关系来认识和分析人与自然的关系，“地球的表面、气候、植物界、动物界以及人本身都发生了无限的变化，并且这一切都是由于人的活动”[③]，人类在劳动实践中不断将自身的本质力量作用于自然，影响和改变自然的外在形态和内在性质，表面上看，人类的这种实践活动产生的是人与自然的关系，深层实质却是社会化中人与人关系在人与自然上的折射。

---

① ［德］马克思、恩格斯：《马克思恩格斯文集》（第1卷），人民出版社2009年版，第545页。

② 崔永和：《走向后现代的环境伦理》，人民出版社2011年版，第27页。

③ ［德］马克思、恩格斯：《马克思恩格斯选集》（第3卷），人民出版社2012年版，第922页。

当我们谈及生态危机中的人与自然关系时，此时的人与自然都不是一种先在的或既成的存在，而是一种具体的、现实的社会特殊存在。“当我们提出人与自然的关系时，实际上把人定义为社会关系的总和，把自然定义为人的对象性存在，从而把人与自然的关系纳入到人与人的关系之中。”[①]人与自然关系是社会进程中人与人社会关系的现实写照，人与自然的紧张与冲突关系实质上是人与人的社会关系不协调。因此，只有从人与人之间的社会关系出发，才能找到妥善处理人与自然之间矛盾冲突的正确出路。

四、人类中心主义与非人类中心主义错误的根源：人与自然关系同人与人社会关系的脱离

既然人与自然的关系只有在人类社会中才能生成，那么，我们讨论人与自然关系就不能脱离人类社会，脱离人类社会中的人与人社会关系，否则，人与自然就成了互相独立的“无”，人与自然关系也就无从谈起。而人类中心主义和非人类中心主义却撇开人与自然以及人与人的相互关系，抽象地强调“绝对的人”和“纯粹的自然”，究其原因，是由其思想背后的世界观和方法论所致。

（一）两种唯物主义

一般而言，我们在讨论世界观和方法论问题时，都会谈及两种截然不同的唯物主义即旧唯物主义和新唯物主义。

旧唯物主义肇始于英国，特别是牛顿力学取得伟大胜利之后，以英法为代表的唯物主义成了世界主流思潮，后来德国出现了人本主义唯物主义。虽然二者关注的中心问题有所不同，英法唯物主义关注的是“发现和解释自然界”，并且将自然界的规律移植到人类社会并用以解释人类社会现象；费尔巴哈的人本主义唯物主义关注的是“发现和解释人与宗教的关系”，把宗教还原到人，再把人还原到自然界；但本质都是形而上学唯物主义，统称旧唯物主义。这种唯物主义把世界看成“既成事物的集合体”，认为世界由一个个孤立存在事物加总而成，因而通过理性和经验对世界不断进行“祛魅”，从而可以得到一个纯粹客观的物质世界及其规律，世界成了具有固有性质的“自我存在”。这种“存在者”的哲学，对复杂的世界万物进行了简化处理，使之明晰化和固定化，有力地促进了人们对“存在

---

① 傅华：《生态伦理学探究》，华夏出版社2002年版，第85页。

世界”的“物性”把握和近代自然科学的发展。但是这种唯物主义有个根本性的缺点，就是只“直观”到了外在的物质世界，没有看到事物之间的彼此联系，面对那些相互作用生成并不断发展的事物，就失去了基本的解释能力。在解释人与自然关系的时候，这种旧唯物主义“推崇作为自然的自然，而不懂得历史的自然，即处于一定历史进程和文化环境并打上了人的烙印的自然；它们也不懂得自然的历史，不懂得自然界由于人的参与而发生的变化。它们把自然与人的活动分离开来，一边是自然，一边是人，采取的是人与自然二元化的原则。它们坚持唯物主义，但陷入了形而上学”①。

新唯物主义又称实践唯物主义，由马克思创立，他指出了旧唯物主义“客体世界观”的根本缺陷，“从前的一切唯物主义（包括费尔巴哈的唯物主义）的主要缺点是：对对象、现实、感性，只是从客体的或者直观的形式去理解，而不是把它们当做感性的人的活动，当做实践去理解，不是从主体方面去理解。”②马克思认为世界是“过程的集合体”，事物不是孤立的存在，事物在人类的实践活动中发生联系并不断生成。这一观点，恩格斯在《路德维希·费尔巴哈和德国古典哲学的终结》一文中进行过详细论述：“世界不是既成事物的集合体，而是过程的集合体，其中各个似乎稳定的事物同它们在我们的头脑中的思想映像即概念一样都处于生成和灭亡的不断变化中。”③世界上事物不是一个个孤立的个体，每个事物都作用于另外一个事物，事物总体上处于不断的生成和灭亡的过程。人类社会实践活动打破了世界万物各自的孤立封闭状态，彼此通过对方来实现与表达自身的存在。在人与自然问题上，人类通过实践活动，把人的意志和本质力量通过自然事物实现和表达出来，使人类制造出的劳动产物成为人的作品与人的现实。同理，自然界通过人类实践活动将自身渗透到人的生命中，表现为人的生命的物质的和精神的材料，展示自身的存在。人类在实践活动中通过物与物的关系来实现人的生命的内在联系：“在我个人的生命表现中，我直接创造了你的生命表现，因而在我个人的活动中，我直接证实和实现了我的真正的本质，即我的人的本质，我的社会的本质。”④新唯物主义从实践出发，由人与物质的“实践关系”推导出物质世界各事物存在“内在联系”并在“内在联系过程”中生成，确立了世界是“事物间内在联系的集合体”，开辟了人类正确认识世界的新道路。

---

① 陈先达：《马克思对人与自然关系的实践把握》，载《高校社会科学》1989年第5期。
② ［德］马克思、恩格斯：《马克思恩格斯文集》（第1卷），人民出版社2009年版，第499页。
③ ［德］马克思、恩格斯：《马克思恩格斯文集》（第4卷），人民出版社2009年版，第298页。
④ ［德］马克思、恩格斯：《马克思恩格斯全集》（第42卷），人民出版社1979年版，第37页。

(二)人类中心主义与非人类中心主义错误的根源

人类中心主义与非人类中心主义孤立地对人或自然进行“祛魅”,这一方法路径实质上是形而上学旧唯物主义路径,“因为它把真正现实的物质世界的生动多彩的存在形态祛除掉了,把事物本身性质的运动变化的丰富性祛除掉了,把人与世界的不可分割的内在联系祛除掉了,只剩下用归纳与演绎的概念体系所网罗的机械物质世界。”①将人与自然割裂开来,单向地从人的立场或自然强调人的重要性或者自然的重要性,将人与自然视为非此即彼的对立,使人与自然出现“存在性的断层”,这种机械的二元论的思维方式是形而上学方法论的典型表现。人类中心主义抛开人与自然的内在联系,不是从现实社会生活找寻人与自然、人与人冲突的根源,而是从抽象的人性诸如“爱”“心灵”“欲望”“意志”出发,盲目扩大人的主体地位和意识能动作用,认为人的本性是整个自然界的镜子,自然界通过人性找到自己的原像。以“自然是一种物体”和“自然是一面镜子”为由,不断征服和改造自然,将自然消灭在人的活动范围以内或人的意识里。“对于这种充盈着‘拟人论渣滓’的‘形而上学改了装的、同人分离的自然’和被‘自然立了法’的人”②,人类中心主义对自然的理解坚持的主客二分的“笛卡儿范式”,将自然看成孤立、僵死的“单元”,主张人类理性,不断对自然进行“祛魅”,从而实现人彻底地征服和控制自然,人类中心主义的极端发展,最终会逐渐蜕变成了个体主义,“‘人类’这一抽象性范畴也不再具有实质性内涵,而成了原子化的个人以工具理性这样一把利剑征服和控制自然界的‘挡箭牌’”③。这一思想主张不仅无法妥善解决人与自然的矛盾,而且甚至会进一步加剧人与自然的冲突。

非人类中心主义主张自然的内在价值,人须回归自然,将人视为自然的一部分,把人的本质简单归结于人的自然性,消解人的主动性、意识性以及人与自然的内在联系,只看到“自然界作用于人,只是自然条件到处决定人的历史发展,它忘记了人也反作用于自然界,改变自然界,为自己创造新的生存条件”④。这实际上抛开了一切现实的社会历史前提,只看到自然的先在性,没看到人对自然的社会作用,割裂了人与自然的社会联系,此种语境下的自然也就丧失了现实性和生命力,成了一种形而上学的虚构和幻象,自然成了“敌视人”或“仇视人”的存

---

① 鲁品越:《深层生成论:自然科学的新哲学境界》,人民出版社2011年版,第33页。

② 李勇强、孙道进:《马克思生态批判的双重维度及其现代启示》,《马克思主义研究》2014年第9期。

③ 张彭松:《人类中心主义的现代性心态及其哲学反思》,载《理论导刊》2011年第9期。

④ [德]马克思、恩格斯:《马克思恩格斯文集》(第4卷),人民出版社2009年版,第483页。

在。按照我们一般的定义，自然观是人们关于自然的总的看法和根本观点，人的“介入”是自然观的题中之意。非人类中心主义将人排除在自然之外，将自然理解成“纯粹的荒野”和“直观的感性”，这种“自然”已不再是自然观视野下的自然，而是一种“作为存在者的存在”。这种观点如果说是唯物主义的话，那么与马克思所批判的“从前的唯物主义”无异，是一种典型的“人学空场”的“见物不见人”的唯物主义。将人与其他生物“等量齐观”，否定了人的社会存在，也是对人类历史的贬折与否定。非人类中心主义离开处于“自然关系与社会关系”这“双重关系”中现实的人的现实生活，囿于“生态律令”的柔性“英雄主义”，对于大量残害和践踏自然的行为却束手无策，只停留在彼岸世界的“伦理主义批判”，一方面使解决生态危机失去了根本意义；另一方面也不可能真正解决生态危机问题，并且还会导致人的生存、社会的发展等一系列新的问题的出现，将人倒退到自然动物的水平之上，使人无所作为，与人类进化和发展规律背道而驰，单纯的“节制”与“保护”，无法从根本上解决自然资源的有限性与人类需求的无限性之间的矛盾。

总之，脱离人与人的社会关系来讨论人与自然的关系，是人类中心主义和非人类中心主义的根本缺陷。无论是以人为中心还是以自然为中心，都是从割裂人与自然内在社会联系、抽象人性论的视角来建构人与自然之间的“主奴关系”。在处理人与自然关系问题时，“要么高扬科技理性，诉诸暴力，野蛮伤害自然；要么诅咒现代文明，消极无为，幻想彻底回荒野，既不能真正解决当前人与自然之间的矛盾和对立，也无法帮助人类真正走出目前的发展困境”①。现实世界中，人与自然统一于人类的社会实践，彼此关系社会生成，人与自然关系的现实是社会属性的人与印上“人的痕迹”的第二自然的关系，二者是一种对象性存在关系，而不是简单的“人奴役自然”或“自然奴役人”的非此即彼“主奴关系”。人类中心主义和非人类中心主义撇开人与自然的内在生成联系以及人与人的现实整体社会关系，孤立而空洞地争论“人的主体优先”和“自然价值至上”的人与自然问题，这是机械唯物主义的典型表现，这决定了双方的争论自然就是一场伪争论，也注定是一场永无出路的争论。

① 王喜平、韩志顺：《探索人与自然的契合之“度”》，载《科学技术哲学研究》2013年第5期。

中国社会转型中知识分子的困境与突围*

李梦云① 周学堂②

【摘 要】在当今中国的社会转型中，以经济为中心的辐射力量全面而深刻地改变着人们的生活。在这一时期，整个社会重心倾向经济，价值标准和取向亦日趋多元化，知识分子遭遇到专业化、体制化、边缘化和官僚化的困境。在市场经济大潮的冲击及功利主义的影响下，责任使命的背弃、批判精神的衰弱、道德人格的缺失等成为知识分子精神式微的主要表现。重建知识分子精神，寻求知识分子全面突围的路径，有着极为重要的价值和意义。

【关键词】知识分子；困境；精神式微；突围路径

知识分子是一个极为特殊的社会群体，在社会建设中起着举足轻重的作用。在中国，如果说士人缔造了传统社会，知识分子则缔造了现代中国。在“以天下国家为己任”的责任感和使命感的感召下，在“为天地立心，为生民立命，为往圣继绝学，为万世开太平”的精神坐标的吸引下，历代知识分子背负着理想与信念砥砺前行。20 世纪 80 年代以来，随着改革开放力度的加大，以经济为中心的辐射力量全面而深刻地改变着人们的生活，中国进入新的社会转型期。在这一时期，整个社会重心由政治向经济转变，价值标准和取向亦日趋多元化，知识分子遭遇到专业化、体制化、边缘化和官僚化的困境，他们的公共话语空间被侵袭，在市场经济大潮的冲击及功利主义的影响下，价值层面的缺席、理想主义的消解、对善与美的淡漠、批判精神的弱化等成为知识分子精神式微的主要表现。如何突破知识分子当前所处的困境，探寻突围的路径，是一个极为重要而紧迫的课题。

---

* 本文系 2013 年度教育部人文社会科学研究青年基金项目(13YJC710018)，2015 年度浙江省社科联一般项目(2015N100)。

① 李梦云，浙江工商大学马克思主义学院副教授，主要从事文化建设与社会发展研究。

② 周学堂，浙江工商大学杭州商学院讲师，主要从事文化管理学研究。

一、中国社会转型中知识分子面临的挑战

20 世纪 90 年代以后，伴随着市场经济的不断发展，人们的思想文化和价值观念都发生了前所未有的巨大变化。在这一时期，由于外在环境和知识结构的变化，知识分子面临许多新的挑战，主要表现在以下四个方面。

（一）知识分子专业化与公共情怀的淡化

随着社会的不断进步，人类知识快速更新，知识总量飞速增长，精力有限的知识分子难以应付庞杂的知识整体，只能选择性地去应付其中某一专门学科。因此，专门化的发展趋势在所难免。知识的专门化对于推动知识的深化发展具有重要的意义。恩格斯曾在《反杜林论》中肯定地指出，正是对自然界分门别类的研究使西方自然科学从 15 世纪到 19 世纪取得了巨大的进步。不过，恩格斯也指出了这种分门别类的专门化方法所造成的后果，即孤立地、静止地看待自然界中的各种事物和过程及现象与本质，造成思维上的对立。

正如恩格斯所言，伴随着知识的专门化，知识分子抛弃了总体性联系和整体视角的公共关怀，逐渐蜕变为驯服的专业人士。如福柯在 1968 年的学生运动后感叹：知识分子东躲西藏，他们钻进了狭隘的领域里做起了专家，在自己狭小的研究领域里似乎无所不知，但是一旦走出其专业领域，他们就立刻变成了无知者，即奥尔特加·加塞特所指称的“有知识的无知者”。专业化在中国知识分子身上也表现得非常明显，商业化大潮的冲击，功利主义和工具理性大规模侵入学界，有力地诱惑着知识分子在体制内部谋求个人发展，大批学人放弃了公共关怀而成为某个领域的专家，但是他们只是技术性专家，少有能超越专业领域追求知识分子的人文关怀。诚如萨义德所言，当今时代的知识分子专业化程度越来越高，这导致了他们无法从更高和更广阔的视野来反思已有的知识体系，只能在传统知识体系框架内做一些修补工作。他们丧失了创新的能力，成了知识储备库和可以被电脑芯片取代的教授。当代知识分子已经越来越不能被称为知识分子，而只不过是一名有一技之长的学者，而非知识博雅的通人。

（二）知识分子体制化与独立性的缺失

20 世纪 90 年代以后，中国的知识体制越来越趋向健全，尤其是进入 90 年代后期的高校体制改革阶段，中国的学术体制化特别凸显了政府的主导作用，在政府和市场的双重作用下表现出极强的趋利性及烦琐的数量化管理特征。可以

说，这一场针对知识分子的体制变革，其推动者不是知识界，而是政府与市场。因为掺杂了过多的非学术动机，这场借助政府的直接参与和大量资金投入的学术体制化，其最终目标并不是培育学术场域的独立和自治，而是成了操纵学术、控制知识分子的手段。①

经过高校体制改革，各大高校都制定了十分复杂的学术评估、奖励及资助体制，并投入了大量的资金。但其目的却是高校领导通过看起来蔚为壮观的“学术GDP”来提升其政绩，为跻身所谓“强校”“名校”铺平道路。这种片面追求数量和直接效果的学术体制严重违背了学术研究的自身规律，把学术量化的标准推进到了极为荒唐的程度。正因如此，20 世纪 90 年代以后，中国学术界出现了前所未有的浮躁之风。对发表论文数量的量化考核迫使知识分子越来越忙碌和焦躁，而逐渐失去了知识分子应有的优雅与从容，也没了长期积累、认真思考、细心揣摩的时间和心态。尽管学术成果日益丰富，但学术质量却呈现下降趋势，有见地的思想和著作越来越难觅踪迹。另一方面，在学术成果高产量的背后，这种学院内部的知识体制实际生产的不是一种批判的、公共的知识，而只是一种专业的、技术化的知识。在这种体制的挤压和引导下，知识分子日益局部化、专业化和学院化，专业知识分子取代了公共知识分子，他们逐渐失去了与社会之间的联系，知识分子的独立性和公共性也渐趋消失。

(三)边缘化与知识分子理想主义的淡却

在中国传统社会和五四时期，作为四民之首的“士”和启蒙先锋的五四知识分子有着令人敬畏的文化权威和影响力，他们也一直居于社会的中心。在中国 20 世纪 80 年代的新启蒙运动中，知识分子还在热烈的讨论，为中国未来的发展群策群力。但到了 20 世纪 90 年代，中国知识分子被再次边缘化。在邓小平 1992 年南方谈话之后，中国经济驶入快速发展的轨道，此时“以经济建设为中心”不再只是一种口号或舆论话语，而是实实在在的行动。全民关注的核心目标从政治和意识形态话语转向 GDP 和人民物质生活水平的提高。一个量化指标的时代、米袋子和菜篮子的时代宣告来临。中国社会逐渐向以市场为导向的经济社会过渡，曾经的“政治与意识形态”的社会中心被经济中心所取代，于是知识分子在社会意义上也就被彻底边缘化了。如果说 20 世纪 50 年代到 70 年代中国知识分子的边缘化还是在政治层面的话，这次的边缘化则深入到社会意义层面。

---

① 陶东风:《新时期 30 年中国知识分子的沉浮》，载《探索与争鸣》2008 年第 3 期。

伴随着经济化浪潮而来的还有拜金主义、功利主义、现实主义等。经济理性的觉醒、物欲主义的泛滥使人们更为关注自己的钱包和现实的生活,理想精神层面的诉求似乎成了发痴时的臆想,他们更满足于物质的享受,把全部精力集中于经济的发展,而不再追求各种理想。在逐利的市场经济时代,知识分子不再占据社会舞台的中央,他们被适应新的市场社会和消费社会的千万富翁、暴发户、演艺明星、技术官僚、科技人员所占领。曾经把握启蒙主动权的知识分子如今变成了社会夹缝中微不足道和孤立无援的"边缘人"。后现代的崛起则让知识分子陷入更深的困境。中国还在艰难追寻现代化的过程中,福柯和利奥塔的理论宣告着后现代社会的来临。在后现代的多元而破碎的语境中,"宏大叙事"被解构,权威被瓦解,当知识分子存在的合法性饱受质疑,知识分子被边缘化的命运也就在所难免了。[①]

(四)官僚化与知识分子饱受质疑

在功利主义和工具理性的侵袭下,不甘于被边缘化的知识分子,转而从体制内谋求另一种发展的空间,即官僚化。曾经的"学而优则仕"是几千年文人士大夫一直追求的目标,对于当今处于边缘性尴尬境地的知识分子,这样的追求似乎也无可非议。但今天知识分子的官僚化却出现了异化,这种异化表现在知识分子入仕以后却依然霸占学术领地空间,这使得知识分子公共空间的压缩在所难免。

在今天的知识时代,"学而优则仕"本是好事,学之优至少为"仕"积累了一定的知识储备。但在今天专业分工如此细化的情形之下,"学"与"仕"很难兼得,一心一意,才能做好各自的事情。而且知识分子的公共关怀,要求知识分子具备独立判断的能力和勇气,拥有独立发挥的空间,这让知识分子和"官"具有不相容性,如同在中国历史上作为学统的"道"与作为政统的"势"相互对立一样。入仕就得为政统服务,维护统治阶层的统治和社会稳定是他们仕途上升的必然作为,这对今天官僚阶层也是如此。为官有为官之道,这与做知识分子完全不同。行政官僚系统实行首长负责制,下级官员服从多数意见和上级指示。许多知识分子踏入仕途之后,就会受到官场文化的影响,丧失探究科学真理和独立判断的能力,上级领导的指示和喜好成为影响其政治倾向的重要因素。这时他们可以做好官,但却很难做好知识分子。然而当今现实的情况是,这些官僚依然占据着学者的头衔,甚至享有很高的学术地位而成为学阀、学霸。而且当知识分子官僚化

---

① 许纪霖:《中国知识分子十论》,复旦大学出版社 2008 年版,第 5 页。

之后，赢者通吃的情况出现，中国的官本位在此表现得淋漓尽致。入“仕”以后，即便学不“优”，但由于他们掌握了丰富的社会资源，并利用这些资源摇身一变成为学科带头人或者学术评审委员，在拿课题、发文章方面往往比“学优”而“未仕”者要容易得多。因此，在这种社会背景下，越来越多的知识分子意欲入仕以从中分一杯羹，同时变得急功近利、趋炎附势，知识分子的责任和使命被抛到了九霄云外。官本位思想的存在严重影响了学术的正常发展，权力、资本、学术的结合使学者变成了官僚，学衔在支配资源方面具有了类似官衔的特权，也按照官阶划分等级，这完全违背了学术自身的发展规律，知识分子就这样官僚化了。

从上述四个方面我们可以看到，原来意义上的知识分子遭遇重大挑战，专业化和体制化把知识分子改造为丧失公共关怀的技术型专家；边缘化则消解了知识分子的中心话语，使他们在茫茫人海中越来越难以发出自己的声音；官僚化的自救行为更让知识分子饱受质疑。

二、中国社会转型中知识分子精神的式微

知识分子面临的一系列挑战也在很大程度上造成了知识分子的缺位。人们大声地质问：知识分子都到哪里去了？知识分子死亡了吗？利奥塔甚至写出了“知识分子坟墓”的绝句。这些问题其实是伴随着知识分子精神的式微而产生的。曾经作为精神象征的知识分子在当今时代日益远去。弗兰克·富里迪说当今的知识分子已经从“强大的主人公”变成了“迷失的灵魂”。“政治上的冷漠，思想上的被动，对社会事务毫不在意，更关心经济保障，全部精力都放在个人保障之上”①，这些曾经用来描绘英国20世纪50年代被称为“沉默一代”的年轻人的词语，拿来用在今天的知识分子身上，似乎一点都不为过。在世俗主义、功利主义、消费主义、享乐主义的影响下，知识分子的精神也发生了蜕变。

(一)责任使命的背弃

社会学家科塞曾指出，知识分子是为理念而生的人，他们总是力图超越眼前的具体事情以深入到更具普遍性的意义和价值之中，表现出对于公平、正义、道德等普遍性价值的执着关怀。中国的知识分子也一直在朝这个方面努力，并曾有过不俗的表现。但进入20世纪90年代，中国市场经济的飞速发展所带来的

① [英]弗兰克·富里迪：《知识分子都到哪里去了》，戴从容译，江苏人民出版社2005年版，第24页。

社会巨变,对知识分子造成了猛烈的冲击。在物欲横流的现代商业社会,知识分子的生存处境和社会尊严受到世俗的严峻挑战,他们被迅速地边缘化。经济的困窘、权势的压力直接而具体,在经历痛苦的挣扎以后,他们放下了知识分子的清高,或投身商海,或通过知识换取财富寻求各种赚钱的机会。实利原则、功利主义取代了原先的理想主义与英雄主义;知识分子的精英意识被市民意识取代,房子、车子、票子等日常生活的琐碎代替了过去的宏大历史;"独立人格"缺失的痛楚也没有了过去史诗般的意义。在经历了尴尬、困惑、落寞、痛苦和焦灼的精神境地以后,知识分子沉重起身,面对整个社会的逐利浪潮,他们也毅然加入了这个行列,而曾坐在思想和价值层面主席台前的知识分子于是成了缺席者。

班达认为,知识分子应该是身背十字架的一群人,他们承担着巨大的责任与使命,致力于超越的价值活动,守护着人性中极为珍贵的价值与尊严,坚守着正义与道德。他曾对他所处时期的知识分子向罪恶妥协、向权贵献媚、放弃传统的价值操守、背弃自身的价值判断,予以激烈的批判,并称之为知识分子的背叛。与班达所批判的一样,今天中国的知识分子也背叛了自己应担负的责任和使命。20世纪90年代中后期随着经济结构的调整和社会利益的重新分化,知识精英成为继经济精英后的又一重要获利者。在贫富差距不断拉大,公平和正义在赢者通吃的时代被无情践踏时,人们对知识分子的良知充满期待。但现实的情况是:原本应成为公众利益代言人的知识分子,此时却成了集团利益的代言人,工人和农民的利益被迅速边缘化。知识分子背弃了应该坚守的价值和道德的使命,在权力与资本的双重压力和诱惑面前,放弃了自己的自由意志和思想追求。①

(二)批判精神的衰弱

"批判精神是知识分子的本质,是知识分子精神的最高境界,是判断知识分子与非知识分子的基本依据,因此知识界一直把批判精神视为其理想性格。"②萨义德曾非常直白地表述,知识分子是"特立独行的人,能向权势说真话的人,耿直、雄辩、极为勇敢及愤怒的人,对他而言,不管世间权势如何庞大、壮观,都是可以批评、直截了当地责难的"③。霍夫斯塔特认为,作为一个阶层,一个单独的政治力量,知识分子这个词本身就是以其政治上和道德上的异议为特征的。然而,

① 杨军:《重建知识分子精神》,载《南风窗》2007年第2期。

② 李梦云:《中国梦背景下知识分子精神的建构》,载《浙江学刊》2014年第3期。

③ [以]爱德华·W.萨义德:《知识分子论》,上海三联书店2002年版,第25页。

在利益复杂纷争的当代社会，作为知识分子与生俱来的品质，其批判精神却在不断衰弱。西方思想家甚至感叹：真正有独立思想，具有批判精神，为社会未来发展呕心沥血的知识分子几乎已经绝迹。真正的知识分子在逐渐消亡，知识分子的批判精神也在不断淡化。

这种情况在 20 世纪 90 年代后的中国知识分子中也在不断上演。随着知识分子的专业化、体制化和官僚化，体制内的种种限制束缚了知识分子的批判空间，专业化的技术主义倾向则让知识分子彻底淹没在技术上的细枝末节里而丢失了社会批判精神。为了不显得太政治化和具有争议性而影响自己的上升空间，为了不破坏团结、不逾越公认的范式以获得体制内的资助，为了促销自己以让自己具有市场，为了维护本集团或者自身的利益，等等，知识分子由崇高向世俗迅速下滑，知识分子的批判精神也迅速弱化。①

（三）道德人格的缺失

中国是一个礼仪之邦，有着非常丰富的道德传统。以儒家为代表的传统文化中设立了诸多的道德范畴和评价准则，用以激励和规范人们道德人格的建立，从容中道的谦谦君子即是儒者的首推。这些传统也潜移默化地影响了一代又一代士人和知识分子。人们对五四全盘反传统浪潮的误读，以及在“文化大革命”中对士人与知识分子传统的抛弃与否认，失去精神家园的知识分子也随之被动地抛离了曾经的道德理想与责任意识。在经历了 20 世纪 80 年代短暂的知识分子的春天后，受 20 世纪 90 年代市场经济蓬勃发展的影响，商业文化迅速崛起，经济实利主义和效率至上的原则成为社会价值判断的主要标准，拜金主义、享乐主义、实用主义、利己主义等市场经济的负面效应不断侵袭人民大众的思想，传统道德、价值观念受到无情的冲击，整个社会的道德迅速滑坡。

当市场的价值原则被愈来愈多的普通大众所认同和推崇，体面的知识分子身份日益在金钱面前失去了价值，没有坚固的价值理念的知识分子容易坠入迷茫，陷于人格坚守与跻身世俗的两难境地中，部分缺少道德自律和崇高信念的知识分子也会日益陷入利益至上、物质主义、享乐主义中来。随着利益、效率、交换日益成为主导价值体系时，一些原本固守传统文化价值立场的知识分子在饱受现实的折磨时，开始自觉或不自觉地调整自己的人格姿态，渐渐放弃了崇高和伟大的道德理想，回归到现实物质生活中来，以谋求个人的富足生活，而传统知识分子身上应有的道义和责任则逐渐被遗忘。正如美国学者苏珊·桑塔格所言：

---

① 李梦云：《中国梦背景下知识分子精神的建构》，载《浙江学刊》2014 年第 3 期。

这些知识分子对以物质为核心的价值体系由最初的不适应、痛苦挣扎，到逐渐认可、习以为常，实现了价值取向的重大转移。至此，在物质利益的驱使和不良社会环境的影响下，知识分子背离其责任使命与道德操守，在权力与金钱的双重压制下常常会脱离了现实和人民的真正需要，丢弃其“公众代言人”的身份，成为某些利益集团的代言人，或者沦落为维护特权使者。知识分子道德缺失的负面案例成为各大报纸的重要组成部分，如教授抄袭、嫖娼、心理失衡扭曲以及权钱交易、贪污受贿等，道德人格的缺失将知识分子再次推向风口浪尖成为被人们批判的焦点。

三、中国社会转型中知识分子的突围

当神圣的光环被祛除，道德宝座被推翻，理想主义被消解，知识分子陷入了与工具理性的不断抗衡之中，他们史无前例地忙碌又史无前例地焦虑，苦苦寻找自己的精神家园，却无所皈依。面对存在的种种问题及中国社会改革的艰难时刻，在实现中华民族伟大复兴中国梦的时代背景下，是知识分子突破重围重新承担起时代和社会赋予的责任和使命的时候了。

（一）精神突围：重建知识分子精神

当代知识分子在专业化、体制化、官僚化的包裹之下，批判声音渐趋微弱；面对消费主义和实利主义的包围，他们逐渐失去了问题意识，学术研究的公共性和现实性日益淡化，知识分子一词不再具有精神价值，是时候深刻反思了。邹韬奋曾经说过，一个国家可以腐败，但这个国家的知识分子却不可以腐败，知识界的精神腐败是真正可怕的。面对知识分子当前的困境及精神式微的现状，重建知识分子精神成为极为紧迫的课题。

1. 知识分子道德人格的重塑

当前，我国社会各类管理政策的制定都离不开具有专业背景的知识精英的参与，他们的专业知识、社会责任感、道德良知直接决定着各类政策和决策的公共利益。但是知识分子在参与社会公共政策的制定时经常面对权力和资本的诱惑甚至强权的压制，要在公共利益的分配上保持中立和平衡，仅仅依靠丰富的知识和经验是不够的，他们还必须有参与社会的勇气、责任感和使命感，而这些都与知识分子良好的道德品质紧密相连。但是当前我国知识分子道德下滑情况较为严重，知识分子要走出困境，突破重围首先需要知识分子自身的道德重建。这一方面需要知识分子在深刻的理性和高远理想的基础上秉持高度的道德自觉，突破一己一派的樊篱，维护社会的公平正义。另一方面，在社会主义市场经济的今天，知识分子的道德重建应当将道德价值与功利价值相结合，建立并完善好知识分子良好道德形成和保持的保护机制。不要将知识分子的合理需求作为道德的对立面，必须明白，知识分子也是人，他们不是苦行僧和清教徒，他们也需要养家糊口，不能只苛求知识分子苦守清冷的精神家园而为生计哀号。

2.知识分子批判精神的重建

知识分子必须始终保持其批判性的本质。当然，这种批判精神应该是科学而理性的。为此，知识分子必须经受历史的考验，勇于担当社会责任，敢于发言，敢于创造，敢于斗争。尽管当前知识分子所处的环境，一定程度遏制了其独立人格的伸展，削弱了其批判精神，甚至让我们产生无力感，但这并不意味着知识分子可以毫无作为。如萨义德所说，知识分子可以从业余和边缘的角度来提出中心的议题，并担负起从旁监督政府的责任。真正的知识分子不应该仅仅是心系其职的教授、专家，更应是处江湖之远的赤子。宠辱不惊、浩然正气、特立独行，这才是知识分子所应达到的境界。与此同时，要知识分子保持独立人格，更好地发挥其社会作用及批判功能，必须给知识分子自由发挥的空间环境和制度保障。正如钱穆所说："政治上层，乃至全社会必须尊重自己的知识分子，让他们去自由研究，并随时预备接受他们之指导。而我们的知识分子也该自尊自重和自省，以达自觉自发的阶段，才可有真的救民族救国家的新政治之出现。"①

(二)全面突围:优雅社会的构建

政治体制的完善是一个极其漫长的过程，它需要在实践中不断地修改与完善，作为具有高深知识与反思完善能力的知识分子在这个过程中应当是面向未来的批判者和"敲钟人"，他们所竭力维持和追求的不仅仅纯粹是学理的价值，更有精神的追求和人类社会的终极理想。但在呼吁知识分子的精神重建中，依然感到某种不足。因为人是社会的人，如果没有良好的社会环境和循环互动，单靠知识分子单枪匹马的精神层面的呐喊，远远不够。就如人活着有两个层面，一个是为了生存而活，一个是为了活着的价值而活。作为形而上价值的创造者、引领者和维护者，知识分子应该更多的是为价值而活。但在当今这个物质价值不断凸显，精神价值却相对缺失的时代，知识分子很多时候就失去了自身的选择权，

① 钱穆:《国史新论·中国知识分子》，上海三联书店2001年版，第134页。

而不得不背弃理想，被生活的洪流携裹着向前，造成这样的结果就是整个社会的问题。如柏杨的酱缸文化所喻，一个洁白的中国人如果待在一个黑色的酱缸里久了，他也就自然而然地变黑了。

因此，除了知识分子的努力，我们还要从整个社会的构建角度，以寻求全面的突围。这把突围的钥匙就是：优雅社会的构建。这里所说的优雅社会不是一种社会形态，而是一种社会状态，主要包括两个方面的基本内容：一是作为社会主体的个人的“优雅”，这体现在人的日常活动与精神状态上，如举止的文明优雅、内心精神的充盈完满等；二是社会呈现的“优雅”，表现为民众自由、富有尊严、公平公正、文明道德、适度悠闲等。总体说来，优雅社会是一种建立在较为丰富的物质基础上，人的各种需要得到比较充分的满足，人的各种才能得到自由的发挥，人的素养得到不断的熏陶和涵育，以幸福、尊严、自由、平等、公正、道德等为其基本特征的丰满社会。尽管这个理想社会的实现还有很长的路要走，但在中国的综合国力不断增强和全面建设小康社会的背景下，这个目标将日益靠近我们。关键是我们社会中的每一个人都要有优雅的理念，我们的体制和制度也要更加体现这种尊严和优雅。只有在一个优雅的社会中，知识分子的责任、使命、担当和优雅才有更好的培植土壤和环境，不然单靠精神层面的呐喊是远远不够的。

公民正义实践形式探索[①]

刘晓璐[②]

【摘　要】守法、不服从与良心拒绝都是公民正义实践的重要表现形式。在一个良序社会中，公民通过守法的方式践行正义，守法作为公民正义实践的正面表现形式，有一个关键性的前提，即社会制度是正义的，它作为公民的一项自然义务与严格的服从相联系。但现实的情况要复杂得多，通常，社会制度整体上是正义的，但我们还会面临个别不正义的社会现象，此刻，作为公民正义实践反面举措的公民不服从与良心拒绝便显得尤为重要了。但需要注意的是，公民不服从需要特定的制度与主体条件，而当下，我国由于缺乏宪政传统，不具备公民不服从的制度与主体条件。因此，还不适宜鼓励与提倡公民不服从。但仅就理论而言，一旦我国法治制度成熟，公民具备现代群体主义的正义感，那么，面对非正义时，公民不服从便成了公民践行正义的重要表现形式。

【关键词】公民；正义实践；公民不服从

决定人行为自由与否的因素有两个：一是制度文明的程度，二是个人自身的道德状况。“道德行为选择的自由基于人的道德存在和道德直觉，而且只有在人的道德存在和道德直觉中，才会有真正的自由，才会赋予人的行为以真正的自由。”[③]公民的正义实践深受个体道德自由与社会制度正义程度双重影响。一方面，在道德自由状态下，公民的正义实践表现为个体对正义原则本身的稳定信守与深刻信仰，公民会通过严格服从的方式来进行正义实践活动。另一方面，制度文明程度对人的道德行为自由程度也有重大影响，社会制度正义的程度影响着公民的正义行为实践。理论上讲，在社会制度整体正义背景下，守法作为公民的

---

① 本文系浙江省一流学科“马克思主义理论”建设项目。

② 刘晓璐，中共浙江省委党校哲学教研部讲师，主要从事政治伦理研究。

③ 张康之：《制度文明与道德行为自由——论政治文明和人的道德存在与人的行为之间的关系》，载《社会科学》2013 年第 10 期。

一项自然义务，是公民践行正义的重要方式。当社会制度整体正义，仍存在个别重大且不正义现象时，公民不服从与良心拒绝便成为公民正义实践的重要表现形式。可见，在一个社会制度正义的境况中，公民的正义实践既可以表现为服从，也可以表现为不服从。当然，二者都是有条件的，超越了一定限度，服从也可能是不正义的，而不服从则可能转变为暴动，失去了正义。可见，服从与不服从都是公民践行正义的重要方式。

一、守法是公民践行正义的正面途径

麦金泰尔从词源学的角度考察正义概念得知，正义的含义有两种：一种是就个人的美德而言，指的是"给每个人以应得的"，即优秀善的正义；另一种是有效善的正义，指的是遵守社会秩序与规则，换言之，守法即正义。正义的第一层含义揭示了正义的实质，第二层含义为人们提供了践行正义的最直接途径，如果说后者体现了正义实践的现实性，那么前者则体现了正义实践的现实性与理想性的统一，它不仅实现了人对现实的超越，更体现为引领人们为实现应得的正义这一崇高理想而奋斗。

公民为什么要守法？柏拉图这样解释道："城邦给予每个公民平等的一份利益，无论是生命、给养、教育，还是应有的权利。一个人成年以后，便能够认清国家行政和法律条文。如果他们对此不满意，可以携带自己的财物去往中意的地方，或去殖民地，或移居外邦。凡是居留在城邦的人们，事实上就是和法律订立了合同，表面他们情愿服从城邦的法令。那些不服从的人便犯了三重罪，即不服从父母、不服从教养恩人、不遵守契约。"①在柏拉图看来，法作为反映公民集体意志的公共契约，守法是每个公民的义务与责任，只有人人守法才能真正实现城邦的公平正义。

在现代民主法治社会，法作为公共意志的表达与体现，守法仍是公民践行正义的最佳途径和最有效方式。换言之，当社会制度整体是正义时，守法是公民的一项自然义务，更是公民正义实践的重要方式。原因在于，本质上讲，每个公民有服从正义宪法的自然义务。根据罗尔斯的观点，自然义务是一种绝对的无条件的义务，它与社会制度没有必然联系，也与个人的自愿无关。"换言之，它是作为一个人自然而然就赋有的义务，而不管他处在什么制度之下，不管他愿不愿意

① ［古希腊］柏拉图：《游叙弗伦苏格拉底的申辩克力同》，严群译，商务印书馆 1983 年版，第 109 页。

履行。”[①]公民之所以有服从正义宪法的自然义务，根本上，是因为政治事务中不完善的程序正义的存在。罗尔斯以正义的宪法作为一种不完善的程序正义的例子予以说明。正义宪法的目的是确保一种正义的结果，但立宪过程不能确保制定的法律是完全正义的。同时，立宪过程通常要实行多数裁决制，而多数人的选择有可能仍是错误的，但只要不正义的法律不超过一定限度，我们仍有服从宪法和多数裁决制的义务。之所以要服从正义宪法，是因为我们信任并赞同多数裁决制规则。但需注意，服从一种不正义法律的前提是无论如何，不正义政策导致的困苦都不应太重。此外，公民服从一种不正义法律的自然义务也是对制度缺陷的一种恰当认可。因此，在以宪法正义为基础的现代民主法治社会中，社会制度的正义要求每个公民都有维护并促进社会制度正义的自然义务。此外，从社会公共善的角度考虑，公民作为社会实践活动的主体，有义务支持与遵守现行的法律法规。因为，现行的法律、制度通过保障良序社会的正常运行，旨在实现社会公共善的最大化。可见，守法体现着公民个体对法律、制度的尊重，更重要的是它能保障社会公共善的实现。因此，守法是公民践行正义的最佳有效途径。

二、公民不服从是公民正义实践的反面举措

以上我们探讨守法即正义有一个重要的理论前提，即社会制度是正义的，公民的自然义务是与严格服从的假定相联系的，是一种理想的理论。亦即，理想状态下，公民可以通过履行职责和秉持自然的义务原则实践正义。但现实的情况要复杂得多，通常，建立在对公民自由、平等权利尊重与保护基础上的现代民主法治型国家，社会制度整体是正义的，但生活于其中的公民仍会遭遇个别的不正义，我们内心坚守的正义信念偶尔会与现实社会的法律规范存在着不相一致，甚至冲突。在此背景下，公民该如何践行正义？亦即，当政治制度整体正义，个人面对一种不正义的现象时，个人应该如何行为？究竟是服从内心的道德原则还是屈服于政治权威？由此引申出来公民正义实践的另一种特殊途径——公民不服从。

罗尔斯将“公民不服从定义为一种公开的、非暴力的、既是按照良心的又是政治性的对抗法律的行为，其目的通常是为了使政府的法律或政策发生一种改

① 何怀宏编：《西方公民不服从传统》，吉林人民出版社2001年版，第3页。

变”[①]。换言之，公民不服从指的是在现代民主法治社会中，公民承认整个现存法律秩序的合法性，但基于内在的道德良知，他们通过诉诸大多数人的正义感以公开、非暴力的方式对某一具体法律条款表示异议，“借以变革不正义的法律和政治制度，旨在维护公民平等、自由的政治权利。”[②]可见，公民不服从以立宪政体确立的法治为前提，公民不服从尽管是违法行为，但其实质却“是通过公开、和平以及甘愿受惩罚表达了对法律的忠诚，它诉诸的是民主制度的基本原则和多数人的正义感”[③]。当然，公民不服从作为公民践行正义的特殊途径是有条件的。具体说来，公民不服从的条件包括制度条件、主体性条件、动机与目的，以及行为方式和性质等四方面。

首先，就制度层面讲，公民不服从适用于民主法治社会，是针对个别具体但重大的不正义问题而产生的，宪法承认公民不服从在合作条件下是一种正当合法抵抗。民主政体确保公民与政府之间具有平等对话的可能性，“公民不服从所反对的法律或政策是单一并有针对性的，是在对整个法律体制和政治体制整体上服从的情况下发生的，否则就成为了革命或暴动。”[④]其次，公民不服从的主体是理性发展成熟，“具有现代社群正义感的公民”[⑤]，他们不仅有反抗不正义制度的勇气，更有甘受惩罚的责任意识。此外，他们的人数和活动范围都受到宪法和法律的限制，使得合理的反抗在尊重宪法和法律的范围内活动，以避免众多集团的反抗可能造成破坏正义宪法的结果。再次，公民不服从的动机既不是出于个人的一己之私，更不是为了推翻社会制度，而是要通过诉诸公共的正义感实现社会制度的部分变革，使每个人的自由平等权利都得到尊重与维护，其目的是为了增进与促进共同体公共善。公民们的反抗活动是受理性支配的通过和平方式进行的。换言之，公民不服从的目的是为了促进并实现共同体的公共善。最后，公民不服从在形式上具有政治性、公开性、和平性特征。政治性意味着公民不服从行为受一些政治原则、政治宪法及制度正义原则的支配，对政治权力的反抗，诉诸公共的政治正义观。并且，公民不服从作为政治呼吁的最后的合法手段，“法律纠正手段业已证明无效”[⑥]。公开性指公民不服从通过预先通知的形式向大

---

① [美]约翰·罗尔斯：《正义论》，何怀宏等译，中国社会科学出版社 2009 年版，第 285—286 页。
② 章秀英：《政治哲学视野下的公民不服从》，载《浙江学刊》2008 年第 5 期。
③ 何怀宏编：《西方公民不服从传统》，吉林人民出版社 2001 年版，第 11 页。
④ 关鑫：《论公民不服从——兼论群体性事件的解决思路》，载《河北法学》2010 年第 4 期。
⑤ 章秀英：《政治哲学视野下的公民不服从》，载《浙江学刊》2008 年第 5 期。
⑥ [美]约翰·罗尔斯：《正义论》，何怀宏等译，中国社会科学出版社 2009 年版，第 292 页。

众公开,并公开进行活动。和平性强调公民不服从是在遵守法律的前提下对法律的不服从,并且试图避免暴力。从公民不服从的各方面限制条件与要求可以看出,“公民不服从是一种积极参与政治的公民道德行为。”①它通过诉诸社会群体的正义感以一种公开、和平的方式反对某一不正义的法律法规,旨在促进与完善社会正义制度。因此,公民不服从通过违法的方式旨在实现在更高层面上对法的尊重,纠正社会的不正义。“它并不是出于个人的道德原则和宗教理论,它体现了公民道德的基本精神,最终目的是为了消除恶法恶规,建立和完善正义制度。”②可见,公民不服从非但不是一种恶,在最本质的意义上讲,它体现了公民对正义和真理的渴望,当公民以公开、和平的方式表示对不正义法律的抗议时,“它不仅是一种文明的行动过程,是一种本身就合乎正义的过程,而且整个过程都是围绕着正义展开的,甚至不服从的对手,都没法逃避对正义问题的省思和回应。”③

通常,人们视良心拒绝为公民不服从的狭义形式。“良心拒绝就是或多或少地不服从直接法令或行政命令。”④如果说公民守法是公民践行正义的一般途径,公民不服从是一种特殊途径,那么良心拒绝则是公民践行正义的另一种较为少用的手段。根据罗尔斯的观点,公民不服从处于良心拒绝和合法抗议之间。但与公民不服从不同,良心拒绝不诉诸公共的正义感,是一种个人行为,但仍是一种公开行为。良心拒绝意味着公民对法律和政策的改变不抱有任何期望,不诉诸公共的正义感,是一种公开的个人行为。并且,良心拒绝不一定建立在政治原则上,有可能建立在与政治宪法不相容的道德原则或宗教原则上。无论是公民不服从还是良心拒绝,当他们出现时,都意味着受到社会不公正对待的弱势一方有权利向公共论坛提出申诉的权利,政府不得滥权,尤其是宪政民主制度会承认甚至鼓励这种申诉的正当性。如果说守法是公民践行正义的正面途径,那么公民不服从与良心拒绝则是公民践行正义的反面举措,殊途同归,都是为了促进社会制度的完善,实现社会的稳定。

换言之,公民不服从和良心拒绝都是公民正义实践途径,它们作为制度正义背景下公民践行正义的特例存在,共同彰显着公民对内心固守的正义原则的尊重与维护,加之,公民的不服从与良心拒绝都是有条件的,其终极目的都是为了推动社会制度日益完善与正义。可见,在制度正义大环境下,守法、公民不服从

①②③ 严从根:《公民不服从与公民道德教育》,载《全球教育展望》2010年第11期。

④ [美]约翰·罗尔斯:《正义论》,何怀宏等译,中国社会科学出版社2009年版,第289页。

与良心拒绝是公民正义实践的重要表现形式。

如前所述，由于制度文明程度制约个体道德自由的实现程度。因此，当社会制度严重不正义时，公民就会采用比良心拒绝更激进也更暴力的方式来践行内心的正义原则，即暴力革命。暴力革命是极端情况下，公民为实现道德自由的特殊选择。

当然，在社会制度既不属于严重的不正义，也谈不上正义的特殊时期，那么情况就会复杂得多，如当时代交替与转型时期，旧有的不正义的制度正在被新的完善的制度所取代。在此背景下，公民的正义实践受社会历史条件的制约既有可能表现为暴力革命，也有可能表现为逆来顺受，甚至是公民不服从与良心拒绝。可见，由于成人的正义实践受制度文明程度的制约，尽管个体具有了精神性的道德自由，但现实的物理性存在影响着公民正义实践的多样性与复杂性。

三、中国语境下的公民不服从

以上关于公民不服从的探讨都是从学理上进行的分析，就当下的中国公民而言，守法仍是公民践行正义的主要途径，公民不服从与良心拒绝作为公民践行正义的反面举措，在当前中国是否有其现实合理性？

就公民不服从发生的制度条件来说，民主与法治是公民不服从产生的制度保障。在现代民主法治社会中，公民不服从通过抵制权力滥用不仅能消除社会的不正义，促进法律制度的完善，增进公民自由平等权利；更重要的是，它是实现宪政平衡的重要力量。公民不服从的典型案例就发生在20世纪60年代的美国，数以千计的美国人意识到联邦赋税缺乏合理性，因此他们拒绝缴纳不正义的税款。可见，公民不服从明显的具有西方性特征，而我国历来缺乏宪政传统，尽管我国已确立了依法治国建设法治国家的目标，但当前法治建设依然不够完善，缺乏宪政基础。严格意义上讲，新中国成立后，尤其是改革开放后，我国才真正步入现代法治建设的轨道。而改革开放后的法治建设又先后经历法治恢复与重建（1978—1992）、依法治国基本方略确立（1992—2002）、依法治国、依法执政与依法行政相互推进建设社会主义法治国家（2002年至今）三阶段。[①] 与英美等发达国家相比，我国法治起步晚，法治建设历程短，公民法治意识淡漠的现状决定

① 参看袁曙宏、杨伟东：《我国法治建设三十年回顾与前瞻——关于中国法治历程、作用和发展趋势的思考》，载《中国法学》2009年第1期。

了公民不服从在我国还不具备适宜的制度、主体条件。

主观上，长达两千多年的封建专制传统对人们精神观念、行为习惯的影响是根深蒂固的。在皇权至上的中国封建专制社会，对于社会大众而言，他们有的只是臣民意识，而没有公民意识，国人对待法律的态度更多的具有臣民的特征，而缺乏公民意识。臣民与高度集权的政府之间没有平等对话的可能，“不服从或因极高的代价让人望而生畏，或因不能得到有效解决而走不通。”[①]诚如梁漱溟所说的那样，国人“除了仰脸的横行和低头的顺受横行，再不会事事持自己的意思而又同时顾及别人的意思”[②]。这种臣民特征使得不服从诉诸一种较弱的手段，因为臣民不能、也不想承担权利与义务。换言之，西方有公民不服从的传统，而中国没有。对于由权力滥用导致的社会不正义，中国人历来有两种做法：要么逆来顺受，要么揭竿而起，这主要是因为中国历史上缺乏宪政传统，传统道德教育的目标是培养顺民而非公民。众所周知，“我国传统公民道德教育强调个体要绝对服从自上而下的政策和命令，以及各种法律制度规范，不注重培养儿童自治和政治参与的公民道德精神”[③]。这种教育关注个体道德修养的完善，通过强化臣民的义务意识塑造出来是缺乏权利意识而一味顺从与忍让的顺民，物极必反，一旦臣民承受的压力过大，超过其负荷时，这种顺民也会“在沉默中爆发”，采用阴谋或激进的暴力方式对抗社会的不正义。由此可见，传统道德教育塑造出的臣民在践行正义时很容易走极端，要么一味顺从与忍让，要么进行暴力革命。细数中国历史上的公民不服从事件大抵也不过如此。

可见，我国公民整体上还不具备现代社群主义的正义感，而当前我国公民意识淡漠的现状阻碍着公民不服从实践的发展。

当然，改革开放以来，我国公民意识较之前有了很大提高，尤其是最近几年，公民社会兴起，公民维权意识渐强，但这是否意味着公民不服从就具有现实的合理性呢？对此问题的回答，首先要清楚我国当前法律体系中是否存在与公民不服从相应的制度设施。就当下而言，公民不服从并没有相应的制度保障。在理论上，公民不服从表面看似是一种违法行为，但它仍需要法律制度作保障，而当下我国法律缺少这样的制度保障。“因此，一旦提倡公民不服从，就无法对公民不服从活动（或者运动）进行有效的规制。”[④]此外，我国正处于社会转型期，各种

---

① 关鑫：《论公民不服从——兼论群体性事件的解决思路》，载《河北法学》2010 年第 4 期。

② 张耀杰：《“西方公民不服从的传统”与五四运动》，载《社会科学论坛》2003 年第 7 期。

③ 严从根：《公民不服从与公民道德教育》，载《全球教育展望》2010 年第 11 期。

④ 谢维雁：《公民不服从的宪政意义及其中国语境》，载《浙江学刊》2007 年第 4 期。

社会矛盾与冲突频发，公民不服从一旦获得允许与支持，很容易导致社会的不稳定。显见不争的是，公民不服从除了需要制度保障外，它对主体的要求也是很高的。当下，我国公民对权利意识的诉求较之以往有了很大提高，但这种激增的对权利的诉求很容易导致和平的反抗形式转变为暴力反抗，尽管公民不服从本身不是暴力。由于群体性的公民不服从存在着变成骚乱的潜在危险，“而骚乱就将产生恐惧，恐惧倾向于使良知沉默，虽然它可能很快恢复，但还是变得微弱，容易被暴力的调子压倒。”①

尽管公民不服从在当下还不适宜被提倡和鼓励，但并不意味着它永远没有存在的可能。“当下”不是“永远”，我相信，随着我国综合国力的提升，公民素质的提高，在不久的将来，公民不服从理论的研究得到深化与丰富，法律制度不断完善，那么公民不服从作为公民践行正义的特殊方式一定会得到提倡和支持。之所以如此肯定，是因为公民不服从本质上体现着人类对正义与真理的渴求，而这引导着历史的车轮不断向前发展。

参考文献

[1] 张康之．制度文明与道德行为自由——论政治文明和人的道德存在与人的行为之间的关系[J]．社会科学，2013(10)．

[2] 柏拉图．游叙弗伦苏格拉底的申辩克力同[M]．严群，译．北京：商务印书馆，1983．

[3] 何怀宏．西方公民不服从传统[M]．长春：吉林人民出版社，2001．

[4] 约翰·罗尔斯．正义论[M]．何怀宏，等，译．北京：中国社会科学出版社，2009．

[5] 章秀英．政治哲学视野下的公民不服从[J]．浙江学刊，2008(5)．

[6] 关鑫．论公民不服从——兼论群体性事件的解决思路[J]．河北法学，2010(4)．

[7] 严从根．公民不服从与公民道德教育[J]．全球教育展望，2010(11)．

[8] 袁曙宏，杨伟东．我国法治建设三十年回顾与前瞻——关于中国法治历程、作用和发展趋势的思考[J]．中国法学，2009(1)．

[9] 张耀杰．“西方公民不服从的传统”与五四运动[J]．社会科学论坛，2003(7)．

[10] 谢维雁．公民不服从的宪政意义及其中国语境[J]．浙江学刊，2007(4)．

① 何怀宏编：《西方公民不服从传统》，吉林人民出版社 2001 年版，第 34 页。

政治秩序的伦理意蕴及对国家治理的启示*

——兼谈康德政治哲学

李金鑫①

【摘　要】政治秩序规范和引导人应该怎样生活。随着社会转型的到来，政治秩序失常引发的社会问题逐渐凸显。康德政治哲学为我们理解政治秩序问题提供了学理资源。一方面，政治秩序的伦理内涵是以“公共善”为价值目标，在社会建立自由与秩序相统一的善的等级系统；另一方面，政治秩序范畴的核心在于国家正义，确立权力的公共责任与边界。基于此，我们应该以多元和谐的价值观念推进国家治理现代化，建立并完善法治宪政，以国家与社会协同治理的方式重构治理秩序。

【关键词】政治秩序；伦理意蕴；国家治理；康德

政治秩序是政治哲学的重要问题域，它关系到人在共同体中应该怎样生活。现实政治秩序是政治理念下诸多因素综合作用的结果。对于从传统向现代转型的中国而言，政治秩序问题尤其值得关注。如何建立良好健康的政治秩序，如何使人的权利与尊严在政治秩序中获得实现，有着迫切的现实需要。而厘清政治秩序的伦理意蕴，进而对现实的政治秩序做出理性反思的理论迫切性也就不言而喻。

一、政治秩序的伦理内涵

政治秩序作为人类社会生活中存在的现象，有着自身的伦理价值指向。政

* 本文系国家社科基金重点项目“道德冷漠的道德哲学研究”(12AZX010)的阶段性成果、杭州市哲学社会科学规划常规性项目“康德法哲学视域下的公民权利问题研究”(Z15JC127)的阶段性成果。

① 李金鑫，浙江财经大学伦理研究所讲师，主要从事康德伦理思想研究。

治秩序应该表达人们对“公共善”的追求，并依此展开政治公共事务。尽管对政治秩序问题的思考由来已久，但因为立场、偏好、时代等不同因素的影响，人们对政治秩序的理解亦各不相同。从古希腊哲人们以不同的视角探讨城邦的公共生活到当代哲人们对政治制度架构的哲学反思等，均已直接或间接地涉及政治秩序问题。

康德身处启蒙时代，这也是德国政治哲学尤其是国家哲学形成的时代。在康德政治哲学思想中，政治秩序应该体现人的主体性精神和自由权利主张。其至少包含两重含义：一方面是作为应该体现“善理念”的政治秩序，它的权力来源与划分必须遵循实践理性的先天法则。这是与纯粹理性相符合的理想的政治秩序。另一方面是实存的政治秩序，它承担着人类潜在的自我救赎的义务，是政治事务运动变化中的秩序。它可以被理解为现实政治规范、政治体系之下形成的有序的社会政治生活状态。

虽然康德没有直接给出政治秩序的定义，但是他以先验哲学的方式将政治、法权与道德做出严格的区分。同时揭示政治秩序的确立在于建立法治公民社会，保障人的平等自由权利获得实现。而政治秩序的伦理内涵在于：

其一，政治秩序内在地体现着人类对“公共善”的伦理价值追求。按照康德的理解，“有理性的存在者的每个物种在客观上、在理性的理念中，都注定要趋向一个共同的目的，即促进作为共同善的一种至善。”这样一种作为“共同善的至善”在政治领域和道德领域都存在，但内容有所差异。政治秩序以“公共善”为规定，确立政治共同体的行动规范。对个体特殊善的价值的实现起着保障的功用。具体而言，政治制度和政治理论“都旨在根据某种有关共同福利(common good)或共同利益的观念来阐释人、目标和事件并把它们勾连在一起”。政治制度关注共同体的公共福祉以及具有普遍性质的个人权利，而并非以某一特殊阶级、团体、组织的特殊利益为根据。对现代社会国家而言，此“公共善”以宪政国家的形式呈现。

其二，以“公共善”为价值取向的政治秩序在社会确立人们生活善的等级系统。“秩序表示一种和平与安全的状况，它使文明生活有了可能……如奥古斯丁所定义的，它包含一个善的等级系统，从保护生命一直上升到促进最高类型的生活。”现实的政治秩序承载着政治的价值精神和人们的政治期待，它主要通过权力机构的设计与运行来维持。从外在的秩序所包含的人类社会的和平与安全来看，政治秩序以客观实存的社会结构、政治制度、法律规范等呈现着善的等级。人之所以服从法律的强制、政治的权威，也在于法律制度、规范使得人的自由的实现有序化。在政治的意义上，秩序表示人走出个人的有法权状态进入公共的有法权状态、联合而成国家，个体权利获得制度性的保障；而文明也就是在这个社会化、公开化、公共化的进程中得以推进和发展。

其三，政治的善的等级系统遵循正义的法则，通过一定的运行机制形成人与人的社会交往关系结构。康德对此种“秩序”“社会交往关系结构”的阐释基于一系列先验的政治制度设计理念，它们包括原始契约理念、自然状态、永久和平等等。这其中最根本的先验预设是人是自由的，先天地享有平等的自由权利。这意味着“进入（如果你无法避免社交）与他人的交往，在其中要能够维护每个人他自己的东西”。“维护每个人他自己的东西”在相对于“每一个他人”时才具有意义；换言之，政治秩序要保证每一个人的自由权利，并形成公正、健康的社会交往关系结构。尽管不同的社会结构关系、社会等级系统有着不同的权利—义务要求，政治秩序的内容也有着时代的规定，但是正义的法则对于政治秩序的建立具有不可撼动性。亨廷顿在《变革社会中的政治秩序》中也表达过类似的观点，亨廷顿从政治秩序必须面对的政治正当性与合法性两个方面阐明政治秩序不但要让人们能够生存发展，还需要得到人们的信任、支持和认同。而良好的社会交往结构也正是基于这种正当性与合法性。

其四，政治秩序在正义的法则下维护和保证人的外在自由，实现秩序与自由的统一。如果将康德的自由概念简略地划分为内在自由与外在自由，那么心灵秩序涉及人的内在自由，社会秩序（主要是政治秩序）涉及人的外在自由。从形式上看，政治秩序是对人的自由的限制，但事实上自由恰恰要以秩序为前提，政治秩序是人的自由实现的基本保障。康德在法哲学、政治哲学的视域下理解政治秩序，政治秩序是一种法的强制，要使人们过一种公共的有法权的生活。政治秩序之下的人的自由权利是“人们在公共的强制性法律之下的法权，这些法律能够为每个人规定‘他的’，并保障它免受任何他人的侵犯”。政治意义上的自由是一种权限，是一种行动的可能性。人要摆脱战争、恐怖状态进入和平、安全的社会状态。秩序与自由的统一表现为人与制度、人与人的和谐共处，而这种共处以制度、法律为依据。

秩序体现着限制、强制、约束、服从等特质，但无论是自然而然形成的秩序、还是人为构建的秩序都应体现人的自由精神能力，它应该与自由协调一致。正义的、好的政治秩序应该体现善的理念，它的机构设置、运作程序都应该合乎善的目的展开，体现人的人格尊严。自由涉及人与自身、人与他人、人与共同体的关系。无论从人的内在心灵自由还是外在行为自由来看，自由与秩序应该具有内在一致性。秩序的持续性存在离不开对现实、对人性的审视。自由与秩序的和谐标志着人的心灵是否有序、社会的价值系统是否稳定、法律制度是否完备、国家是否正义。

二、政治秩序范畴的核心

秩序之下的社会结构、制度安排、权力设置等都离不开国家。国家在政治秩序中处于核心地位,或者说政治秩序范畴的核心在于国家正义。如果我们承认政治秩序应该体现人类对"共同善"这一伦理精神的追求,那么国家就应该是正义的化身,体现正义的伦理精神。在政治秩序确立的善的等级系统中,国家应该是什么,我们应该如何理解和认识国家就成为一个重要的问题。

在"理念"(形而上)的意义上,"一个国家(civitas)就是一群人在法权法则之下的联合。就这些法则作为先天法则是必然的,亦即从一般外在的法权的概念中自行得出的(不是法规性的)而言,它的形式就是一般国家的形式,亦即理念中的国家"。根据康德的解释,国家遵循先天普遍的法权原则,按照一个普遍立法的意志理念联合而成,并形成一种公共的正义。即使经验实践中,人们无法探究国家最高权力的起源,但是他们必须把国家视为一个普遍立法意志之下的联合,服从国家权力所代表的公共法律的外在强制。人们在法权状态中的联合意味国家是一个共同体,它具有不可分割的整体性。换言之,国家是一个政治共同体,这一共同体应遵循正义的法则建立,并秉持正义之精神。

在与其他民族相关、与自己国民相关的意义上,国家也是一种权力。根据阿伦特的解释"权力对应于人类不仅行动而且一致行动的能力。权力绝非个体的性质;它属于某个群体,并且只有群体聚集在一起,它才依旧存在"。权力能够使人们一致地行动,产生共同观念,对个体具有规范作用。同时权力具有公共性,它属于某个群体(或者说政治共同体),它需要形成国家精神并将人们真正凝聚在一起。也正如米格代尔所言,"国家是一个权力的场域,其标志是使用暴力和威胁使用暴力,并为以下两个方面所形塑:第一,一个领土内具有凝聚性和控制力的、代表生活于领土之上的民众的组织观念;第二,国家各个组成部分的实际实践。"国家作为民众观念的代言人,一方面体现于与他国的对外事务,另一方面体现于国内公共人员和机构的国内事务的组织管理。权力意义上的国家要拥有自己的当权者并确立公共权力的分配。无论是国际事务还是国内事务,国家尤其是政府的作为与不作为代表着国家的精神品格和国民的价值取向。

实际实践中的国家权力是公共权力，"公共性"是权力的重要特质。但需要注意的是，"一个在公共领域无为的公共权力，与一个在任何领域均强势的有为、宰制一切的公共权力，均不是公共性的"。公共权力要求公职人员在公共事务中必须履行与自己的职责相对应的义务。公共权力的划分与分配应尽可能避免公职人员的失职、渎职现象的发生。这意味着，保持权力的"正义"性需要诉诸制度设计本身。权力具有腐败膨胀的可能，我们应该通过制度的方式确立权力之间的制约、监督，使得权力最终能够表达和代表人民的福祉。

国家正义是一种公共正义，它亦可以被称为合法的正义。国家应该是正义的法庭，"而且可以把是否存在这样一种正义当作所有法权事务中最重要的事务来探询。"如果正义的精神理念不复存在、国家不以正义的理念为规定，那么一种真正的有法权状态将无法维系，现实的法律也将无法为公民生活提供既有真实权利—义务内容、又有客观有效性的行为判定准绳。它的公共性以及与公民权利之间的内在一致关系，体现为它的正义理念——对法权的恪守与对正义价值的维护。国家作为正义的法庭本身在某种意义上证明，"正义是一种特殊的法律理念，它能够从自身发展出法律的概念。"以国家正义理念为契机，能够发展出一系列的国家法权中的原则与法律概念。国家法庭的身份赋予政治权力以足够的空间，从一般国家的理念中必然产生出以权力为表征的国家身份。从现代国家发展来看，即是在实践中走向民主宪政。

三、政治秩序的伦理价值对国家治理现代化的启示

政治秩序在一种已确立的机构设置、权力运转中关联人的生活，它的调节性在于能够抵消、缓解矛盾，乃至改变社会的发展方向。政治秩序的伦理价值在于它与至善和自由联系在一起，揭示人类公共生活的秩序原理。虽然康德以先验哲学的思想方法为政治的正当性提供理性标准的方式具有局限性，如洛克林所言："政治的实践问题并不能通过诉诸原则性的'理性'来加以解决。"但是，康德的思考启示我们反思政治秩序确立的合法性根基、政治国家的合法性基础，以及其中蕴含的伦理精神。这对国家治理，尤其是国家治理现代化的启示至少包含以下几个方面：

首先，以多元和谐的价值观念推进国家治理现代化。和谐本身即表达着秩序，但并不表达秩序包含的内容以及秩序具有的特质等。现代和谐社会不同于古代社会的特质之一就是价值的多元、利益的多样。这要求社会主流价值观念

要具有合理性与包容性。国家治理现代化必须要面对网络化、媒体化、全球化、多元主体化。以社会主义核心价值观为导向，一方面需要审视社会主流价值的合理性与包容性，注重对虚无主义、虚假价值信念的批判。另一方面承认多元价值。社会生活、伦理关系中的个人有着不同的身份角色，处于不同形式的共同体之中。多元不代表杂多和无序，而要从根本上处理公共生活领域的多元主体的权利义务关系，尊重和保障每一个公民的合法权益和人格尊严。在价值多元并且和谐的社会中，每一共同体的价值信念、利益诉求不同，但人们通过社会合作、对话协商、民主管理等形式应该能形成基本的价值共识。

其次，建立并完善公民宪政。政治状态应该是一种法治状态，或者说，公共的有法权状态，它包含了创建法治状态的所有可能法律。国家的制度安排既具有外在的行为规范性，又具有内在的价值规范性，公民在公共事务的参与中感知制度的价值精神。制度安排的不正义有可能使得公民趋恶避善，消极不作为。国家是公民联合而成的共同体，应该代表正义的法则，建立完善公民宪政，避免公民个体的价值观念错位与缺失。所以，“当康德把公共正义称为法治状态得以可能的形式原则时，他的意思是法治状态最先具有可能性要以公共正义中的三种情形——保护的、交互的、分配的正义来体现。换而言之，即法治状态的不可或缺。”在此基础上，才有可能谈及政府的性质(政权的性质)的“制宪权”的责任，政治机构在保持社会秩序上具有调节、引导的作用等问题。只有合法性、秩序与自由的内在一致，政治秩序、社会秩序才有可能表达人类文明进步的方向。

再次，重构治理秩序，使国家与社会协同治理。从传统的统治走向现代的治理的过程是从对公民的外在“他治”走向公民协同“共治”的过程。公民作为国家治理现代化的主体之一，需要在公共领域中与社会组织、政党、国家等主体进行协同共治，积极参与公民生活。公民采取行动不仅立足于当下，更立足于公民与国家、社会等的长期合作互动。“一个国家的社会治理状况，取决于政府对社会生活的管理能力，更取决于公民的自我管理水平。”也可以说，我们需要为“社会”留下公民自治的空间和可能，并培育能够积极参与公共生活、政治生活的公民。公民的政治素养、参政能力、责任意识等也反映了社会自治的水平。公民与国家的协同合作才有可能促进社会公平正义、增进人民福祉。

概言之，政治秩序应当体现正义精神、人类公共善的价值精神。政治共同体应遵循正义的法则以确立社会善的等级系统。在正义的社会状态下，个体的心灵自由能力在于他能够合理地处理好个人与社会的关系，既拥有合理的个人观念，又拥有理性的社会合作观念。国家治理现代化实质上要确立一种现代国家理念，构建合乎人性的、健康的公民成长环境，实现人与自身、人与自然、人与人、人与社会的共存共生。

参考文献

[1] 李秋零. 康德著作全集：第 6 卷[M]. 张荣，李秋零，译. 北京：中国人民大学出版社，2007.

[2] 萨拜因. 政治学说史：上 [M]. 邓正来，译. 上海：上海人民出版社，2008.

[3] 沃林. 政治与构想——西方政治思想的延续与创新：扩充版[M]. 辛亨复，译. 上海：上海人民出版社，2009.

[4] 李秋零. 康德著作全集：第 8 卷 [M]. 李秋零，译. 北京：中国人民大学出版社，2010.

[5] 阿伦特. 共和的危机[M]. 郑辟瑞，译. 上海：上海人民出版社，2012.

[6] 米格代尔. 社会中的国家——国家与社会如何相互改变与相互构成[M]. 李扬，郭一聪，译. 南京：江苏人民出版社，2013.

[7] 高兆明. 制度伦理研究：一种宪政正义的理解[M]. 北京：商务印书馆，2011.

[8] 拉德布鲁赫. 法哲学[M]. 王朴，译. 北京：法律出版社，2005.

[9] 洛克林. 剑与天平——法律与政治关系的省察[M]. 高秦伟，译. 北京：北京大学出版社，2011.

[10] BYRD B S，HRUSCHKA J. Kant's Doctrine of Right—A Comentary[M]. New York：Cambridg University Press，2010.

[11] 俞可平. 论国家治理现代化[M]. 北京：社会科学文献出版社，2014.

盖伦论如何避免悲伤[①]

——兼析与斯多亚派之离合

于江霞[②]

【摘　要】同斯多亚派一样，盖伦也将如何避免悲伤视为重要的伦理关切。但通常认为，他在悲伤的成因及其治疗的道德心理学、生理学解释上与早期斯多亚派构成对立。然而基于对盖伦《论避免悲伤》一文的分析，我们认为这种对立性被过分放大，盖伦其实在激情治疗、自我修炼的路径、方法与目的上与斯多亚派，尤其是晚期斯多亚派在很多方面是一致的。而且，当时医哲互动背景下的哲学旨趣与实践关怀唯有基于这种一致性才能得到更好的理解。

【关键词】盖伦；悲伤；理性；激情

帕加马的盖伦（Galen of Pergamon，129—213）不仅是西方千年医学权威，还是一位杰出的哲学家：其哲学与伦理学著作在伊斯兰世界和南欧犹太人中间影响尤为深远。[③] 在具体哲学思想上，他是一个对各种哲学体系进行检视、批判的调和论者和某种程度的不可知论者，但他的哲学并不是对它们的简单折中。表面上看他与斯多亚派的纠葛最为复杂，尤其在理性居处、激情成因、恶之来源

---

① 本文系国家社科基金重大项目“希腊罗马伦理学综合研究”（13&ZD065）子课题之四——早期罗马伦理学研究，浙江财经大学思政部青年教师项目（szk2014009）。

② 于江霞，浙江财经大学伦理研究所讲师，研究方向为古希腊哲学、道德教育。

③ 盖伦在伊斯兰世界和南欧的犹太人群体中间长期作为哲学和道德领域的权威作家，因此他的道德哲学有大量的阿拉伯文记载。在盖伦的众多作品当中，《论避免悲伤》（*De Indolentia*，拉丁文缩写 *Ind.*）、《论道德品性》（*De moribus*，Mori.）、《论灵魂的激情与错误的诊断和治疗》（*De Propriorum Animi Cuiuslibet Affectuum Dignotione et Curatione*，Aff. Dig.）、《灵魂的功能依赖于身体的混合》（*Quodanimi mores sequuntur temperamenta corporis*，QAM）等著作更多地涉及了道德哲学问题。据辛格（P. N. Singer）推测，以上四本书依次成时间顺序，大概都成书于 192 年之后。（Galen：*Psychological Writings*，Cambridge University Press，2014，p. 234.）

等问题上，二者分歧甚大。[①] 但考虑到盖伦善用修辞策略等因素，我们认为这种分歧其实并不那么明显；相反，他在灵魂治疗、自我修炼的路径、方法与目的上同斯多亚派，尤其是晚期斯多亚派有诸多契合之处。由于盖伦也将悲伤这种激情放在突出地位，其激情学说常夹杂对斯多亚派相关观点的评论，因此本文将通过对新近发现的盖伦书信《论避免悲伤》(*Peri alupias*)[②]的研读，围绕某些公认的理论分歧具体分析盖伦相关的伦理思想，并论证他与斯多亚派在实践领域的相通之处。

在写给朋友的这封自传式书信中，盖伦记述了自己在公元 192 年的一场大火中失去图书馆和珍贵药品、仪器后，如何能平静地面对劫难而无所感伤一事。这封书信的基本风格是现身说法，通过将充满规劝意味的叙述与论证相结合，使对悲伤的治疗具身化在这部英雄主义的自传式短文中。在前半部分，盖伦历数各种损失，铺陈悲伤氛围，调动对方情绪；接着急转直下，转向对自己平静心态的描述，吸引读者寻觅其背后动因。后半部分则集中从心理学视角论证如何最大限度地避免"悲伤"这种情绪，并激励对方遵循相关信条，进行永恒的自我训练。[③]

一、何为悲伤

由于悲伤的定义涉及复杂的道德心理学图景，这里只能结合盖伦的相关著作进行一种初步的说明。可以确定，同斯多亚派相仿，盖伦也将悲伤视为一种具有根本性、优先需要治疗的负面情感。然而正是从这点出发，一方面可揭示出他与斯多亚派的亲近，另一方面也显示出其理论框架内在的某种不一致。

首先从激情的分类与界定看，斯多亚派对此极为重视并将之作为哲学治疗

---

① 这一点最完整地呈现在盖伦的"论希波克拉底与柏拉图的学说"(*De placitis Hippocratis et Platonis*, On the Doctrines of Hippocrates and Plato)一文中。以下将用其拉丁文缩写形式 *PHP*。

② 希腊文为"*Περὶ Ἀλυπίας/ἀλυπησίας*"(J. Jouanna 推测"*ἀλυπίας*"应为"*ἀλυπησίας*")，英译为"On the Avoidance of Distress"。本文主要参照了希文本 J. Jouanna and A. Pietrobelli(eds): *Galen: Ne pas se chagriner*(*Tome IV*), Belles Lettres, 2010, pp. 1-25；英译本 Clare K. Rothschild, Trevor W. Thompson: *Galen's On the Avoidance of Grief: The Question of a Library at Antium*, *Classical Philology*, 2012, 107(2)。

③ 这篇短文与《论灵魂的激情与错误的诊断和治疗》(*Aff. Dig.*)有一些相似但非完全相同之处。在 *Aff. Dig.* 的七、八章中，盖伦也讲到如何避免悲伤的问题，但奇怪的是并没提到 192 年的火灾及其巨大损失。当然相对于 *Aff. Dig.* 中对于激情一般意义上的讨论，此文可以说是对悲伤这种激情的专门讨论，作为更晚近的作品，*Aff. Dig* 对不知足与消除悲伤的关系等问题的讨论显得更圆融。

的基点(*Tusc.* 4.9[1], *SVF* 3.483[2]),盖伦也持相似立场。例如,按拉尔修和西塞罗的记载,斯多亚派的激情主要包括悲伤(*lupê*)、恐惧(*phobos*)、欲望(*epithumia*)、快乐(*hêdonê*)四种(*Tusc.* 4.6,16; *DL*7.110[3])。其中悲伤被西塞罗称为人所能感受到的最大恶(*Tusc.* 4.82),因为其他激情只能扰动我们的心境,悲伤则可以吞噬和毁灭灵魂(*Tusc.* 3.27,76; 4.63)。相比之下,盖伦则列举了五种激情:悲伤(*lupê*)、愤怒(*orgê*)、意气(*thumos*)、欲望(*epithumia*)、恐惧(*phobos*)(*Aff. Dig.* 3, 9-10)。其中 *lupê* 主要指向精神悲伤[4],其根源在于不知足(*aplistía*)、贪得无厌。但"不知足"意义甚广,对应于柏拉图灵魂学说中的激情部分。辛格(P. N. Singer)甚至认为 *lupê* 被盖伦视为一种包罗万象的范畴。标题中的 *alupias* 在字面上即是 *lupê* 的一种反义形式,另外文中还有大量动词、名词形式等。盖伦在别处还曾提到,他的父亲建议他应首先培养克制悲伤的德性,因为所有人都想要这种德性,即使他们只是看似想拥有其他德性(*Aff. Dig.* 6-12, 29)。总之,*lupê* 的诊断、规避与消除在盖伦的伦理工程中具有重要地位:它作为一种首要的、包容的范畴,不局限于任何一种非理性能力的界域;作为一种可避免的心灵状态,有恰当准备的人可以在任何情况下对其做出不同意。因此,辛格认为盖伦对 *lupê* 的突出强调,在某种程度上与他的理性/非理性二元论相抵触,即与斯多亚派比较接近而远离柏拉图主义。

其实,尽管盖伦极力拥护柏拉图的激情定义而抨击斯多亚派,尤其是克律西波的相关论述,但强调情感的认知性这一观点并非斯多亚派的首创,因为柏拉图、亚里士多德早有相关论述。众所周知,盖伦反对以克律西波为代表的灵魂"一元论",[5]极力赞赏波西多尼(Posidonius)将灵魂模型立基于柏拉图灵魂三分

---

① Cicero: *On the Emotions: Tusculan Disputations 3 and 4*, Margaret R. Graver, trans, University Of Chicago Press, 2002,本文取其缩写 *Tusc.*。

② *Stoicorum Veterum Fragmenta* By The Stoic Cleanthes, the Stoic Chrysippus, of Citium Zeno, Nabu Press,本文取其缩写 *SVF*。

③ 每一属下又有很多种,其中悲伤包括怜悯、怨恨、羡慕、妒忌、忧愁、烦恼、悲哀、苦闷、狂乱等(Diogenes Laertius: *Lives of Eminent Philosophers*, R. D. Hicks trans, Harvard University Press, 1925,下文将取其缩写 DL)。

④ 与"痛苦"或"悲伤"相对应的希腊词主要有ἄλγος(主要指身体),ἀνία(主要指心灵),*lupê*(可指身体,也可指心灵)等,但盖伦在这里使用的 *lupê* 主要指精神上的、源自内在的痛苦或悲伤。

⑤ 不同于主流斯多亚派,盖伦认为大脑而不是心脏,才是智慧、感知和意志的坐落处。他强调理性与非理性能力之分的重要性,并反对将激情视为理性的错误(*PHP* 4,5)。但坚持"一元论"的克律西波则不承认理性与非理性之分,他眼中的"无理性"(*alogon*)主要指事物本身有理性而不能发挥或超越理性的自然限制。

说的做法，并把后者视为敌营内一个可以修正学派正统之谬误、在争论中加以利用的人。总体上，盖伦认为激情（*pathe*）与意气部分（或激情部分，*thymoeides*）中的合于自然的主动活动（*energeia*）不同，它是这种活动失去控制或节制，违背自然的结果（*PHP* 5.509），因而是一种非理性部分的非理性活动。而克律西波则明确指出，悲伤主要是一种针对当下之事的新近（*prosfaton*）信念或错误判断：即赋予中性之物以善恶属性，同时把对中性之物产生的悲伤情绪视为恰当的（*Tusc*. 3.25，61,76）。因此，悲伤首先是一种对理性的误用，但作为一种身心的过度冲动（*horme*），这种新近信念还伴随一种心质的非理性收缩。然而，作为斯多亚派思想的重要传达者，盖伦却一开始就用灵魂三分法框定克律西波的一元论，即用理性部分或能力来理解克律西波的"理性"，用两个非理性部分或能力来置换克律西波的"非理性"。因此，他虽揭示了斯多亚派的物质主义观点，但倾向于将这种物理效果归因于身体的混合物或"非理性部分"的作用。另一方面，他却较少触及克律西波关于如何就具体情境做出正确判断的论述，强烈批评克律西波实际承认了一种非理性能力，[①]因此与他坚持激情是一种判断的基本立场相矛盾（*PHP* 5.26gff）。至此也就容易解释为什么盖伦和斯多亚派都将激情视为灵魂被某种冲动（*horme*）控制的结果，但二者对冲动与判断的关系的理解却大相径庭。此外，盖伦一方面坚持柏拉图的灵魂三分法，另一方面又把激情看成灵魂两个部分的产物，[②]这就使他在处理激情的本性及其与理性的关系上难以

---

① 克律西波确实很大程度上继承了芝诺的"非理性运动之说"，即认为"激情本身是一种非理性和非自然的灵魂的运动和一种过度的意欲"（DL，7.110）。但泰勒曼（Teun Tieleman）令人信服地指出，克律西波之所以留给"非理性"一丝空间，并非是否定对激情（affection）的基本界定，而是意欲表明情感（emotion）不仅是认知性的，而且带有某种特殊的冲动和相伴随的感情（feelings），即意动（conative）的成分（Tieleman，2003，p.324）。

② 如多尼（Pierluigi Donini）指出的，在 *PHP* 中，盖伦尤其将激情视为一种无差别现象，同等地存在于意气与欲望部分中（Pierluigi Donini，2008，p.194），而在 *Aff. Dig*. 中，盖伦也不区分这两个非理性部分地列举了众多激情（*Aff. Dig*. 7，2-3），而意气（*thumos*）似乎本身就是一种激情。这种倾向显然与斯多亚派是相接近的。

自圆其说。[1] 所以他在悲伤问题上模棱两可的态度也就不足为奇。

正如纳斯鲍姆(Martha Nussbaum)指出的,斯多亚派的主张也有其深层考虑:将看似外在力量的激情视为理性之内可以控制的错误信念,而不是看成无法控制的洪水猛兽,这既可使对激情的治疗成为可能,又能使人为其所作所为承担起应有的责任。既然这种可控、可选择的行为并未全由自然决定,人就可以通过一生中任何时段信念的变化发展、改造自己的心态和品性。但在盖伦看来,理性不可能反对自身(*PHP* 5. 372),因为激情完全独立于理性判断的根源和发展,并且拒绝服从理性;而错误(*hamartemata*)则产生于错误的意见,只涉及理性灵魂,本质上是不正确的推理和判断(*Aff. Dig.* 1-3)。但他同时认为激情和错误在广义上都可称错误(*Aff. Dig.* 2, *Pecc. Dig.* 1),并偶尔将无序运动和非理性冲动视为理性部分的消极影响,而这也可能导致不正确的判断。换言之,在他看来,意气(*thumos*)可反对理性,激情可引发错误信念并强化自身,因此应先予以治疗(*Aff. Dig.* 7);反过来,有些激情也有理智判断上的根源,克制激情需要对错误进行纠正。

由此可见,定义悲伤的关键在于如何看待它的成因:作为一种过度的冲动,悲伤究竟是对理性自身的误用,还是另一种与理性对抗的力量产生的结果?在此问题上,盖伦尽管强调悲伤等激情是非理性部分的产物,但其实也承认了认知因素的影响,这使得他的治疗策略体现出某种折中性。

二、悲伤的消除何以可能

在对激情治疗的程度或可能性这个问题上,盖伦认为,人是否应该,并且能够完全控制所有激情,即成为斯多亚派的“贤哲”,是值得怀疑的。众所周知,柏

---

① 如辛格观察到的,当试图兼容医生希波克拉底的身体器官与哲学家柏拉图的灵魂功能时,由于盖伦用心灵的叙述话语去描述本不属此的事件,意气和欲望部分(具身化后的心和肝脏,分别负责呼吸和造血)似乎隐匿了,控制理性思想、自愿运动和感知的大脑内的理性部分独自转化成灵魂,成为各种心理事件和道德冲突的发生地(P. N. Singer, *Psychological Writings*, p. 28.)。作为道德理论的灵魂三分法与生理学之间的矛盾或许在柏拉图那里并不突出,因为《蒂迈欧篇》中虽明确地规定了理性部分的所在,但只是一般性地暗示了胸和腹的区域(Tim. 70a-b.),而且用的是神话的语言。然而对盖伦来说,至少在灵魂所涉及的物理关系上,似乎采取斯多亚派式的一元论更加自洽。吉尔(Christopher Gill)也认为,与柏拉图的灵魂三分说相比,盖伦关于脑与神经系统的解剖学论述与斯多亚派对灵魂主导部分功能的一元论分析更为契合。(Gill: *Naturalistic Psychology in Galen and Stoicism*, Oxford University Press, 2010.)而他一直坚持的准物质主义,即对灵魂肉体性的不确定也使他难以维护三分说的可证明性。

拉图主义者和漫步学派仅主张缓和(*metrio patheia*)或限制激情,斯多亚派则主张彻底根除激情;尤其在悲伤问题上,包括同情多亚派情感论的西塞罗也主张彻底消除(*Tusc*. 3. 25)。盖伦对激情的态度颇为含糊[①],但他总体上似乎不主张根除激情,而是更倾向于鼓励个人就其需要对激情予以弱化、驯服、控制,从而使激情在和谐、健康的灵魂中拥有一席之地。此外,盖伦清楚地认识到人存在意志薄弱的可能(即所谓的不能自制)和不可忍受的极限。因此他在信中对自身经历进行了特别说明(*Ind*. 69),即承认自己在有些极端情况下会陷入悲伤,目前尚未如此是因为这些情况还未降临到自己头上(*Ind*. 72b, *Aff. Dig*. 8);免于悲伤虽需要身心上的持久训练和警惕,但终不在于一种完全无激情的状态。换言之,尽管他很大程度上接受了斯多亚派的激情与不动心这对范畴,但在这封书信中,他似乎比较明确地反对斯多亚派的不动心(*apatheia*)或者说只是主张有限度的不动心。[②]

对于如何控制激情,按照盖伦所推崇的柏拉图灵魂论,由意气部分产生的有些欲求,比如对荣誉的追求,只要在理性的控制范围内,都是合理的。盖伦显然不可能完全规避意气与理性部分的这种关联。悲伤这种激情固然总体上是一个非理性事件,但它不是源自身体快乐的冲动或情绪的不可控制,而是伴有一种对善或损失的评价、考量,因此自然含有一种认知因素。如上所述,究其根源,悲伤与不知足这种激情密切相关(*Ind*. 80-82, *Aff. Dig*. 8-10),这种占有欲是财富、荣誉、敬重、权力、竞争之爱的母机,类似于斯多亚派所说的一种把不可控之物视为可控、可有之物的心灵状态。它显然涉及一种理性认知或价值判断上的错误。在盖伦看来,对所有物的正确认知、自足之心念的强化似乎足以消除对失去之物的伤感。因此他在信中反复强调自己的成就不值得过分关注,因为自己当时的处境并非最差,仍可自足。由此可见,理性在产生与消除悲伤这种激情上都进行了积极的介入。

与盖伦(包括柏拉图、亚里士多德)对激情的解释不同,斯多亚派对激情的界定始终是在理性范围内,但他们也承认人就某些剧烈印象而做出的生理反应的

① 可见相关讨论:Gill: *Naturalistic Psychology*, pp. 259-260; Hankinson: *Actions and Passions*, pp. 203-204; Donini: *Psychology*, p. 194; Singer, *Psychological Writings*, p. 22。大多学者认为盖伦的观点并不清楚,至少在文本中没有给出清晰的答案。

② P. N. Singer: *Psychological Writings*, p. 211。在 *Aff. Dig*. 中,盖伦又倾向于主张免于任何激情纷扰。这种在不同文本中的态度差异可能基于读者不同的考虑。

合理性。关键问题在于，人是否能将这种前情感（*propatheiai*）反应[①]转化成恰当的状态，或者说对其进行理性的调试，从而使心灵恢复宁静。[②] 在这里我们看到了哲学家们在概念界定上的差异，以及对理性作用的程度、广度的不同态度。尽管如此，盖伦和斯多亚派都不反对判断与情感可以相互告知，并有能力逐渐相互协调。与这种态度紧密相关的是，在《论道德品性》中，盖伦坚持认为，品性（*ethos*）是灵魂与生俱来的非理性倾向，是一种产生于灵魂无慎思与精确知识之行动的灵魂状况。与激情一样，品性是偶性的，尽管属人的部分可以通过训练和发展而得到控制，但这种训练的可能性与教育的有效性却在根本上受自然制约。

与之相反，斯多亚派认为道德发展的能力是所有人的权利，不管天性、家教与受教育状况如何，人人都始终具备获得德性，即追求幸福的能力。究其根源，斯多亚派将善恶更多地归因于社会环境，而不是他们看来的差别细微的天性。所谓的灵魂疾患主要源于灵魂被一些没有受到后天教化约束的欲望所统治。盖伦则提醒人们重视天性的限制作用，因而不像斯多亚派那样乐观地期待一个本恶的品性可以通过持续的道德训练得以根除。因此在这封信中，盖伦强调自我的训练是需要前提的，它只对那些天生倾向于有勇气和受益于好的早期教育的人开放（*Ind.* 56）。他将自己的父亲作为一个道德榜样，认为父亲是以自然的方式（遗传和受教于父辈），而不是哲学的方式获得正义和节制等德性（*Ind.* 57）。自己之所以能平静地对待劫难，也是以天生的资质和家庭的早教为基础，后来接受教育和自我努力的结果。但盖伦这里无疑同时暗示了自然德性与严格意义上的德性的区分，而人通过教育和训练，可促进前者的转化，进而拥有高尚的灵魂。概言之，在消除悲伤问题上，与对悲伤根源的解释相对应，盖伦也强调理性的积极介入；虽更为强调自然和内在因素的作用，但他也并不否认教习的力量和机运（*tuchê*）[③]等外在因素的影响。总体上看，尽管盖伦强调训练的有限性，即先天的制约性，但理性与激情，自然、习性与教育的关联却使他不得不又承认德性的可习性、训练（*askēsis*，Ind. 2，4；23，4）的终生性，从而在训练方式上带有更多斯多亚主义的色彩。

---

① 西塞罗将斯多亚派的前情感（*propatheiai*）反应概括为“一点疼痛”“一点收缩”；它独立于判断，不涉及同意而只涉及印象，并夹杂一点情感（*Tusc.* 3. 83，p. 36）。

② 当然斯多亚派还承认有四种好的情感（*eupatheiai*），即对应于欲望的“希望”（*boulesis*），对应于恐惧的“谨慎”（*eulabeia*）和对应于快乐的“高兴”（*chara*）（LD. 7. 116）.

③ 盖伦在此信中曾多次提到好运（*Ind.* 20，23b—24a，28，31，32，36，48，49，57）和厄运（*Ind.* 10，52，77）。

三、悲伤的消除：自我的训练与治疗

在盖伦看来，医学的工作也关涉道德、理智教育和对人性扭曲的纠正。其实践哲学的重要任务之一就是在心灵健康上给普通人以一般意义上的指导和劝慰，引导人们习得一种自我管理和教育的能力。同斯多亚派一样，他也认为灵魂的激情如同身体疾病，都需要治疗，并有赖于理性上的认知和训练。这种治疗的根本前提在于，盖伦基于解剖学、生理学理论和经验确信有一种普遍的人性，并且身体健康与灵魂健康相互影响。他满怀信心地认为这种理论足够正确和详细，因此可提供一种可靠的框架使个体的治疗活动成功进行。在《论避免悲伤》一文中，我们比较完整地见证了盖伦方案的同时，也看到他与斯多亚派，尤其是晚期斯多亚派在道德训导和实践上的诸多相容性。

首先在训练的路径上，他们都以智慧或真理的化身——具体情境下的“贤哲”或监督者为训导范本或权威。尽管他们对此的描绘及侧重点不尽相同，但在道德规劝和教学法上却有相似旨趣。在谈及治疗时，盖伦提到各种奇闻轶事，例如通过快乐主义者亚里斯提普的两个例子，提醒人们注重拥有而非盯住失去(*Ind.* 39-42)。继而他又称赞安贫乐道的克拉特斯(Crates, *Ind.* 45)，最彻底的身无他物的第欧根尼(*Ind.* 45)，以及海上丧失所有但依然镇定的芝诺等(*Ind.* 48)。最后则由自己灵魂的伟大而引出对父亲这个道德榜样的大幅论述。当然总体而言，作者的目的更多的是一种基于人生体验的自我展演：他自己既是一个道德典范和权威，同时又作为一个劝导者，借助具有治疗性的话语帮助其谈话对象识别症结，并通过塑造共同记忆的形式带领对方完成心灵之旅，获得心灵健康。①

相似地，斯多亚派也通过对“贤哲”行为的描述提供了可见情境的印象，进而树立起使道德教义具体化的道德典范。例如一些斯多亚者视苏格拉底、第欧根尼为圣贤式人物，用以强化人们的关注和理解，并论说德性的可能性或可习性。尽管斯多亚派的贤哲形象在盖伦看来过于高悬、空洞，但其重要性却不可小觑。多宁(Pierluigi Donin)就强调，斯多亚派并不承认存在一种作为行为规范标准的非形体之物(例如柏拉图式的理念价值论)，因而他们有必要提出一种有形的、可见的伦理规则，以此让他们的道德价值观得以清楚的具身化。这种规则需足够

---

① 关于行文修辞方面对训导技巧、包括对作者与读者关系的影响不是本文的研究重点。

高远，旨在表述一套无法超越的道德卓越的范式。因为它如果还有进一步推进的空间，就不再充当一种标准；同时它又需要作为一种切实有效的人的活动的普遍标准，从而为人类生存提供一个明确、有吸引力的目的。[10] 同盖伦一样，斯多亚哲学家也常谈论自己的亲身经历，使自我形象具体化在具有规劝、慰藉意味的哲学著述和哲学教育中。可以说，这种集经验分享与精神指导为一体的叙述伦理是斯多亚派实践哲学与古典哲学思想的一个重要差别。尽管盖伦更明显地将自我视为某种权威、榜样，并强调监督者的重要性，但他的伦理训导方式实际与此如出一辙。

其次，在训练方法上，二者都以锻炼自我的表象为基本理路，并辅以多种修炼技艺，尤其是"预想"。① 盖伦提到自己面对巨大损失时的平静代表了很好的教养，尤其是灵魂的伟大，原因在于自己能持之以恒，尽可能地训练自己灵魂的表象，例如预知各种损失、苦难（包括死亡，*Ind*. 54），如同那些无过错但想象被抛掷荒岛的人一样（*Ind*. 55）。这种对不幸的预知、对判断的训练，以及最终对损失的淡然，甚至包括其他作品中对 *hormê*、*sunkatathesis*（同意）等重要术语的使用，都与晚期斯多亚派的修身技艺极为相像。具体说来，如盖伦所言，就是真正习得关乎人神之物的知识（*Ind*. 63，类似斯多亚派的智慧），将一些人事琐物视为不必要之物（*mikros*，*Ind*. 61，65-66，颇像斯多亚派的中性之物），顺应自然而生活（*Ind*. 47，82，即斯多亚派的核心教义）。激情可被视为一种对外在事物表象做出错误反应的内在事件，因此要消除悲伤，需要持有某种正确的信念，即一种心灵上的准备。盖伦倾向于认为，正是对外物重要性的错误评估才使人遭受悲伤困扰，因而这种激情是理性可控制的。

再次，与斯多亚派相似，盖伦也强调训练的永恒性与终生性。在文本中，他基本上坚持了一种亚里士多德的教育模式，即强调自然（*physis*）与训练（*askēsis*）对人品格的综合影响。盖伦虽强调品性的先天性与习惯、教育的有限性，但这并没有影响持续训练、追求真理在他伦理思想中的核心地位。一方面，他一直将自我标榜为既有自然天赋，又经过良好训练的英雄。另一方面，他大多数情况下都强调自然与训练的相互作用（*Aff*. *Dig*. *Nat*. *Fac*.），甚至在这封信中更为突出训练（*Ind*.，*PHP*），尤其是理智训练的根本地位。他的训练方式则具体体现为通过每日自我检省、时刻自我警惕、他人的监督与自我的反观等不断认识自己；用理性训练激情、规训欲望，在习惯化过程中逐渐提高自我（*Aff*.

① 据泰勒曼考证，可能是波希多尼最早使用该术语（Tieleman，2003，p. 118）。

Dig.7)。

就训练的结果而言,如前所述,盖伦否定了斯多亚派“存在不受任何事情影响心境的圣人”的观点(*Ind*.70, *Aff*.*Dig*. 3)。他强调自己只限于为应对苦难的表象训练,在现实中则极力避免那些可能引起悲伤的事情,从而把矛头直接指向斯多亚派。尽管盖伦清楚地认识到个人本性与身心条件的局限或脆弱性,自我提高的困难和漫长,但他仍坚持认为几乎所有人都有责任训练身心,永不放弃。因为在盖伦看来,训练是没有极限的,要成为一个完善的人和获得幸福,任何人都需要近一生的训练(*Ind*.75, 76, *Aff*.*Dig*.4,14),这无疑是与斯多亚派的观点相通的。二者都主张通过不断训练实现对不可控因素的一种超越:盖伦强调超越对人自然差别的不可控性,斯多亚派则更侧重于超越外在影响这种不可控性。

最后,二者都注重训练的身心合一性。盖伦曾强调,这种终生性同等地适应于治疗灵魂和看管身体(*Aff*.*Dig*.4)。尽管盖伦对激情与身体结构、气质之间关系的解释不尽如人意,但它们所暗示的身心活动的相互关联性,[①]使得盖伦极为关心身体体液对人的情感的影响、情感困扰对身体状况的作用以及情感与人外在征象的微妙互动。虽然盖伦的哲学伦理学著作具有相对于医学著作的独立性而没有与医学上的精神病理学相结合的明显痕迹,并且医学病理学在灵魂的治疗中并不占重要地位,但他相当重视生理学和道德实践意义上的养生、健身。这与斯多亚派(尤其是芝诺)重视养生法对灵魂品性潜在影响(*SVF* 1.285-287)的做法相一致。另外,物理主义的心理学(虽不彻底)促使盖伦与斯多亚派一样喜用身心类比,因此他也用肢体上的特性差异来类比灵魂品性的不同,并将节制视为灵魂与身体的基本德性。

具体到该书信中,在上文强调灵魂天性(相关于身体结构)对后天品性的影响后,盖伦在下文中则身体力行,动情地讲述道:“通过密切关注它(身体与灵魂,作者注)的状态,我总是强烈地意识到我的身心情况。相应地,我不希望任何外在刺激因素破坏我的健康或者任何灾难强大于我的心灵状态。我不会忽视身心状况,而会尽力赋予它们以足够的力量来抵御任何引起它们痛苦的东西。即使我不期望我的身体拥有大力神赫拉克勒斯(Hercules)那样的力气,不期望我的心灵像圣贤(如果存在)的心灵一样,但我想最好永远不要有意放弃任何形式的

① 可参见盖伦的《灵魂的功能依赖于身体的混合》《论身体各部分的功能》等文章。当然对于身心具体如何相连,作为不彻底的物质主义者的盖伦并没有给出清楚的回答。

训练”(*Ind*. 75，76)。联系上文，如吉尔(Christopher Gill)敏锐观察到的，盖伦这里描绘的似乎是与亚里士多德式的幸福观相对应的一种中道观念：灵魂善＋一定程度的身体善＋外在善。但盖伦更强调，身体善和灵魂善对于幸福都是必要的，要获得这两者都需要依靠自我管理或终生性的自我训练。这种强调认识、照管自己的强烈自我意识，无疑与斯多亚派相契合。

总体上，盖伦与斯多亚派都一致强调，人要终生训练如何正确使用自我的结构与功能，以应对身体、生活的不确定性和改善自身的生活境遇。通过训练获得不断进步(*prosochē*)甚至比单纯追求所谓的道德完善更重要。为突出训练的重要性，盖伦高度赞扬欧里庇得斯的格言，并不惜笔墨再次援引了这段话(*Ind*. 77)：

> 向一个贤哲学习后，
> 我将不幸的思想推入心中，
> 加上流放、早逝和其他形式的逆境，
> 目的在于，如果我遭受任何这些想象中的不幸，
> 其发生都不能蚕食我的心灵。①

这首诗在哲学的理论学习，心灵训练的目的、方式与内容等几个方面无疑给读者以重要启迪和引导。然而盖伦的时代毕竟是一个诗人与诗不受欢迎，备受贬低的时代。作为柏拉图的仰慕者，盖伦也是以真理标准衡量诗歌，批评诗歌可能会充斥谎言，并且过多地诉诸隐喻。盖伦对史诗和戏剧的引用很多来自克律西波，他在批评克律西波的同时也有意贬低诗歌本身(*PHP* 3. 2. 16)。克律西波似乎表现出对欧里庇德斯的特别钦慕，并大量引用了《美狄亚》(*DL*. 7. 181)，而盖伦则针锋相对地批评他将“美狄亚”这一人物形象作为错误判断可引起激情之例的做法(*PHP* 3. 3. 13-22，4. 2. 27，4. 6. 19-27)。在盖伦看来，证明必须以“科学”为前提，无论是理论的还是实践的知识，都应基于科学证明或证据(*apodeixis*)，并与直接观察、逻辑论证相结合。相对而言，他认为斯多亚者建立在流行意见、修辞学、语源学、日常语言和诗人言辞基础上的很多论证都站不住脚(*PHP* 5. 219-20)。然而，盖伦也正是根据悲剧情节的发展批评克律西波对《美狄亚》的引用自相矛盾，因为在史诗与悲剧中，激情似乎更清楚地表现为一种不受理性控制的外在力量。而在《论避免悲伤》这部作品中，盖伦更是多次提到

① 另见 *PHP* 4. 7. 10，但出处不详。参见 Clare K：*Rothschild and Trevor*，注释 73.

欧里庇德斯的赫拉克勒斯这个在斯多亚派的道德教导中承担重要角色的形象(塞涅卡写过同名著作,爱比克泰德则是他的倾慕者之一),甚至两次引用箴言,①并将其视为训练表象的圣经(*Ind*. 56)。实际上,曾写过多部喜剧的盖伦对诗歌本身并无敌意,他只是更重视诗歌的实用性,而非形式上的美。而斯多亚派对诗歌的态度也非铁板一块,克律西波甚至曾批评欧里庇德斯作品对屈服于性欲这种古希腊社会倾向的助推作用。

总而言之,科学的方法与哲学的方法,尤其是伦理学方法固然存在差异,但这并不能否认伦理学需要借助诗的力量启发心灵、激励人性、形塑人的生活。尽管盖伦与斯多亚派有许多源自生理学、心理学上的理论分歧,但深入到被盖伦视为相对独立的伦理实践领域中,②二者其实是融合大于分歧,并体现出相似的实践关怀。唯有基于这种一致性,我们才能更好地理解当时医哲互动背景下的哲学旨趣与实践关怀。

参考文献

[1] CICERO. On the Emotions: Tusculan Disputations 3 and 4[M]. Chicago :University Of Chicago Press, 2002.

[2] ARNIM H V. Stoicorum veterum fragmenta [M]. Charleston: Nabu press, 2004.

[3] LAERTIUS D. Lives of Eminent Philosophers[M]. Cambridge: Harvard University Press, 1925.

[4] GALEN. Psychological Writings[M]. Cambridge: Cambridge University Press, 2014.

[5] TIELEMAN T. Chrysippus' On Affections: Reconstruction and Interpretations[M]. Leiden: Brill, 2003.

[6] NUSSBAUM M. The Stoics on the Extirpation of the Passions[J]. Apeiron, 1987, 20(2).

[7] HANKINSON R J. Actions and Passions, Passions and Perceptions[M]. Cambridge: Cambridge University Press, 1993.

[8] DONINI P. Psychology[M]// HANKINSON R J. The Cambridge Companion to Galen. Cambridge, New York: Cambridge University Press, 2008.

[9] WALZER R. New Light on Galen's Moral Philosophy[J]. The Classical Quarterly, 1949, 43(1-2).

---

① 当然对于文本的正确性,尤其是第二次引用,尚存在争议。

② 例如盖伦声称,知道主导部分(*hegemonikon*)的位置对于哲学家区别德性并训练它们没有用处(*PHP* 9.7)。

[10] INWOOD B, DONINI P. Stoic Ethics[J]. The Cambridge History of Hellenistic Philosophy,1999.

[11] GILL C. Philosophical Therapy as Preventive Psychological Medicine[M]. Leiden: Brill, 2013.

[12] LACY P D. Galen and the Greek Poets[J]. Greek, Roman, and Byzantine Studies, VII 1966.

[13] TIELEMAN T. Methodology[M]// HANKINSON R J. The Cambridge Companion to Galen. Cambridge: Cambridge University Press, 2008.

[14] TOTELIN L M. And to End on a Poetic Note: Galen's Authorial Strategies in the Pharmacological Books[J]. Studies in History and Philosophy of Science Part A, 2012, 43(2).

协商民主:价值取向与实践挑战

陈 婷[①] 严国红[②]

【摘 要】协商民主使公民能参与政治生活和政治决策,通过反思、对话、辩论等,就涉及公共利益的政策达成共识,赋予立法和决策合法性。协商民主追求公共利益,将利益相关群体包括弱势群体纳入了协商范围,以对话、协商来化解不同群体之间的利益冲突,有利于现代公民精神的培育。在实践中社会主义协商民主的开展面临着诸多挑战,如社会不平等影响协商的过程和效果,利益分化影响理性协商,协商的动力不足而导致协商形式化的趋向,等等。因此,需要完善协商制度,保障公民的参与权利,拓宽基层协商渠道,使协商规范化、制度化。

【关键词】协商民主;价值;实践挑战

协商民主指平等、自由的公民借助对话、讨论、审议和协商,提出各种相关理由,尊重并理解他人的偏好,在广泛考虑公共利益的基础上,利用理性指导协商,从而赋予立法和决策以合法性。[③] 协商民主理论的兴起是在全球化和多元化的背景下,西方自由民主政体遇到的严峻挑战,如存在着利益集团操纵政治,实际政治运作权掌握在少数人手中,普通公民在日常生活领域的参与不足以及无法维护公共利益等问题。正如吉登斯所说:"自由民主政体似乎在所有的地方差不多都有麻烦。在许多自由民主制度中我们看到的是政治制度的大规模异化,或者最低程度上也是对政治的冷漠,在大多数西方国家,选民的偏爱变得反复无常。许多人觉得政党政治中发生的事情与他们生活的问题或机会没有什么关系。"[④]协商民主则强调在一定规范条件下公民理性的运用和公共领域道德政治

---

① 陈婷,杭州医学院人文社科部讲师,主要从事制度哲学研究。

② 严国红,浙江省委党校副教授,主要从事马克思主义哲学研究。

③ 陈家刚:《协商民主与当代中国政治》,中国人民大学出版社2009年版,第180页。

④ [英]安东尼·吉登斯:《超越左与右》,李惠斌、杨雪冬译,社会科学文献出版社2000年版,第113页。

实践的重要性，鼓励公民自愿直接地进入公共话语空间，通过自由平等的对话来消除冲突，保证公共理性和普遍利益的实现，修正传统民主模式的缺陷与不足。

一、协商民主的价值取向

(一)协商民主有利于维护公共利益

基于个人主义和经济人假设的西方自由民主政体，认为绝大多数人是受私利的驱动，而不是受任何共同的善的观念驱动来参与政治生活，每个人为实现其私人目标也许是理性的，但是最终聚合的结果未必就是理性的。“投票实际上只是简单地聚合选民的利益倾向或偏好，其结果无法保证能够满足公共利益。代议体制已经无法有效实现民主政治的核心理想，基于自利观念的个人主义已经腐蚀了民主的核心理念，在一定程度上它已经和民主政府的良性运作不相容了。”①与此不同，“协商过程是对当代自由民主中流行的个人主义和自利道德的矫正”②。针对现代社会复杂多元背景下所面临的公民的分裂与对立，协商民主凸显了对于公共利益的重视，强调不同群体之间的理解、信任和责任。作为一个政治过程，协商民主主张尊重各种不同的利益，承认社会的多元利益冲突，避免了对少数权利的侵犯。协商鼓励参与者公开和改变各种利益，以维护公共利益。协商过程中的对话和讨论能使参与者由个人私利转向对公共利益的关注，避免个人理性所导致的集体非理性，通过合理的论证讨论使人们摒弃主观的意见而获得对问题更为客观的看法。“协商民主更像是公共论坛而不是竞争的市场，其中，政治讨论以公共利益为导向。”③协商民主围绕对公共利益的探讨而组织起来，诉诸共同的善是协商概念的核心要素，“政治协商要求公民超越‘市场’的私人自利而诉诸‘论坛’的公共利益”④。公民对某些公共目标有共同的理解，参与者会在各种相互冲突的利益中、在程序性规则的引导下就公共事务进行讨论，趋向公共利益，而不仅仅是关注自身利益，公共利益导向能引导公民实现在多元冲突、分歧基础上的一致。协商民主并非否定或无视多元社会中的多元利益冲突，

---

① 陈家刚:《协商民主与当代中国政治》，中国人民大学出版社 2009 年版，第 94 页。

② 同上，第 95 页。

③ Carolyn Hendriks : *The ambiguous role of civil society in deliberative democracy*, *Journal of Catalysis*, 1986, 98(2).

④ 同①，第 39 页。

而是试图通过发挥公民理性，设置沟通、交流和参与的平台，就社会公共事务达成共识。

（二）协商民主有利于培养独立、理性的公民人格

民主参与能够改变人，使之变成理性的更具公共精神、更宽容、更关心他人利益及个人利益的公民。协商民主是公民政治参与的重要途径，对政治的直接参与能够培养公民对集体问题的关注，有助于形成积极的、对政治事务更敏锐的公民。对公共事务的参与不仅能培养公民的社会责任感，在平等的协商过程中，理性对话过程中，公民的独立人格和自由发展才能实现。高度集权的社会下，权力控制着社会资源，容易形成对权力的崇拜和依附，赋予公民以民主协商的权利能将人从对权力的依附中解脱出来，拥有独立的人格，提高对社会的责任感，实现自由而全面的发展。正如阿伦特所认为的，个体从私人领域参与公共生活能开阔个人视野，克服个人的狭隘性，加深对社会生活的认识，通过参与公共事务提升自己。协商民主不是无序的个人参与，它强调程序的公开和公正，是一个有着特定责任和要求的政治过程，协商民主过程中发挥作用的是理性的观点，而非情绪化的诉求，因而协商民主是培养公民美德的重要途径。“当公民必须参与到协商过程中来时，他们身上某些优良品质就会得到发扬。那些作为自由、平等的公民而经常参与协商的人更有可能形成自主、理性和道德特征。在这种情况下，公民美德通过这一过程得到了弘扬。”①同时，协商民主能够促进集体认同感的形成，公民从各种观点的冲突和争论中学习并获益，当他们的主张遵循公共理性时，他们就认识并深化了社会的公共文化，学习了团结、信任、理性和相互宽容。

（三）协商有助于化解不同群体之间的利益冲突

西方的自由民主制度无益于改善社会的不平等现象，会使弱势群体和少数族群处于不利地位，无益于改善经济和社会领域深层次的结构问题。将弱势群体纳入协商范围，可以有效避免“多数人的暴政”。协商民主承认合理的多元主义，认为理性之人对事物存在不同的看法，民主的任务是将在偏好与能力、生活机遇与生理天赋存在不同的人平等对待。协商民主诉诸公共利益，听取弱者的声音，能保证弱势群体的利益最大化。“通过努力将大量弱势团体和组织吸纳进

---

① ［美］詹姆斯·博曼、威廉·雷吉主编：《协商民主：论理性与政治》，中央编译出版社 2006 年版，第 185 页。

政治体之中，我们可以使民主变得更为真实和有效。”[①]协商民主将公民权理解为一种有效的包容，将少数族群和弱势群体如少数民族、女性、老人、青年、失业者、社会下层、新移民、环境问题的影响者等包容进政治生活，以增进民主政治的真实性和平等性。协商民主在决策过程中既尊重多数人的意愿，又尊重少数人的合理意见与要求，克服了单一的多数通过的民主决策机制的缺陷，在实现多数人的民主权利的同时，使少数人的意见得以充分的表达，使尊重多数和保护少数相统一。“协商民主通过对话、倾听、相互尊重与理解，重建社会团结，鼓励公共参与，激发公民自治的理想，通过合作解决问题、化解冲突。”[②]随着市场经济体制的确立，当前我国社会群体出现利益分化的趋势，协商能为各阶层群体提供利益表达的渠道，有效化解由于不同群体利益冲突而导致的社会冲突和群体性事件，促进社会的和谐稳定。

（四）协商民主有助于促进决策的科学性和合法性

协商民主力图建构一种作为过程的民主，它能够使民主结果具有充分的合法性，而这一点是借助投票等程序实现决策的民主模式来说是无法相比的。协商民主强调政治决策应该充分考虑普通公民的意见，协商过程的合法性在于：首先，协商过程及结果的合法性出于参与者的意愿。其次，通过协商程序进行集体的理性反思，有益于决策的科学性。经过讨论、审议形成政治决策，其合法性不是来源于个人意志，而是决策形成的程序，即理想的协商程序使各种分歧最终通过讨论而达成共识。“我们应该将公共协商主要看作是具有工具价值的。它是做出高质量决策的工具。如果公共协商不是服务于这个目标，那它就没有价值。”[③]通过民主的讨论，倾听不同群体的观点能使决策者获取更真实和更广泛的信息，有利于做出更为审慎和理性的决策。最后，协商民主能赋予决策合法性。公共协商结果的合法性不仅建立在广泛考虑所有人的需求和利益的基础上，而且建立在公开理性的协商基础之上，通过理性协商改变公民的信仰与偏好。在进行立法和决策时，能够进行善意讨论和理性争论的社会往往会更公正，与那些没有经过对立法进行协商的社会相比，这些法律在公民眼中更为正当。协商民主不仅使政策更为合法，同时还具有实践意义即促进政策的实施，如果公

---

① ［澳］约翰·S.德泽雷克：《协商民主及其超越：自由与批判的视角》，中央编译出版社 2006 年版，第 77 页。

② 陈家刚：《协商民主与当代中国政治》，中国人民大学出版社 2009 年版，第 106 页。

③ ［美］詹姆斯·博曼、威廉·雷吉主编：《协商民主：论理性与政治》，中央编译出版社 2006 年版，第 194 页。

民觉得他们的意见未受到充分的尊重，那么再好的政策也会受到抵制。对公共问题进行公开的商议，陈述各自的观点，从公共利益的角度对种种观点进行讨论，参与者对其他人的观点进行回应进而形成集体决策，在这一过程中，通过讨论形成了协商参与者之间的信任和责任。现代社会面临如生态环境等风险问题的考验，政治经济体系的合法性问题可以通过广泛的参与、协商、对话来得到改进。作为一种现代的治理形态，通过参与，协商民主能明确主体责任，从而防止"有组织的不负责任"。"行为主体在对话过程中，明确自身与他人的责任，明确促进公共利益的政策建议来自各方的共识。因此，公民有责任维护并促进公共利益，更好地确定支持特定政策的机构、政党和组织。"①

二、协商民主的实践挑战

首先，由于主体地位的不平等（包括政治、经济、社会的不平等），在现实生活中，协商民主面临着主体地位不平等导致的强势集团影响协商过程和协商结果的挑战；其次，协商民主面临着利益分化拉大，协商主体理性缺失影响协商民主的挑战；最后，在实践中存在着因协商动力不足而导致的协商形式化的可能性。

（一）主体地位、能力不平等影响协商的过程和效果

不同于其他社会交往类型，协商民主强调协商的平等性、理性、责任性，认为协商主体具有平等的权利和机会去表达他们的利益及关注的问题，拥有同等的机会相互询问，批评和回应与他们不同的主张与论证。参与协商的公民不仅形式上是平等的而且实质上是平等的，这样才能保证协商民主的真实性。协商的互动内容包括说服但不包括压制、控制或欺骗。正如德雷泽克所言："真实民主的唯一条件是要求人们在交往中对偏好的考虑是非强制性的，这相应地要求排除因权力运用而形成的支配，以及控制、灌输、宣传、欺骗、纯私利的表达、胁迫（有些讨价还价的特征）和进行意识形态同化的企图。如果政治参与者有平等的协商能力，他们就可能抵消这些扭曲行为。"②在现实生活中，权力和资源的社会分布具有不均衡性，而人们教育、身份的不平等也客观地存在于政治社会的格局

---

① 陈家刚：《协商民主与当代中国政治》，中国人民大学出版社 2009 年版，第 182 页。

② ［澳］约翰·S·德泽雷克：《协商民主及其超越：自由与批判的视角》，丁开杰等译，中央编译出版社 2006 年版，第 2 页。

中，对协商者的参与构成了条件和能力的种种限制。这就出现了协商中的“扭曲行为”，“享有权力或物质资源优势的协商主体常以‘承诺’或‘威胁’的方式来扭曲公民之间的协商。承诺就是通过他们为其他协商主体提供利益，以便换取对特定供给决策的支持；而威胁就是他们通过明显或隐蔽的制裁恐吓其他协商主体，来获得利益。”[①]扭曲协商的另一种表现形式就是发言机会和言论受重视程度的不平等，导致了公共决策不能顾及全体协商主体的看法和利益。很多因素导致协商民主变质为“强势集团”为自身争取利益政策的“白手套”。[②]

个人知识、经验和特长等方面的差异也会对协商产生不同的影响。例如，有些人擅长辩论而易使别人屈从于自己的见解；而那些不擅长辩论的人往往在协商中处于弱势地位，由此产生了协商中的排斥与压制。在政治协商中，当政治信息和知识的分配差距很大时，“某些公民缺乏必要的政治信息，他们无法有效地参与政治，并且不得不总是听命于信息占有者。当公民存在获得和使用信息的能力不平等时，排斥就是无法充分发挥职能的直接结果。”[③]当某些协商主体没有足够的能力去参与公共协商、展开公共辩论和引入新的辩题时，这部分协商主体就会沦为少数派。此时，他们可能会采取不服从的策略，但这并非一个理想选择，而是可能产生一个被公共排除的恶性循环。同时，在公共协商中处于弱势的协商主体还面临如何发挥有效影响的问题即虽然是公共协商的合法主体，但实际上只是一个对协商结果没有任何实质性影响的听众，而且他们的沉默还会被强势协商主体带有强制性色彩地认定为同意。

“在日常生活中，社会不平等是长期存在的，这反过来也会影响民主恳谈会的平等性，比如是否会有参会者顾虑自己如果在恳谈会上很直率地表达不同看法，而后会遭到报复吗？民主恳谈会达成的结果和共识是否会在生活实践中得到有效贯彻呢？这些问题是民主恳谈会本身解决不了的。”[④]解决这一问题的手段在于完善法制建设和切实保障公民民主自由权利。所以很多协商民主理论家在谈到协商民主时都不忘提醒，协商民主是建立在对公民政治自由与权力保障的前提下进行的，协商民主需要更多的制度设计来保障公民的基本权力。

① [美]詹姆斯·博曼、威廉·雷吉主编：《协商民主：论理性与政治》，中央编译出版社2006年版，第224—225页。

② 吴晓林、左高山：《协商民主理论与中国民主政治发展》，载《教学与研究》2009年第4期。

③ 同①，第253页

④ 何包钢、王春光：《中国乡村协商民主：个案研究》，载《社会学研究》2007年第3期。

(三)利益分化的拉大导致理性的缺失

公共协商是交换理性的对话过程,协商民主的开展是以普通公民具有充足的理性和较强的协商沟通能力为基础的。“当一个社会的阶层分化没有出现两极化现象时社会成员的生活经验存在着交集,那么通过讨论有可能达成对共同善的一致认知,但是当一个社会存在着严重的社会政治或经济上的不平等,不同社会阶层的成员对于什么是共同善不易形成共识。”[①]

现代社会利益多元,并且多元利益由于历史或现实政治的原因,往往又与社会不平等联系在一起。居于弱势的群体在社会变革中面对社会贫富悬殊、生活状况和社会方式反差巨大,必然产生强烈的被剥夺感,进而怀疑社会的公正性,造成其心理上的极度失衡,容易发生非理性化、情绪化和对立化的群体偏激行为,更难以理性的态度来面对协商,因而在社会群体阶层分化固化、贫富差距拉大的情况下,“协商的共同价值原则匮乏和共同利益基础的薄弱会导致协商民主缺乏有效沟通的利益和价值平台。”[②]当多元利益群体在政治上或社会观念中处于严重不平等地位,将阻碍观点的表达和扭曲对话交流的条件,以协商进行冲突协调将难以获得共同的利益基础。如果一个社会的现况已经是偏离公平正义,社会团体之间经济、政治与社会不平等的问题相当严重,弱势团体或是公民的基本权利没有得到充分的保障,解决这些不平等问题难以用协商讨论来改变现况。

(三)协商民主动力不足导致协商效果的形式化

在公民缺少参与的理性能力,共同利益基础薄弱的情况下,难以达成理想的协商结果,在缺乏权威认定的情况下协商极有可能无果而终。旨在扩大公民参与特别是公共利益表达的协商民主,极有可能重形式、轻实质,走向“面具化”。[③]一方面,在协商过程中要避免行政权力对协商的干扰和影响;另一方面,协商民主的有效实施又需要行政权力的支持,需要设计民主有效的协商程序,促进理性化协商结果的落实。在国家主导的社会形态下,国家权力对社会各个方面的支配根深蒂固,强国家、弱社会的现象使公民的力量有限。调查显示,虽然我国的城市化已经步入快速通道,但城市人口的增加和城市规模的扩大并没有带来公民社会的发展。在城市受访者中,只有4.5%的人参加了民间社团,其中包括自

---

① 李秘:《协商民主的限制简析》,载《陕西行政学院学报》2010年第2期。

② 王洪树:《协商民主的缺陷和面临的践行困境》,载《湖北社会科学》2007年第1期。

③ 吴晓林、左高山:《协商民主理论与中国民主政治发展》,载《教学与研究》2009年第4期。

愿者组织、业主委员会、环保组织等。而在农村,参加民间社团的比例仅为1.7%。[①] 公民意识的缺失和参与渠道的匮乏使得公民的社会参与总体水平较低。同时,政府官员的自由裁量权存在巨大张力,“长官意志”和“一把手拍板”极有可能使得民主协商的动力不足,使协商形式化。当协商主体发现他们的意见和建议很少或从未被纳入公共议程,或者即使纳入了,但对于协商结果的影响微乎其微甚至从未在结果中有所体现,那么,对这些协商主体来说,这种协商就不是公共性的协商,他们因此难以对协商结果持认同的态度,甚至采取不合作的行为方式。此时,公共协商就难以保持其有效性,甚至根本无法继续开展下去。在实践中出现这类情况会导致以后再参与协商时,主体采取沉默、不合作的方式,不愿意真实地表达自己的想法,甚至违心地附和其他主体的意见,这样就违背了协商出于平等、自愿、自由交流意见的初衷和前提。

三、社会主义协商民主的发展之路

协商民主是政治参与的重要途径,公民在社会公共领域的有序参与能激发社会活力,有利于整合各方资源,达成共识,促进决策的科学化和民主化。党的十八大报告提出“积极开展基层民主协商”的战略任务,十八届三中全会进一步强调要推进协商民主广泛多层制度化发展,构建程序合理、环节完整的协商民主体系。“社会主义协商民主是人民民主的重要形式,它以权利为基础,以平等为前提,以对话和协商为手段,以达成共识为核心原则,以合法决策、促进公共利益为目标。”[②]在实践中,协商民主的实行取决于:“一是是否有采取新做法的动力或足够的压力;二是是否具有相应的能力。”[③]协商民主制度在实践中的运行既需要制度的保障即政府的推动、行政的放权,对公民基本权利的法律保障也需要成长的土壤,即公民社会的成长,协商主体素质的提高、公民理性的培养和协商能力的培育。

(一)完善协商制度,拓宽基层协商渠道

协商民主是民主政治建设的重要内容,反映着民众政治参与的程度。当前

① 汝信、陆学艺、李培林主编:《2012社会蓝皮书:中国社会形势分析与预测》,社会科学文献出版社2011年,第118页。

② 陈家刚:《当代中国的协商民主:实践探索与理论思考》,载《马克思主义与现实》2014年第4期。

③ 何包钢、王春光:《中国乡村协商民主:个案研究》,载《社会学研究》2007年第3期。

随着经济社会的发展，社会群体出现了利益多元化的趋势，不同群体之间由于征地、生态环境、宗教等问题引起的矛盾冲突呈上升趋势，如果不能很好地处理这些冲突，很容易导致矛盾的升级，引发群体性事件。民主恳谈将利益相关群体包容进来，参与者表达自己的真实利益，对所讨论的事项提出建议和要求，并通过讨论来达成共识。通过基层协商反映不同阶层的利益诉求，能促进政府制定合理的政策，有效维护社会的稳定。可以结合地方实际，采取民主恳谈会、居民论坛、公民评议会、社区议事会、党群议事会、居民或村民代表会等协商制度和形式，拓宽协商渠道，完善公民利益表达途径，保护协商主体的合法权益。以温岭民主恳谈为例，就是创设政府和民间力量良性互动的对话平台，提升公民对决策的认可度，有利于公共政策的执行。通过开展基层协商，有序扩大公民政治参与，能激发协商主体的参与热情和社会责任感，提高政治参与的能力。政府部门需要将协商纳入社会治理当中，通过多种形式，实现协商的生活化和实践化。“社会主义民主的许多原则在具体实践中很难落实的原因，不在于民主的制度设计困难，而在于政府习惯了传统的全能治理模式，不能适应社会发展所带来的挑战，无法形成决策的协商空间，民众也缺乏把民主参与当成一种日常生活方式的途径”[①]。如杭州市政府将协商民主作为城市治理的重要方式，主动创设各种协商平台，将民生问题问计于民，将协商理念贯穿于政府决策的全过程，广泛吸纳市民、企业和专家学者参与政府决策，实现一种开放性决策，得到了民众的广泛赞同。

(二)重视对协商过程和协商方法的研究和实践

如在抽样上如何科学反映所抽取的总体，在协商的准备上，需要提供充分的材料、对参与的主体进行必要而充分的培训，以增强协商主体的能力，使协商主体获得相关知识和表达自己意见的能力。为保持中立，消除协商主体的不信任感，可以在协商中采取“主持人”制度，避免由领导人主持造成协商主体想说而不敢说的局面，在讨论过程中采取编号制，主体可以大胆发言。“在泽国的民主恳谈中，主持人制度被广泛使用。”[②]哈贝马斯极为重视法律在自由平等交往中的特殊作用，重视协商民主的法制化。因此，他强调：“所追求的政治权利必须以这种方式来确保参与一切同立法有关的协商过程和决策过程，即使得每个人都有

---

① 韩国福：《作为嵌入性资源的协商民主——现代城市治理中的政府与社会互动规则》，载《复旦学报》2013年第3期。

② 何包钢：《协商民主恳谈与现代社会科学方法》，载《学习时报》2007年5月21日。

平等机会行使对具有可批判性和有效性主张表示态度的交往自由。”①需要在现有协商民主制度框架及相关规则的基础上，围绕协商的主题、内容、参与过程、协商的角色和分工，研究协商的程序和方法，强化协商民主的法律保障，要逐步完善法律制度，保障公民的平等协商。

（三）协商民主的有效运行需要保障公民的参与权利

协商民主在实践中的运行有赖于公民权利的保障和公民的参与和协商能力的培养。温岭民主恳谈会的产生既有传统的、地域的因素，也有公民社会发展较好的因素。在实践过程中，地方政府是否愿意推动协商民主，行政的放权是协商民主能否推进的重要因素。首先，要提高公民参与协商的知情权，重要决策、经济发展、社会事务等情况，事前要让公众知晓，让公众对政治决策有足够的知情权。其次，要提高公众参与协商的发言权。在我国传统的政治观念中，公众是接受社会治理的群体，表达诉求的机会较少，应积极探索，让群众作为协商的另一主体与政府平等协商，通过党委政府与公众对话、讨论、辩论等方式，在涉及公众利益的重要问题上，让不同意见甚至是反对意见能够得到充分表达，听取质疑声，甚至是反对意见，保证群众的合法言论自由，解决群众合理诉求。最后，提高公众参与协商的决策权，对于重大问题决策进行广泛的调查评估，使公众直接参与到决策中来，将传统的“精英决策”转变为建立在广泛群众基础之上的决策。

① ［德］哈贝马斯：《在事实与规范之间》，北京三联书店2003年版，第155页。

优秀传统文化：中国公民教育的“DNA”

蔡志良[①] 闫 闯[②]

【摘 要】公民身份的内涵为实施公民教育提供了理论基础，公民身份的文化因子决定了公民教育中的文化认同，文化认同是实施公民教育的主要内容和目的。中华优秀传统文化作为中国文化必不可少的一部分，是中国公民教育一个重要的领域。在公民教育的本质性、传统的历史性以及文化的延续性上，中华优秀传统文化与中国公民教育之间有着紧密的关联。中华优秀传统文化扮演了“常量元素”“文化记忆”“思想源泉”的角色，与中国公民教育乃是“血脉相连”、不可分割的关系，可谓是中国公民教育的“DNA”。

【关键词】优秀传统文化；公民身份；公民教育；文化认同

公民教育是一种力图使青少年具有公民知识、公民意识、公民德性以及公民能力的实践活动，其主要目标在于让学生认识到作为国家成员的身份和资格。所以，公民教育是一种有关公民身份的教育。“进入20世纪90年代以后，文化与认同问题在当代公民身份研究中都具有中心地位。当置于民族共同体层面时，公民身份成为民族构建、民族文化与民族认同等议题讨论的核心概念。”[③]在此意义上，公民教育与文化认同或者说公民教育与民族文化两者之间的关系成了学术界难以回避的问题。传统文化作为一个现代国家中民族文化的重要组成部分，它与公民教育之间有着怎样的联结呢？将传统文化与公民教育的啮合关系投射于现实中国的具体语境之中，中华优秀传统文化与中国公民教育又是一种怎样的关联呢？这些都有待于进一步探讨。

---

① 蔡志良，浙江师范大学教师教育学院教授，主要从事职业伦理学、道德教育研究。

② 闫闯，华南师范大学教育科学学院博士研究生，主要从事道德与公民教育研究。

③ 郭台辉：《公民身份认同：一个新研究领域的形成理路》，载《社会》2013年第5期。

一、公民身份的文化因子

公民身份作为个体在国家中关涉权利与义务、归属与伦理之载体的成员资格，无疑会对公民在政治、经济以及文化领域内的诸多实践行为与意识指向，有着极其重要的本质性规定和建构性包容。公民身份的诞生历史可以追溯到古希腊的城邦世界。在那时，拥有一个城邦的公民身份，意味着个人与城邦之间休戚与共的亲密性关系。这种亲缘关系不仅赋予了公民的各种资格、荣誉、特权和财富的“自然性”权利，同时也是公民获得本体性安全和心理性归属的强大依靠。古希腊城邦里的公民有权利参加政治生活、协商公共政策、共享经济福利和担任公共职位，并且受到军队和法律的绝对保护。另一方面，城邦中的公民必须承担种种责任和义务，效忠国家，服从法律，信仰图腾，尊重传统。尤其是在那个城邦林立的土地上，每一个城邦都有着自身的个性化历史文化和“支配着家庭、传统与语言的监护神”①。作为与城邦共同体共命运的公民身份，还掩隐着公民对文化传统的强制性守卫。或者说，城邦的文化、传统和信仰，必须为城邦中的所有公民所接受、所认同，并且是镌刻肉体和心血中的共同基因。

现代意义上的公民身份无论是在内在含义还是在地理层级上，都发生了诸多变化，但是近代民族国家的制度安排依然是当今世界政治秩序坚不可摧的宏大背景。在严格的政治性意义上，公民身份仍旧作为民族国家中某种特定的成员资格，这种信念并没有随着时间的流逝而褪色。不过，在社会契约、法治民主、经济自由等人类理性制度设计的建构中，以及传统民族和传统政治土壤的养料发酵下，伴随着国家政治制度的现代性演变，公民身份逐渐具有了两副相互契合、相望生动的面孔——“政治—法律公民”和“文化—心理公民”。前者是国家政权系统中的“现代”公民身份，后者是国家命运共同体中的“天然”公民身份。正如哈贝马斯所言：“一种是由公民权利确立的身份，另一种是文化民族的归属感；离开对公民权利的文化阐释，民族国家在其形成过程中，就无法通过以民主的方式入籍建立更加抽象的社会一体化。”②显而易见，当今世界拥有某一个国家的公民身份，不但意味着享受和受制于政治共同体规定的权利和义务，兼具主动和被动的双面特性，而且还确立了个体公民与文化传统归属、民族历史依恋和

---

① 肖斌、郭忠华、郭台辉：《现代政治中的公民身份》，上海人民出版社 2010 年版，第 170 页。

② ［德］哈贝马斯：《包容他者》，曹卫东译，上海人民出版社 2002 年版，第 133 页。

心理情感寄托之间的紧密关系。其中，现代公民身份的意义表现了民族国家文化价值观的优越感。

从公民身份观念的起源到现代公民身份内涵的发展，文化因子始终生长在公民身份的概念里，公民身份都是打着某一国家文化烙印的潜在性设计。整体来看，公民身份也是定义了个人与国家之间的一种基本的政治关系和文化关系，而国家又是由个体公民与制度体系所共同组成的。在此基础上，每一个公民都必须回答的一个问题是"我是谁？"。虽然公民身份是一种形式上的法律地位，但是，作为民族主义和爱国主义情感的产物，它与作为共同体成员的情感和情怀密切相关。① 所以，"我是谁"的基本问题使得公民身份涵盖了特定道德行为、社会实践和文化信仰的范围。这些被称为公民德性的东西又与一个民族国家的文化传统息息相关。诚然，公民身份既是政治法律的合法性赋予，也是民族文化的合理性馈赠。公民身份中的文化因子，是公民之所以为公民的内在规定性和本质性生成。一个没有文化基因的公民身份在过去是不存在的，未来也不会出现。

二、公民教育中的文化认同

公民身份的内涵和特征为实施公民教育提供了理论基础，公民身份的文化因子决定了公民教育中的文化认同。"公民教育"一词，在英文中有多个相近的词语表达，诸如"Civic Education""Teaching for Citizenship""Citizenship Education"等，虽然它们的意义不尽相同，但是却具有一致的本质性。"Civic Education"在美国早期出版的《教育大辞典》中，其解释之一为"一种要求青少年接受责任和公民身份的教育，其首要任务在于发展国民的热忱和良知"②。而1971年美国出版的《教育百科全书》里，"Teaching for Citizenship"被解析为"传授给学生一整套的知识、一系列的价值以及一些被认为是国家必备的条件和善意的行为方向"③。"Citizenship Education"在英国1979年发行的《国际教育辞典》中被定义为"以某一特殊社会中所预期达成的社会行为为主要目标的公民教育设计"④。由此可见，公民教育是公民身份资格条件的养成之教育，学校教育

① [英]史蒂文森：《文化与公民身份》，陈志杰译，吉林出版集团有限责任公司2007年版，第15页。

② Good Garter V. (ed.). *Dictionary of Education*, 2nd, Edition, McGraw-Hill, 1959, p. 93.

③ Gibson John S. *The Encyclopedia of Education*, Macmillan, 1971, pp. 135-138.

④ Thomas. (ed.) *International Dictionary of Education*, Kogan Page, 1979, p. 65.

为其主要机制，健全公民的知识、情感、意识和行为等资格内涵，培育能承担社会行为责任和认同国家核心价值的公民。实质上，西方国家中“公民教育的中心工作，就是以公民的国家认同及其爱国心为主要目的”[①]，而“国家认同涵盖族群认同、文化认同、制度认同三个层面”[②]。所以，文化认同教育是公民教育的重要内容。

那么，何为文化认同？文化认同的意义何在？美国人类学家克利福德·格尔茨(Clifford Geertz)曾强调，“国家成员间与生俱在的共同文化才是文化认同的基础”[③]；英国文化理论家斯图亚特·霍尔(Stuart Hall)也认为：“文化认同是成为(becoming)和存在(being)之事，它属于过去和未来。它不仅仅是那些已经既存的事物，它跨越空间、时间、历史和文化。”[④]显然，一方面，文化认同的主要内容之一可以是一种共同体的归属感表征，一群人由于共享一种共同的历史传统、生活习惯以及集体记忆，从而形成对某一种共同体的归属感，成员之间的共同文化才是认同基础，而这些共同的文化和认同的基础，能将群体成员团结在一起。在此意义上，公民教育中文化认同的重要目标，是培养公民对所属文化传统的倾向性认可。或者说，由于优秀传统文化是民族国家的历史传统、集体记忆和生活习性的不可分割的一部分，并且也是众多公民之间的共同文化。因此，公民教育中的文化认同指向至少必须包括一个民族国家的优秀传统文化。也即是说，公民教育是使得“传统文化”成为“文化认同”体系一员的载体和中介(见图1)。另一方面，文化认同对于公民是灵魂上、情感上的归属和依恋。就个体性的视角而言，公民教育中的文化认同是指公民接受自己民族国家文化的态度与行为，并且不断将该文化之价值体系与行为规范内化至心灵的过程；同时这也是一种不断学习、自我意义追求的形成过程。抑或说，公民将自己民族国家的核心文化价值或传统习惯内化至心灵，形成个人信念，呈现出来的文化态度和行为，这就是文化认同之于公民的重要意义。

---

① Gross. *The Encyclopedia American*, Americana Corporation, 1979, p. 745.

② 郑航：《国家认同教育：培养理性的爱国者》，载《教育研究与实验》2012 第 3 期。

③ Clifford Geertz. *Toward an Interpretive Theory of Culture*, in Thick Description: *The Interpretation of Cultures: Selected Essays*, Basic Books, 1973, pp. 3-30.

④ Hall Stuart. *The Question of Cultural Identity*, in Hall Stuart Held David, McGrew Anthony: *Modernity and Its Futures*, Polity Press in association with the Open University, 1992, pp. 274-316.

图1　传统文化、公民教育与文化认同的关系

诚然，公民教育与文化认同之间有着内在的一致性。公民身份中的文化因子是公民文化认同教育的理论根基，公民教育涉及了文化认同的重要向度，文化认同是实施公民教育的主要内容和目的。而文化认同作为个体公民对共有文化的认可，是形塑公民文化态度和文化行为的不可或缺之方式，它可以将文化价值与行为规范内化于公民心中，这合乎公民教育的本真意义。进一步而言，公民教育中的文化认同不仅是对一个国家现在的、未来的社会文化价值体系的肯定，也是对过去的特别是优秀传统文化的认可。在此基础上可以说，优秀传统文化是一个现代国家公民教育的民族基因。最终，传统文化、公民身份、公民教育实质上形成了一个圈形结构关系，并且传统文化是公民教育的内在构成部分(见图2)。

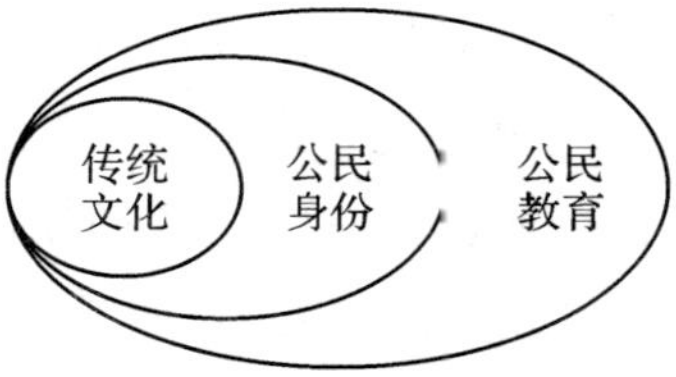

图2　传统文化、公民身份和公民教育的关系

三、中华优秀传统文化与中国公民教育的关联

从普遍性意义上来看，文化因子是公民身份必不可少的内在规定性和本质性组成，文化认同是国家认同教育的主要成分。传统文化作为文化认同的重要基础，是酝酿公民原乡情结依恋、催化公民爱国情绪动能以及涵育公民认同文化传统的动力源泉。将传统文化与公民教育的啮合关系投射于具体的、历史的情境之中，不仅是一种洞烛先机，也是一种向国家认同借壳的爱国意识。那么，置于中国的语境之中，中华优秀传统文化与中国公民教育又是一种怎样的关联呢？

(一)在公民教育的本质性上,优秀传统文化是中国公民教育的“常量元素”

公民是为一国之民,公民教育是基于公民、面向公民和为了公民的教育。在政治主权意义上,由威斯特法利亚体系确立的民族—国家之国际布局图景,其日渐式微的言说仍然是“醉人说梦”与“狂药攻心”的呓语。所以,公民教育在某种程度上必须是一个国家性语境中的描绘图像,不可掉入世界大同理想的陷阱。中国公民教育是基于中国公民、面向中国公民和为了中国公民的教育,这一教育形态和过程必须是立基“中国”这一语境之中。传统文化作为公民教育的重要内容,意味着中华民族优秀传统文化是中国公民教育的“常量元素”。我们知道,“每个人,生下来就有一个‘民族’的认同——生下来就共同拥有的历史与文化资产——把每个人的存在固着在某些特征上,并由此知所归属,同时也让别人知道自己的归属。在那儿,一个人生于斯长于斯,或者只是某种名义上的,他的身体、感情、心理都受到它的支撑与形塑,不论他怎么变,迁移到多远的地方,它总是在那儿;而且总是有源源不绝的养分,从那种基本的属性中流出。”[①]由此可见,中国公民共同拥有的历史与文化资产,或者说这些涵带中华传统文化烙印的民族特性,是中国公民教育的出发点,是形塑公民身份认同和公民族群意识的根基。只有建立在共同拥有的历史与文化资产之上,并且面向公民自身所拥有的民族文化基因,中国公民教育才能培养出真正意义上的中国公民。

另一方面,国家的意义不只是向社会提供“公共利益”(publics good),将国家仅仅视为纯粹的“工具”是一种肤浅的化约主义;国家需要道德和精神的基础,才有政治凝聚力,才可能正当地要求公民的义务与忠诚。[②] 公民教育作为维持一个国家社会秩序、经济秩序和心灵秩序的关键性活动,承担着构建国家道德和精神形态的职责。而中国作为一个没有中断的古老文明的国家,以国学为主的传统文化对于中国人的道德与精神改造具有决定性的意义。在这一意义上说,中华优秀传统文化是国家精神维度光谱线的显性元素。国学在中国具有深厚的历史与文化根基,是中国民众生活或中华文明本身,能为公民德性和公共理性的改造提供支援。因此,以国学为主的传统文化在中国公民教育的过程中具有合

① [美]哈罗德·伊罗生:《群氓之族:群体认同与政治变迁》,邓伯宸译,广西师范大学出版社 2008 年版,第 232 页。

② 许纪霖、刘擎:《新天下主义》,上海人民出版社 2014 年版,第 66 页。

理存在的空间，并且这种空间是中国公民教育本质性的体现。或者说，作为代代相传的中华优秀传统文化，是国家伦理传统精神的集中体现，它天然地镶嵌在中国公民教育的实践之中，是中国公民教育的必不可少的元素。

（二）在传统的历史意义上，优秀传统文化是中国公民教育的“文化记忆”

传统文化的核心特性是“传统”。何谓传统？美国社会学家爱德华·希尔斯（Edward Shils）认为，传统是“任何从过去延传至今或相传至今的东西……它是现存的过去，但它又与任何事物一样，是现在的一部分”[①]。可见，传统作为一个群体、民族和国家的历史遗产，是代与代之间和历史阶段与历史阶段之间保持着连续性继承的成果。传统必然是历史的、变化着的，但传统不是过去，而是过去的延续。传统文化身为传统集合里的一个子集，也可称为古人创造的、历代相传的、可供今人继承的优秀文化成果。中华优秀传统文化是现存的过去的民族文化，这种文化建立在长期累积的理性、智慧和经验之上，是一种合理反思的结果，并且集合了各个时代的集体理智。甚至可以说，传统文化在某种意义上目睹了中华民族的历史变迁，是民族命运的见证者。而“历史既贮藏了关于过去的事实，也提供了传说，是一种社会的集体记忆。没有一定的历史知识，公民对其国家的传统就一无所知，这是一种政治的失忆症”[②]。中华优秀传统文化是中国公民借助了解自己国家的历史文化、制度传统而最终到达国家认同“码头”的必经航道，这也正是公民教育的要旨所在。除此之外，公民教育是实现公民文化认同的重要方式，中国公民教育也是教会中国人认同中国文化的一条阳关大道。如果说将中国文化简约为中华传统文化不足以平息各种争论，那么悬置争议，传统文化最起码是中国文化的一部分，甚至可以说是相对璀璨的一部分。因此，中国公民教育与中华优秀传统文化不是平行而立、隔海相望的双方，优秀传统文化本身带有的集体记忆、历史意识和时间结构等特质，使其成为中国公民教育的“文化记忆”，与此相对应，中国公民教育也承担着继承传统文化的使命和责任。

（三）在文化的延续性上，优秀传统文化是中国公民教育的“思想源泉”

“在许许多多情况下，人们所接受（或部分接受）的传统之所以被接受，是因

---

① ［美］爱德华·希尔斯：《论传统》，傅铿、吕乐译，上海人民出版社2009年版，第12-13页。

② ［英］德里克·希特：《公民身份：世界史、政治学与教育学中的公民理想》，郭台辉、余慧元译，吉林出版集团有限责任公司2010年版，第261页。

为在一种需要作出行动的情境中，传统似乎明显就是人们所要求的行动。”[①]传统文化的延续性不仅是一种抽象意义上的时间表征，而且还是带有惯性倾向的实践合理性，也发挥了实用方便的作用。诚然，传统文化中的诸多思想可为当今社会所参考，也可以在现代性的转化中实现最大价值上的利用。中华优秀传统文化中的“修身养性”“崇公抑私”“家国情怀”等主张，对于培养公民德性、形塑公共精神以及激发爱国情感具有重要的意义，值得为中国公民教育所借鉴，甚至可以说是中国公民教育必不可少的思想来源。

众所周知，中国优秀传统文化具有注重“君子务本，本立而道生”“富贵不能淫，贫贱不能移，威武不能屈”的修身功夫，提倡“弟子，入则孝，出则悌，谨而信，泛爱众，而亲仁”的德行修养；珍视“人不独亲其亲，不独子其子”“老吾老以及人之老，幼吾幼以及人之幼”的博爱精神，尊崇“大道之行也，天下为公”“先天下人之忧而忧，后天下人之乐而乐”的抑私思想；拥护“舍生取义”“杀身成仁”的正义情怀，赞同“齐家治国平天下”“苟利国家生死以，岂因祸福避趋之”，以及“国家兴亡，匹夫有责”的爱国志向，等等。这种推崇“修身”“仁义”“礼乐”“推恩”“为公”“共同体感”和“爱国”的主张，正是当今中国社会生活所需要的公民德性。当然，中国公民教育的目标不但是培养学生的社群意识和负责任的态度，教育的核心更是要学生愿意参与公共生活，在实践中养成完整的德性人格特质。而中华优秀传统文化尤其是儒家的化成“君子”思想正是此意义上的体现，正如学者秋风所见，“君子乃是完整的人，他们同时具备德行、技艺与威仪；其中，君子首先需要具备君子之德行，至关重要的是，德行不只是内在的德性，而必须见之于外在的行，见之于待人接物与家国治理之中。”[②]另外，当代中国公民教育所倡导的是一种“好公民”身份，即指有美德的公民积极参与公共事务，为共同体贡献更多的责任和义务；而中国传统文化的伦理价值取向是“克己守群”或者说“崇公抑私”，这与“好公民”身份在价值取向上有着某种契合之处。显然，中华优秀传统文化为培养“好公民”提供了一系列的实践经验和理论知识，已经成为中国公民教育的重要思想源泉和宝库。

总而言之，中国优秀传统文化是一种民族意义上的文化，即不同的氏族、胞族、部落杂居、融合所形成的中华民族文化，同时也是中国人共同的精神家园。中华优秀传统文化是剔除了历史糟粕和过时思想而得到保留的合理成分，虽然

---

① [美]爱德华·希尔斯：《论传统》，傅铿、吕乐译，上海人民出版社2009年版，第215页。

② 秋风：《儒家式现代秩序》，广西师范大学出版社2013年版，第117页。

其在近现代以来的中国社会及其文化变革中遭遇批评、扬弃以及复兴，但作为中华民族在历史长河中的创造性想象的沉淀，优秀传统文化的价值和意义从未凋零，并且暗香涌流。而就中国公民教育与中华优秀传统文化两者之间的关联形态而言，优秀传统文化扮演了"常量元素""文化记忆""思想源泉"的角色，这些角色反映出传统文化之于中国公民教育的重要性。无疑，优秀传统文化是中国公民教育内在的、不可分割的一部分。

四、结语：中华优秀传统文化是中国公民教育的DNA

德国浪漫主义的先驱约翰・戈特弗里德・赫尔德(Johann Gottfried Herder)认为，人类历史是自然历史的延续，每个民族都有自己独特的精神文化，它是一个有机的、自然的共同体。可见，赫尔德将一个民族共同体的基础定位为精神的和文化的，而不是政治的。[①] 传统文化作为中华民族独特的内在性精神，是中国之为中国、中国人之为中国人的集体性表征。中华优秀传统文化是中国社会历史发展的结果，源远流长，积厚流光，它的精神实质已经注入中华民族的生命里面，拿不走，去不掉。可以说，优秀传统文化弥散在每个中国人潜意识中，或是一种集体无意识的"共谋"记忆。而作为形塑现代中国人的现代公民教育，传统文化始终是一种听其自然的关涉对象。"文化的认同是特殊的，通常以'我们的'作为自己辩护的理由，关注的只是'什么是我们的'；文化只是为了将'我们'与'他者'区别开来，实现对'我们'的认同，解决自我的文化与历史的根源感，回答我是谁？我们是谁？我们从哪里来，又要到哪里去？"[②]中华传统文化就是我们中华民族的创造并且延传至今的，是了解自身历史与发展的寻族路径，是实现民族认同、文化认同或身份认同的重要标签。作为中国公民的一分子，传统文化是挥不去抹不掉的心灵性记忆。这在公民教育中的体现可以理解为：中华优秀传统文化是中国公民教育理论、内容和实践的基因性成分，这种似"血脉相连"的关系——中华优秀传统文化之于中国公民教育，犹如DNA引导生物发育与生命机能运作。

① 李宏图：《论赫尔德文化民族主义思想》，载《华东师范大学学报(哲学社会科学版)》1996年第6期。

② 许纪霖：《中国下一个百年将向何处去》，http://dajia.qq.com/blog/455998053768097，2015-05-05。

正如著名学者黄兴涛所言，“传统学术文化的现代改造或转换的任务，在中国这样一个传统深厚的国度里，会让人不时感到艰难与沉重，不过，这却并不意味着那些似乎暂时还算不上‘现代’、或不太‘现代’的传统就都一定应当割舍，正如并非所有外来优秀的东西我们都能够全盘吸收一样。它们毕竟是民族生命的组成部分。打个不太恰当的比喻，有时它们就像自己的骨肉，我们爱之怜之，并非因为别的，并非因为它比别人的要更为漂亮、更为优秀和出色，而只是因为它是我们自己的而已。你只能对它加以改造，却无法彻底将其放弃。”①虽然这里的“传统学术文化”不能囊括中华优秀传统文化，但它也是其中的主要部分。显然，中国公民教育需要基于中华优秀传统文化的“遗传信息”功能，正视中国人身上所具有的民族性特征，实现公民素养的提升。除此之外，中国公民教育还要坚守“文化自信”的信念，走向一种“文化自觉”的教育新常态。

---

① 黄兴涛:《国学与现代意识——清末民国的一种文化现象》，载《光明日报》2006 年 7 月 15 日第 5 版。

◆研究生论坛

浅析佛教宇宙论中的生态意蕴

于海腾[①]

【摘　要】佛教作为以缘起论为其哲学基础的宗教文化体系，其中蕴含着丰富的生态哲学思想。它站在超越人类本位立场和重精神解脱的价值取向上，由此观察和探究宇宙与人生的真实本质，从而以独特的视角，阐发了宇宙发生论、过程论、结构论以及人生之规律与道德责任等，为人类处理与自然的关系提供了另一种视角。

【关键词】佛教；宇宙论；生态意蕴

如今，生态危机已经成为全世界和各个民族都要认真对待的重大问题。生态恶化可能导致人类的灭亡，也不再是耸人听闻的谣言，而俨然逐渐成为悬在人们头上的一把利剑。所谓“解铃还须系铃人”，既然人类本身是生态危机的制造者，也只有人类才能真正解决生态的问题。而生态的问题，又不仅仅只是环境保护的问题，更涉及人的世界观和存在方式。因此，解决生态问题除了不断发展新的科技条件以外，更需要价值与观念的更新。不然，没有价值与观念的自觉，科

① 于海腾，浙江省委党校哲学专业硕士研究生。

技的发展对于生态不过是徒增伤害而已。而佛教作为以缘起论为其哲学基础的宗教文化体系，其中蕴含着丰富的生态哲学思想。它站在超越人类本位立场和重精神解脱的价值取向上，由此观察和探究宇宙与人生的真实本质，从而以独特的视角，阐发了宇宙发生论、过程论、结构论以及人生之规律与道德责任等，为人类处理与自然的关系提供了另一种视角。

一、宇宙发生论

在释迦牟尼创立佛教时，印度思想界流行着两种因果论：一是认为宇宙是从一种总的原因转变、演化为复杂万象，是因中有果说；二是认为事物是多种原因积累而成，是因中无果说。而佛陀认为，无论是因中无果说还是因中有果说，都无法使人摆脱对立两极的困扰，因此别树一帜，提出“缘起论”，主张一切现象都是由于互相依待、互相作用，也即由于一定的条件或原因而形成的。也就是说，既不是一因生多果，也不是多因生一果，而是互为因果。

《杂阿含经》中曾对缘起思想做过典型表述：“此有故彼有，此生故彼生……此无故彼无，此灭故彼灭。”在这里，“此”与“彼”，泛指因果二法，一“故”字表明因果间的关系，彼所以如彼，就因为此，彼此间有着必然的“此故彼”的关系。亦即任何事物都因条件或原因而存在，都因失去条件或原因而消失，所谓“法不孤起，仗缘而生”。世界上的事事物物，亦既非凭空而有，也不能单独存在，必须依靠种种原因、条件和合才能成立，而一旦这些原因、条件散离或消失，事物本身亦即消失或不存在。

而条件或原因自然又有主次之分，严格地讲，“因”指引生结果的直接内在原因，由外来相助的间接原因则称为“缘”。因此，在《杂阿含经》中，缘起又表述为：“有因有缘集世间，有因有缘世间集；有因有缘灭世间，有因有缘世间灭。”“集”，即生。也就是说，大千世界，森罗万象，形形色色，皆是由因缘和合而生，亦将由因缘离散而亡。

既然一切现象乃至大千世界都依赖于因缘的和合，那么现象必然是空虚无主，没有自性的，所谓“诸法无我”。而“无我”就是空，性空。由此而论，缘起思想于存在的现象上而言是“有”的，但于存在的本质上来说是“空”的。“有”与“空”是都统一于缘起之事物中，绝不相离，故云“色不异空，空不异色；色即是空，空即是色”。而“空”正是为了成就“有”。因为只有无实体，无自性，才能因缘和合，才有一切缘起事物。倘若事物是固定不变自性的，怎么能够缘起呢？这即是佛家所谓“缘起性空”的基本思想。

佛教不是生态学，但它蕴含着丰富的生态思想，具有独特的生态观。如果我们从生态学之视角来诠释上述佛教缘起论思想，或许可以得出这样一些思想启示：缘起论认为万事万物乃是由因缘和合而生，一切现象亦都互相依待，以互相之存在而存在的。因此，无论是个人、人类还是社会，都是与自然紧密关联，彼此依存，互为一体的。倘若没有自然之存在，人类亦将随之而消亡。人与自然，就如同一束芦苇，相互依持，方可直立。所以，损害自然即是损害人类自身，即是威胁人类之生存。由此而进一步，如何防止破坏、提升生态，不仅仅是人类单纯对自然的尊重，更应是人类对自身之责任与善待。而就缘起性空的实践意义来说，“无我”之思想无疑果断地否定了人类中心主义，但“无我”又不仅仅只是空，空是为了成就有的，这样不仅促使我们以平等之眼光来看待自然，而且更以一种虚怀若谷之心胸以及积极有为之态度来善待万物。

二、宇宙构成论

佛教倡导从现实之苦难世界进入彼岸之幸福世界，拥有着独特的宇宙论眼光和视野。它不仅区分了在此宇宙中万物之构成种类，而且从平面与立体两个角度描绘了宇宙地理之结构图式。

（一）有情与无情

佛教将宇宙万物分为两大类，一类是有生命、情识的东西，称为“众生”或“有情”，一类是诸如草木瓦石、山河大地等没有生命、情识的东西，称为“无情”。

对于各种不相同的一切众生来说，佛教又将其分成十种，即十个法界，它们从低到高依次为地狱、饿鬼、畜生、人、阿修罗、天、声闻、缘觉、菩萨、佛。前面六个是参与六道轮回之众生，统称六凡法界，而后四个则是超越了轮回的四圣法界。这即是佛家所讲的“六凡四圣”。此十类众生虽有凡圣与迷悟之别，迷或悟之程度虽又有所不同，但这并不是本质上的区别。据《华严经》记载，佛陀即曾言道：“无一众生而不具有如来智慧。”一切众生本都是具有清净无染之佛性，其在圣不增，在凡亦不减。基于此众生皆有佛性之观点，《法华经》卷一《方便品》中又载有“十界皆成”之思想，认为十界众生皆可成佛。而以《法华经》为主要经典的天台宗更宣扬“十界互具”之思想，认为从地狱界至佛界的每一界都具备其他境界，即十界中任何一界，都具足十界。也就是说，由于各界同具佛性，因此各界之间又可以交渗互具。故而在佛性面前，不但人与人、人与动物平等，而且六道众生与罗汉，乃至佛菩萨亦平等。这也就是“众生平等”的基本思想。

而既然有情识之众生皆具佛性，那么没有生命之无情又是怎样的呢？天台九祖湛然大师即在其《金刚錍》等著作中，突破以往佛教只承认有情众生才有佛性之旧说，进一步宣扬草木瓦石、山河大地等无情亦有佛性，并系统论证了“无情有性”说。其主要论证之依据有二：一是“色心不二”法门。“色”是谓物质、肉体等，“心”则指精神或心灵，它们二者是相即不离的关系。因此，众生成佛之时，其所处之国土与生存之环境亦皆成佛。二是，“真如缘起”说，从本体论上论证宇宙万物皆具真如本体，并无差别。所谓“真如”，于大乘诸多经典中，往往与实相、妙有、涅槃、虚空、如来藏、中道、佛性相同，亦即同体而异名。《金刚錍》中有云：“故子应知，万法是真如，由不变故；真如是万法，由随缘故。子信无情无佛性者，岂非万法无真如耶？”在这里，湛然大师用两个“是”字将真如与万法完全等同起来，认为二者是相即的关系。万法虽然在现象上千差万别，但就其本质来讲，皆是真如之一体之体现；而真如之所以在现象上呈现为千差万别之万法，亦是因为其随缘之缘故。故而，宇宙万物皆是具有同一的真如本体的，自然草木瓦石等无情亦具有真如性，即佛性，进而亦可成佛。

当然，不仅只是天台宗宣扬“无情有性”，认为无情亦有佛性，例如禅宗亦有相似之说法。“青青翠竹，总是法身；郁郁黄花，无非般若”，即是禅宗的一个重要论题。它本由后秦高僧僧肇提出，而作为六祖慧能门下五大弟子的南阳慧忠赋予了这一理论新的意义。《祖堂集》卷三记载：

问：“古德曰：‘青青翠竹，尽是真如，郁郁黄花，无非般若。’有人不许，是邪说；亦有人信，言不可思议。不知若为？”师（南阳慧忠）曰：“此盖是普贤、文殊大人之境界，非诸凡小而能信受。皆与《大乘了义经》意合。故《华严经》云：‘佛身充满于法界，普现一切群生前，随缘赴感靡不周，而恒处此菩提座。’翠竹既不出于法界，岂非法身乎？又《摩诃般若经》曰：‘色无边故，般若无边。’黄花既不越于色，岂非般若乎？此深远之言，不省者难为措意。”

在这里，慧忠即认为，翠竹是佛法之身，黄花是般若智慧，也就是称翠竹黄花都有佛性。他举《华严经》中，佛充满于天下万事万物的论述说道：翠竹既然属于万事万物，那怎么能不是佛法之身呢？他又引《大般若经》的观点指出，天下色相无限，皆可以体现出般若智慧，而既然菊花涵括于色相之中，那菊花又怎能不是般若智慧呢？

而进一步地，禅宗中还主张无情不仅有“性”，而且可以“说法”。这就是“无情说法”的观点。如杨岐禅师就曾说道:“雾锁长空,风生大野。百草树木,作大狮子吼。演说摩诃大般若,三世诸佛在你诸人脚跟下转大法轮。若也会得,功不浪施。”可见,百草树木、脚下大地,自然界之一切俱是诸佛的体现,都在说法。亦即是说,无情不仅有佛性,而且无情即是佛身,也在弘扬佛法。

以上对有情、无情的论述表明,在佛教的宇宙观里,一切万物都具有佛性,也都是平等的。这种平等不仅是每一个生物和非生物都有生存的权利,只有互相尊重、依持,整个生态系统才能稳定和平衡,彼此也才能欣荣长久;而且更昭示着无论是生物还是非生物,都具有其内在的品质和价值,它们都具有向上成佛之可能性,佛性对于万物来讲,并非此有彼无,更无高下之分。我们再由此而进一步,既然万物都有其自身之价值,绝无依傍,那么大自然也是有其自我更新、自我调节、自我提升之内在机制的。作为人类,我们本不该过多地去干涉自然,甚至践踏破坏自然;而是面对这样一个万物平等的宇宙,我们应该谦虚地尊重自然、亲近自然,把自身真切地看作万物中之最平常不过的一个,从而把我们自身从人与自然对立的主客二分的思维框架中解放出来。

(二)宇宙空间展开

宇宙万物分为有情、无情两类,而又悉具佛性。接下来,我们则不免追问,万物所在的这个空间又是怎样的呢?

据《阿含经》等记载,人间有四个天下,亦即四大部洲,分别是东胜神洲、西牛贺洲、南瞻部洲与北俱芦洲。而四洲中居住着不同的人类,我们亦即地球上的人类,则是居于南赡部洲,又名“阎浮提”,是佛祖释迦牟尼教化的世界。又据中国佛教学者的有关著作《经律异相》《法苑珠林》等论述内容来看,中国疆域广阔,有四水、五岳,则是居于南赡部洲之东部。四大洲又以须弥山为中心,其上下皆大,中央独小,日月在其山腰,四周另有七金山围绕,七金山之外,则是浩瀚之咸海,咸海之外还有大铁围山。此大地由水轮支撑,水轮由风轮支撑,风轮又由空轮所支撑。空轮之外则是虚空。

而众生所居之世界不仅只有平面上的展开,亦有层次上之分别,即称为三界。从下而上:第一界,欲界,为具有淫欲和贪欲等众生所居。欲界的众生又依据生命层次之高低分为六种类型,即佛教所讲六道轮回之六道:天道、人道、阿修罗道、畜生道、饿鬼道与地狱道。六道之中,天道层次最高,又分为六重天,即四天王天、忉利天、夜摩天、兜率天、化乐天、他化自在天。至于须弥山,四王天居其山腰四面,忉利天则在其山顶。所以,欲界的范围是下至地狱,中间涵括四大部洲,上至他化自在天的。第二界为色界,乃虽脱离淫欲和贪欲,但仍有物质生活等众生所居。佛教认为，我们人想要升到色界天，就要修禅定，而根据所修禅定所到达之不同层次，色界又可分为四重天，即初禅三天、二禅三天、三禅三天以及四禅九天。第三界即无色界，是摆脱欲望束缚、厌离物质生活而修持禅定之众生所居。所以，根据所修禅定的不同层次，无色界亦可分为四重天，即空无处天、识无边处天、无所有处天以及非想非非想处天。

在佛家所言，宇宙又是无限的。下至六道之地狱道，上覆以初禅三天，为一小世界。集一千小世界，上覆以二禅三天，为一小千世界。集一千小千世界，上覆以三禅三天，为一中千世界。集一千中千世界，上覆以四禅九天，及四空天，为一大千世界。而一个大千世界乃至无量大千世界为一佛土，或称佛刹。大千世界无限，佛土亦无边无量。

除以上之外，佛教还描述了净土、佛国，亦即佛所居住之地的美好图景。净土的种类很多，其中影响最大、最有代表性的则是阿弥陀佛净土，又称西方极乐世界。湛然大师就曾说："诸教所赞，多在弥陀。"此极乐世界，众生无苦，但有诸乐，其中还特别突出了水质之优良，"处处皆有七妙宝池，八功德水弥满其中"；植物之丰美，"诸池周匝有妙宝树，间饰行列，香气芬馥……是诸池中，常有种种杂色莲花"；鸟兽之众多，"常有种种奇妙可爱杂色众鸟，所谓鹅、雁、鹙、鹭、鸿、鹤、孔雀、鹦鹉、羯罗频迦、共命鸟等"；空气之清新，"常有妙风吹诸宝树及宝罗网，出微妙音"。总之，极乐世界在生态上来看，至少是一个绿色、美丽而无污染的世界。

从以上我们可以看出，佛教宇宙图式通过对"地理区域、空间结构及其多重层次、不同物体和不同生命在不同空间的分布，不同世界的相互影响和作用"的种种论述，以及对净土佛国的描述等，都表达了对世界整体性、无限性、相关性的重要猜测与对美好世界的积极向往。它对我们生态上的启示是多方面的。首先，整个世界是一体的，人类与其他生物亦是互为一体的，物质与生命是互相关联的。其次，人只是六道中的一道，其上面还有天道、色界乃至无色界等，一小世界外还有大千世界等。这乃是人类在宇宙中所居之位置，不过沧海一粟，渺之又渺，这就彻底颠倒了人类中心论，人类本应该谦卑地去尊重周围的一切。最后，人类虽然在宇宙中极其渺小，但净土佛国又是可以通过人身之修习逐步到达的。六道之中，即唯有人可以发菩提心，修菩萨行，故而《涅槃经》卷三十二有言："人身难得，如优昙花。"这就启示我们应该平等地对待万物，通过心灵之自觉，提升自身之道德修养，进而改善自己的行为，从而创造人间净土。

三、宇宙发展论

在上面的内容中，我们讨论了宇宙的缘起与构成，接下来我们不免要追问，这样一个宇宙究竟向何处去？万物又究竟要经过怎样的一个发展过程？

佛教缘起论是既讲“此生故彼生”，又讲“此灭故彼灭”，它是生灭并举的。一切缘起现象都是依因托缘而起，因缘时时在变，因果关系时时在变，有生有灭，生生灭灭。所以，一世界也势必要经过由生到亡的过程。佛家就讲，世界的一个消长周期要经历成、住、坏、空四期，也称成、住、坏、空四劫。“劫”是梵语“kalpa”音译的简称，意思是时分、长时、大时，但在佛教，它是不能以通常的年月日时计算的极长时间。劫又分多种，从人类8万4千岁的长寿中，每100年减一岁，如此减至10岁，称为减劫。再从10岁起，每100年增一岁，如此增至8万岁，称为增劫。一增劫一减劫，则为一小劫。20个小劫为一中劫。成、住、坏、空分别是一中劫。总合成、住、坏、空四中劫为一大劫。据此粗略计算，大约1600万年为一小劫，3.2亿年为一中劫，而12.8亿年为一大劫。

成劫，是世界生成的时期，即第一期。其间分为两大阶段，共20个小劫，最初1小劫形成器世间，即无情世间，以后19小劫形成有情世间。住劫，是世界安住的时期，即第二期，其间也有20增减劫。有了器世间，众生得以安住，人寿8万4千岁后又渐减，如此从8万岁减至10岁，再从10岁增至8万岁，如此增减，至第20劫为止。在减劫末期会有饥馑、疾疫和刀兵三灾。人寿减至30岁时，由于众生行恶，饥荒灾起，人多饿死。减至20岁时，疾疫灾起，人多病死。减至10岁时，刀兵灾起，各起杀害之心，互相残害，横死无数。这亦称小三灾。相较其他三劫，只有住劫是稳定的和可以供众生安居乐业的，所以也只有在住劫中才会有佛出现。坏劫，是世界坏灭的时期，即第三期。坏劫时的世界经由火、水、风三灾而毁坏。空劫，是世界空虚的时期，即第四期。世界经燃烧破坏后，唯有空虚。没有昼夜日月之分，唯有大冥。这也要经过20小劫才终结。

我们说，每一个三千大千世界都要经历成、住、坏、空四劫。世界随之而呈现出一个不断成坏之过程，坏灭又凝成，凝成又坏灭，无始无终。因此，在无限的时间里，有无限的世界相继消长。前因后果，因果连续。因前有因，永永不能知其始；果后有果，漫漫不能测其终。

下面我们将眼光从宇宙移开，缩小放到时空中无量的具体事物上去，他们又将经历怎样的一个历程呢？《涅槃经》有偈云：“诸行无常，是生灭法。生灭灭已，寂灭为乐”。所谓诸行,则是指一切有生灭、有功用的有为法,即物质界的色法、精神界的心、心所法等,亦即宇宙间所有能看得见、听得着乃至思维得到的,和此能视、能听乃至能思维之一切。而此一切世间法,皆是依因托缘而起,因缘时时在变,因果关系亦时时在变,有生有灭,生生灭灭,没有常住性,故曰“无常”。可见,宇宙万物不是常恒不变,而是变异无常的。

需要我们注意的是,佛家所谓诸行无常,凡生存之皆终归幻灭,并不是令人灰心短气、消极厌世。首先,诸行无常是就真理言,以智慧看事理,而不是以感情看事理。倘若果真见诸行之无常,则必然于乐不敢贪,于苦亦不忧,处胜利而不骄妄,遇失败亦不畏缩,因知无常,不长久故,故可鼓人之勇气,息人之妄心,现境亦可改转,富贵不能长保。其次,诸行无常实是宇宙创造、新生不息之根据。譬如禾稼,由种子而发芽,由芽而生根茎枝叶,由根茎枝叶而开花,由花而结实,果实成熟又成新种。而新种成时,花叶黄落,根茎枯槁,初始之芽、先时之种,则皆归毁灭矣。

从宇宙变动无常,因缘和合的发展过程当中,我们可以看出,生态是随因缘条件的改变而不断变化的,人类应当预见这种变化,并参与其中,尽力防止生态的恶化,从而推动生态的良性发展。此外,诸行无常,有生有灭,人类也应该节制贪欲,真正看到宇宙的发展过程。

四、小　结

纵观佛教有关宇宙之论述,我们大概可以归纳出以下四个显著之特点。

(一)整体思想

佛教缘起论将宇宙万物看作“此有故彼有,此无故彼无”的相互依存、相互关联之存在,是一种整体论的世界观。此外,从宇宙的构成及结构图示来看,世界亦处于一种整体性的状态当中。因此,宇宙是一个互相影响、互相依赖之共同体,每一个“螺丝和齿轮”对宇宙的健康运作都十分重要。具体到现实生态当中,由生命系统和环境系统构成的生态系统则是一个有机的自然整体,而生物圈是地球最大的生态系统,人类的生命维持与发展,皆依赖于整个生态系统的动态平衡。所以,佛教的宇宙整体论思想启示我们应以全新的眼光来解释世界,把自然、人和社会所构成的整个世界视为一个辩证发展的整体,从而在整体主义的理论框架中重新认识自然的价值,使自然获得应有的权利和道德关怀。

(二)无我思想

佛教无我论是原始佛教“诸行无常,诸法无我,涅槃寂静”的三法印之一。因一切现象乃至大千世界都依赖于因缘之和合,那么现象必然是空虚无主,没有自性,亦即是说万物本没有实存不变之本性。这是无我思想的基本内涵。而按照“无我”之观点,我们平常所谓的“我”,亦不过是一种无明妄执,乃是由人之爱欲取著形成,实际上则并不存在一个常恒不变之自我。这就从根本上摆脱了自我,打破了人类中心主义。日本学者阿部正雄曾强调,佛教之无我论并不是一种人类中心主义,而是一种宇宙主义。认为它为当前人们面临的环境危机提供了一种解决的方法。

(三)平等思想

佛教的宇宙观强烈显示出了万物皆平等之思想,它主要体现在“众生平等”和“无情有性”两方面,即万物都是真如佛性之体现,亦皆有佛性。而万物在成佛可能性上之平等,从生态理论意义上说则充分肯定了万物内在价值之平等。进一步,佛教不但仅从本体意义以及根源意义上,即万物悉具佛性,而且在现象层面上亦有对万物平等之相关论述。譬如,智者大师提出的“十界互具”思想,即包含“六凡”和“四圣”在内的不同生命形式可以相互转化。而不同生命形式之间之所以存在相互转化之可能,乃是因为不同生命形式中同时包含其他“九界”生命形式之本性,故而不同生命形式之间之转化不过是本性不同方面的隐现而已。既然不同生命形式均包含全部的生命本性,且具有相互转化之可能,这就从本体与现象两个层面更好地论证不同生命形式的平等性。

(四)净土思想

佛所居住之世界,如阿弥陀佛的西方极乐世界和毗卢遮那佛的华藏世界,则被称为净土。它井井有条,有澄清、清冷、甘美、轻软、润泽、安和之功德水,有繁茂、纯净之鲜花,有和雅优美之音乐,有有益身心健康之花雨,有种种奇妙可爱杂色之鸟类,亦有美妙之空气与和风之吹习,俨然一幅佛教生态理想图卷。这自然也是人类对美好生活世界的积极向往。而如此美好之佛国净土,是完全可以通过人自身之修习逐步达到的。从佛教生态观之建构来说,它则要求我们树立大乘菩萨精神,以庄严净土为己愿,维护和建设我们自身生存的生态环境。

总之,不断恶化的生态现实,要求人们从根本上对人类的生活方式、价值取向以及对待自然的态度进行深入反思,确立人与自然和谐相处、良性互动的两全其美的格局。而佛教以超越人类本位的立场和重精神解脱的价值取向,观察和探究宇宙与人生的真实本质，从而以独特的视角，阐发了宇宙发生论、构成论以及人生规律和道德责任，为人类处理与自然之关系提供了另一类型的理念，亦为认识人类生活的意义、人类生命和其他生物的生命意义提供有益之参照，有助于人们改变价值观念，调整生命方向，转换生活态度，缓解人与自然的紧张关系，增进人与自然的和谐以及现代化与自然环境的互利耦合。

参考文献

[1] 高楠顺次郎，等. 大正藏：第 2 卷[M]. 东京：大正一切经刊行会，1979.
[2] 高楠顺次郎，等. 大正藏：第 7 卷[M]. 东京：大正一切经刊行会，1979.
[3] 高楠顺次郎，等. 大正藏：第 12 卷[M]. 东京：大正一切经刊行会，1979.
[4] 高楠顺次郎，等. 大正藏：第 19 卷[M]. 东京：大正一切经刊行会，1979.
[5] 高楠顺次郎，等. 大正藏：第 42 卷[M]. 东京：大正一切经刊行会，1979.
[6] 高楠顺次郎，等. 大正藏：第 44 卷[M]. 东京：大正一切经刊行会，1979.
[7] 高楠顺次郎，等. 大正藏：第 46 卷[M]. 东京：大正一切经刊行会，1979.
[8] 高楠顺次郎，等. 大正藏：第 51 卷[M]. 东京：大正一切经刊行会，1979.
[9] 阿部正雄. 禅与西方思想[M]. 王雷泉，等，译. 上海：上海译文出版，1989.

从生态伦理的视角看“五水共治”的付出和回报

冯 侃[①]

【摘 要】浙江省近几年大力开展“五水共治”工程，2013年在浙江省委十三届四次全会提出的“五水共治”经过三年的努力，已经进入了中期考核的日子，大多数“三河(垃圾河、黑河、臭河)”得到了整治，排污得到了较好的监督。在这个背景下，我们可以从生态伦理的视角，从经济方式转变、机制体制改革、文化理念改进和环保知识传播等环节入手，考察“五水共治”在经济、制度、文化、知识等方面的付出和回报，并通过反思古今人与水资源的关系，考量现实人与水资源关系的伦理困境，为“五水共治”的进一步展开提供理论依靠和支撑。

【关键词】五水共治；人与自然；生态伦理；付出与回报

“五水共治”中的付出和回报是生态伦理必须考量的重要问题，因为一方面经济、体制、观念、知识的伦理主体都渴望在付出后能有回报，另一方面生态伦理的问题解决不能只通过义务论式的生态伦理学说进行解决，还必须用自然存在物所带来的价值来解决应用伦理学中回报的实际问题。

“五水共治”中的“五水”分别是治污水、防洪水、排涝水、保供水、抓节水。其中洪水、涝水可以归为自然灾害方面，其产生的主要原因是自然灾害；其次是人类的不作为、作为不足和无知甚至故意造成的对水资源的破坏。其中污水、供水、节水可以归为人类使用水资源不当方面，其产生的主要原因是人类的作为不当和无知。所以，在具体分析“五水共治”中“五水”的时候必须分开来考察其特点。整治洪水、涝水主要是处理自然与人之间的关系，而污水、供水、节水主要是处理人与自然之间的关系，其两者的起因不同，重点也不同，生态伦理所涉及的伦理主体也不同，需要区别对待。

① 冯侃，浙江大学哲学系硕士研究生。

一、经济付出和回报是解决“五水共治”生态伦理价值观的重点

(一)在解决自然灾害引起的水问题中注重远期回报

“五水共治”中的洪水和涝水的治理以自然灾害的方式威胁着人的生存和经济发展。治理和防范洪涝灾害对经济发展,特别是对农业生产和交通基础建设具有巨大的经济效益。治理和防范洪水和涝水从经济上看是直接付出和远期回报的关系,前期要投入很多的资金来建造防洪堤坝和涝水疏导渠,但是此类投资是会有远期回报的,一方面能够保护经济生产,另一方面能够重点保护堤坝两边的农业生产和交通设施。从古至今,浙江的各级政府就重视水的治理,特别是防洪堤的建设,更是留下“钱王射潮”等许多佳话。此类百年防洪的堤坝,正是经济上直接付出和远期回报的关系。

其实,水的治理是人类社会生存与发展的基础性条件。中国的北方地区水资源匮乏,缺少必需的水资源保障日常用水和工作用水。从2002年开始的南水北调工程正是为了解决这种自然形成的南北水资源的不协调。直到2014年年末才完成了整个工程的疏通,北京开始获得汉江流域丰富的水资源。除此以外,2007年夏季太湖爆发的蓝藻危机,引起数百万无锡市民恐慌性抢水,从而造成大面积水荒。江苏省政府为此投入700亿元治理太湖,经过5—6年的治理,太湖终于再次呈现出太湖美,整个水域得到了极大的恢复。此类皆是在全国和全省区域范围内,对于自然地理和自然灾害造成的非人为灾害的治理,这些治理正是需要很长的时间和很多的资金投入,在相对短的时间内投入较多的资金,从而获得了较长时间乃至永远造福百姓的工程。

(二)在解决人为不当和无知中引起的水问题中重视直接回报

“五水共治”中的污水、供水和节水是以人类自身的作为不当和无知为主而导致人的生存和经济生产受到威胁的。这种人类自身为主引起的环境恶化,会直接将水质破坏,一方面导致水资源循环利用失败,另一方面导致水业生产经济和以水为浇灌的农业经济受到巨大破坏。这方面的治理投入资金虽多,却可以直接得到回报,因此这是直接付出和直接回报的关系。

在实际工业生产中,污水排放时常会获得许可甚至被地方政府无视,企业为了经济效益往往会减少建造污水处理系统的投入,政府为了GDP和政绩往往会

对企业的所作所为睁一只眼闭一只眼。云南滇池在20世纪80年代重视经济发展而忽视了滇池的生态系统,结果造成了几十年来对滇池水域不停地环保拯救,可是水已经被污染了,一方面因为高原水环境的修复能力差,另一方面因为水资源保护能力不足,至今为止草海和外海水质类别仍然为劣V类。经济发展和环境保护似乎成了一对难以协调的矛盾。似乎经济增长必定就会导致环境的破坏,环境只能等到经济增长以后再回过来治理,其实这是一个非常大的误区。水资源一旦被污染了,再怎么治理,也不可能回到一开始无污染的干净状态。在环境污染到了一定地步再反过来治理,治理成本会加大,治理难度也会加大,应该在污染刚开始的时候,就直接经过类似于水污染治理工程之类的环保设施直接进行绿色环保处理。这种直接的水污染处理工程的投入可以马上见效,让水资源良性循环,从而达到科学发展。

处理好"五水共治"中的经济付出和经济回报是解决"五水共治"生态伦理中的重点,要看到治水是有回报的、相互的。生态伦理中的主客体是需要相互协调的,如此才能让生态伦理进入可持续发展。"五水共治"已经在一些地区产生了正面的经济效益,为水治理的直接回报提供了证明。在浙江省乐清市北白象镇的水治理就产生了水治理的良性经济循环。通过整治河道、绿化堤坝、统一商铺、清除淤泥、整治管道等方式逐步摆脱了水治理只付出无回报的模式。表1为浙江省乐清市北白象镇的2014年"五水共治"效益表。

表1 2014年"五水共治"效益表 (单位:万元)

节水治理带来的效益	投资	11400
	收益	12351
供水治理带来的效益	投资	2768
	收益	5963
污水治理带来的效益	投资	6120
	收益	3782
洪水治理带来的效益	投资	2121
	收益	5104
涝水治理带来的效益	投资	7456
	收益	8723

二、针对“五水共治”生态伦理中的道德压力，强化制度设计与创新的付出和回报

（一）打破限制水资源区域管理体制，树立共同体观念

“五水共治”中需要加强各个部门之间的统筹和交流，这就需要打破各个部门之间的管理区域和范围的界限。“以杭州为例，钱塘江由钱塘江流域管理局管理，苕溪是由水利局管理，西湖由西湖风景园林管理局管理，京杭运河由航管局管理，城市内河由环卫局管理，地下水由国土资源局管理，上水和下水由建设局管理，而水的质量则由环保局管理。”可见每个部门自己所管理的区域狭隘，如果不能联合操作的话，将造成治理了下游，上游没有治理，结果下游还是将面临被污染的问题。因此，只有树立了水资源共同体的思想，才能让付出和回报一体化思想深入到政府部门的各个管理中，让道德压力分摊到所有的政府部门中，而不是只压在其中一个部门。

另外，强化跨省、跨地区水资源治理方案，需要加强各个省和地区的伦理和利益一体化观念。这是因为付出和回报是成正比的，没有整体的伦理主体观念，就没有整体的绿水青山。千岛湖是浙江省内面积和库容量最大的淡水湖泊，因新安江水坝的建设，成为浙江省区域内最重要的水源地。可是，千岛湖的上游在安徽，千岛湖管理部门往往会发现很多从上游漂流下来的死鸡、死牛，造成了水治理的难度加大。并不是简单地治理好千岛湖淳安县境内的水就足够了，而是要和安徽省的水资源治理结合起来，以伦理共同体的责任感去面对水治理的问题。2009 年展开的湖州无锡两地跨省联动，保护太湖水质的行动就是比较好的联动治理典范。湖州和无锡区域的长兴祥云中水回用公司、长兴新城环保公司、湖州固体危险品处理中心、凤凰污水处理厂、企业排污实时监控中心和大钱港工程的联合建立，让两省跨地建设水资源的污染治理得到了非常好的协调处理。因此，注重水资源的跨区域联合整治是“五水共治”解决体制问题的重点。

（二）创新机制，让企业成为“五水共治”的主体

“五水共治”中企业是污染的重点，大部分污染都是企业不重视环境保护，一心追求经济效益所造成的。2012 年全国废水排放总量为 684.3 亿吨，其中工业废水排放量为 221.6 亿吨，企业的污水排放和治理都迫在眉睫。很多工业企业存在无证排放、偷排、超标排放等现象，加之监管部门监管不力、监管不作为，企

业成为"五水共治"中的第一大污染源。工业污水的排放往往不仅排污量大，同时伴有各种化学成分和有害物质。工业污水具有量大危害大的特点，因此企业是"五水共治"中的污染重点，也是污染责任人，更是生态伦理的主体，所以企业无法摆脱伦理责任人的身份，而将生态伦理责任甩给政府。

"五水共治"中的生态伦理道德要求似乎都压在了政府上，似乎人民交了税就应该享受对生态环境无限的索取，应该由政府来擦屁股。这个道德观念一直压制着整个治理过程。其实"五水共治"并不仅仅是政府的责任，更应该是企业和社会团体乃至个人的责任。政府可以开放适当的治理环节，把部分治理环节的资金交给企业操作，改变原有的由政府一手操作的局面，改由政府监督。这样可以发挥企业在市场经济中的技术特长和政府监督的特色，让此机制成为长效的有企业参与的付出和回报系统。同时也把生态伦理中道德的付出和回报从单一的政府转向企业和整个社会，减轻政府的道德压力。

三、从发掘生态伦理历史资源的角度，注重"五水共治"伦理文化理念的付出和回报

"五水共治"在进行环境保护的同时应当大力进行生态文化理念的教育和宣传，我国历来重视伦理教育，将伦理教育和文化教育结合起来，培养德智体美劳全面发展的公民。而作为付出，教育和宣传是无法在短时间内得到回报的，教育和宣传是一种要远期才能得到回报的付出形式。在"五水共治"理念的宣传和教育中必须结合古今中西的水文化理念，利用古代水文化理念的深入性和普及性，利用当代水文化理念的浅显易懂性和可接受性，通过"五水共治"的水文化理念推广，将人的水文化理念从水只是水提升到水是和人不可分割的自然的一部分的认知状态，从而真正达到远期文化理念的回报。

（一）"五水共治"治水更是治人，体现老子天人合一自然观，感悟"上善若水"的境界

根据中国古代哲学思想中的天人合一思想，人不仅有人之道，而且人之道的作用就在于"成万物"。老子说"人法地，地法天，天法道，道法自然"，人和天地万物是有机地结合起来的。"五水共治"是一种以治水的方式统一人与自然的实践。自古以来，水就是以一种利万物的状态体现在中国古代哲学思想中的。水的品性和人的品性是一致的，正是这种一致让我国有着悠久的重视水和人的关

系的传统。

“五水共治”正是以这种天人合一的方式，通过治理水环境将“上善若水”的思想提高到了实践的地步，水的品性和人的品性就是一致的，治水就是治人。水不仅仅是一种如老子所推崇的人的自然本性，也是如人性一样需要在日常生活实践中所不断治理和完善的。如果水本身已经不再是干净的水，水被滥用，水已经成了破坏人类居住、经济的恶魔的时候，我们就无法说老子的“上善若水”能够被人给接受和实现。《老子》中说：“上善若水。水善利万物而不争，处众人之所恶，故几于道。居善地，心善渊，与善仁，言善信，正善治，事善能，动善时。夫唯不争，故无尤。”老子重视水，认为水是上善，是最好的，那是因为水不与万物相争夺，不停留在他人不喜欢的地方，所以最接近“道”。而人如果能够做到和水一样，心胸保持宽广，保持仁爱之心，说话能够信任，为政精简处理，做事发挥特长，行动把握时机。那么这个人才能够无忧无虑。老子重视水，那是因为水和人的本性是相通的，这种把自然界的物质特性和人类相连接起来的特点，一直是我国哲学思想中的一个重点。

（二）“五水共治”是对生态整体主义理论的实践

“五水共治”治理的不只是水，更是人的内心的文化理念，因此“五水共治”抓住大运河申遗成功的机会进行了新的一轮宣传。2014 年在全国巡演的音乐剧《大运河》，就将自己的前三场收入全部捐献给“五水共治”。这是“五水共治”的文化理念教育和宣传的具体体现。越来越多的人认识到“五水共治”不仅是一条小河和堤坝的治理，也不仅仅是大运河的治理，更重要的是生态的整体观念的形成，这和生态整体主义是相互契合的。“生态整体主义的核心思想是：把生态系统的整体利益作为最高价值而不是把人类的利益作为最高价值，把是否有利于维持和保护生态系统的完整、和谐、稳定、平衡和持续存在作为衡量一切事物的根本尺度，作为评判人类生活方式、科技进步、经济增长和社会发展的终极标准。”因此，尽管大运河并不是全部在浙江，但是以一种生态整体主义的思想来进行水治理是具有远见的。

近几年雾霾严重，在工业废气污染被政府以及广大企业所重视的同时，浙江省本着生态整体主义理论的思维，提出了“五水共治”。这是因为我们不能看到什么污染严重了，就去治理什么，整个生态是一体的，地球的大气、水资源和森林资源等都是有机组合在一起的。“五水共治”抓住了浙江省的特色，即江南水乡的特点，从整体出发，在水治理的同时也将整体环境考量进去。大地伦理学家利奥波德说：“至少把土壤、高山、河流、大气圈等地球的各个组成部分，看成地球的各个器官、器官的零部件，或动作协调的器官整体，其中每一个部分都有具体确定的功能。”因此，这种生态伦理的整体观念体现了“五水共治”是浙江省整体环境治理的有机组合部分，我们应当将“五水共治”作为一个生态整体主义理论的典型个案进行考量。

（三）“五水共治”自然生态系统论思想的具体实践

首先，自然界是一个完整的系统，其中每一个子系统都是其有机的一部分。“五水共治”自身也是一个完整的系统，它将治污水、防洪水、排涝水、保供水、抓节水五点结合在一起。五点互相协调、互补，洪水和涝水是天灾，污水、供水和节水是人祸，将两者分为两个系统有机结合起来进行治理是“五水共治”自我本身系统论的实践创新。恩格斯认为世界是一个过程的集合体，这其中包含着世界是一个动态的复杂的系统的理解。不以单一的水治理来看待水系统正是“五水共治”自身的特点所在。

其次，“五水共治”和其他环境治理是相互结合的，应该与治理雾霾治理森林等结合在一起。恩格斯说过：“阿尔卑斯山的意大利人，当他们在山南坡把那些在山北坡得到精心保护的枞树林砍光用尽时，没有预料到，这样一来，他们就把本地区的高山畜牧业的根基毁掉了；他们更没有预料到，他们这样做，竟使山泉在一年中的大部分时间内枯竭了，同时在雨季又使更加凶猛的洪水倾泻到平原上。”水和森林都是有机结合起来的，“五水共治”将水治理好了，森林的水资源就不会出现问题，森林就不会因为水质原因而被破坏。森林治理好了，就不会水土流失洪水暴发。雾霾被治理好了，“五水共治”中才不会因为天气原因出现酸雨而引起水质问题。所以“五水共治”是整体环境系统中的重要组成部分。

四、在“五水共治”的科学与工程技术层面，考量生态伦理与环保知识的付出和回报

（一）自然灾害的防范和治理

“五水共治”中自然灾害的洪水和涝水都是破坏力极大的，对整个生态都具有巨大的负面作用。控制洪水和治理涝水不光需要有“五水共治”中的“防洪水、排涝水”两点，更需要有科学技术的支持。随着科学技术的进步，天气预报和抢险救灾都进入到了洪水和涝水的前期和后期工作当中。“五水共治”中作为洪水和涝水的重点即堤坝和渠道的建造和疏通，是保证浙江不因大自然的反复无常

而蒙受经济和文化多重损失的重心。投入资金引进国外重点工程建设经验，提高我省水设施设计标准，严控我省水设施施工质量，在自然灾害面前不光做到及时预报和后期抢救，也可以通过堤坝和渠道建设达到防患于未然的远期回报目标。

(二)人的行为不当的规避和无知的克服

以往的伦理学重视人与人之间的关系，但随着人与自然关系的不断深入，生态伦理随之产生，无论是非人类中心主义还是人类中心主义，都在人和自然的关系中深入探讨了各种伦理主体的行为不当和无知。在“五水共治”中，应当发挥生态伦理关于人与自然关系的考量，树立起人的生态伦理道德责任主体意识，从政府、社会机构和企业、个人三个层面去考量人的行为不当的规避和无知的克服是生态伦理所面对的重点问题。

首先，政府层面的行为不当和无知。在政府层面上，有些政府机构工作人员和领导在水治理上缺少专业知识和体制机制改革意识。由缺少专业知识所引起的乱指挥和不作为一直被专业的工程师所诟病。在水治理的问题上，“五水共治”提出之前，浙江省缺乏统一的水治理的规划，也缺乏专业的水治理的方法。“五水共治”的提出解决了全省统一的水治理整体规划和思路的问题，建立起正确和全面的评价系统，把水治理纳入政府官员的政绩考核之中，彻底改观了水治理的治水规划、治水职责和治水绩效。在全省范围内多次开展“五水共治”会议，把“五水共治”提高到全省的重要目标上。并且应当大力支持各高等院校和研究机构，开展“五水共治”的水治理技术和水治理意识研究，加大政府的资金投入和政策的支持；研究和教育机构要承担起社会责任，走在教育和研究的前沿，为政府的政策制定和展开提供科学依据，从而使政府作为“五水共治”的生态伦理主体不仅成为一个指挥体，更成为一个科学的、可持续发展的、以人为本的决策者。

其次，社会机构和企业层面的行为不当和无知。在社会和企业层面上，“五水共治”需要街道、社区以及乡村为主的社会基层机构、民间组织以及企业的积极配合。整个“五水共治”在全省展开，各种捐款也在学校、政府机构、事业单位等展开，“河道长”机制的建立也为社会机构监督水污染企业提供了有力的政策助力。可是社会机构和企业往往缺少有关“五水共治”技术层面的知识，缺少对于生态伦理主体的责任意识，导致社会机构和企业在操作上缺乏长远的眼光和意识，难以看到“五水共治”中所带来的社会文化效益和企业文化效益。好的社会文化和企业文化不光需要社会机构和企业自身的硬件，更需要社会机构和企业自身的软实力，即对社会的责任感和承担。社会机构和企业应当抓住这次机遇，以产业转型为契机，改革产品结构和质量，将高能耗、低产出、高污染的产品提高转变为低能耗、高产出、低污染的高科技产品。这样既符合2020年成为创新型国家的目标，也普及了“五水共治”的知识和水文化，建成“五水共治”政府指导、社会机构和企业积极参与的良好局面。

最后，个人层面的行为不当和无知。“五水共治”中人的行为的不当和无知所引起的污水、供水和节水问题，其中一个重要原因是环保知识的普及不够。例如水资源的故意污染就是人类的作为不当，而类似于将洗衣机放在阳台上直接排水，将洗衣污水从阳台的雨水口排出，造成雨污不分流，这种现象是因大多数人并不具备此类知识所造成的，可能相当一部分市民并不清楚雨水和污水在排水管道中是分开的。另外人的行为的不当，例如公共区域水龙头开关不严，缺乏公德意识，也是造成水资源浪费的重要原因。因此，只有扩大对环保知识的教育和宣传，才能获得全民素质的提高，获得优良生活环境的回报。以一种远观的眼光，“五水共治”人人有责的生态伦理主体的责任感代入其中才能真正实现全省“五水共治”的目标，“五水共治”的生态环保理念进入一个新的境界。

参考文献

[1] 郑源山．五水共治项目对流域经济发展影响的定量探析[J]．低碳世界，2015(2)．

[2] 沈满洪．“五水共治”的体制、机制、制度创新[J]．嘉兴学院学报，2015(1)．

[3] 卫周．道德经新译新评[M]．上海：华东师范大学出版社，2007．

[4] 吴月齐．“五水共治”公共参与研究[J]．湖北函授大学学报，2015(2)．

[5] 撒穆尔·伊诺克·斯通普夫，詹姆斯·菲泽．西方哲学史：第七版[M]．丁三东，张传友，邓晓芒，等，译．北京：中华书局，2005．

[6] 章海荣．生态伦理与生态美学[M]．上海：复旦大学出版社，2005．

[7] 马克思，恩格斯．马克思恩格斯选集[M]．北京：人民出版社，2012．

儒家的共享思想及其现代价值

崔亚超[①]

【摘　要】实现“共享发展”是全面建成小康社会的重要目标。儒家的共享思想主要是从个人和社会两个方面体现的，共享既要求个人持有正确的道德选择和胸怀天下的社会责任感，又要求实现社会的公平正义，即主要体现在共享的主观和客观条件以及实现正义的制度保证。儒家的共享思想为我们实现共享发展奠定了历史文化基础。

【关键词】儒家；共享思想；个人；社会；现代价值

实现“共享发展”是全面建成小康社会的重要目标，“共享发展”理念的践行除了需要我们在实践中不断探索之外，也需要我们从古人的智慧中汲取经验。本文通过分析儒家共享思想在个人和社会中的合理性体现，挖掘其中有利于促进共享发展的现代价值，从而为实现共享发展提供历史文化基础。

一、共享的含义和历史渊源

“共”，去声，本意“同也”，有共享、共用和共有的意思。在《说文》中解释为“共，同也”，《庄子·庚桑楚》中“共其得也”的“共”有一样的意思。“仁义者，与天下共其所有而同其利者也”（《韩非子·外储说右上》）。因此，“共”有一样、相同、共有的意思。此外“共”作一声讲时，还有供奉的意思，《国语》中“不共神祇”就是这个意思。“享”的本义是指祭献、上供的意思，正如《说文》中解释说“享，献也”。后又演绎为人享受福禄，比如《国语·周语》中说“大臣享其禄”。在今天“享”已经被演化为生命在存活过程中通过身体器官和思想意识的作用，产生的美好愉悦的体验与感觉，使精神上或者物质上得到满足。

---

① 崔亚超，中共浙江省委党校伦理学硕士研究生。

“共”和“享”都有供奉、敬献的意思，都是指对神灵或者祖先的一种敬畏；而在现实的人际交往中，两者都是指人们对某事物的拥有和占有，使人在物质或精神上有积极的体验。“共享”一词最早出现在冯梦龙的《东周列国志》中，齐景公曰：“相国政务烦劳，今寡人有酒醴之味，金石之声，不敢独乐，愿与相国共享。”依己之见，“共享”一词要求主体具有与人分享、进一步说是公而忘私的品质，要求客体具有价值性。从另一个方面反映出，“共享”表现的是一种大公无私、公平正义的精神，要求人在面对有价值的事物时，克制私心，与人分享，坚持公正。儒家针对当时的社会历史条件提出了自己的理想社会建设，其中体现了儒家的共享思想。

孔子认为尧舜时代是最理想的社会模型，把尧舜时代看作是天下为公的，比如：“禹，吾无间然矣。菲饮食，而致孝乎鬼神；恶衣服，而致美乎黻冕；卑宫室，而尽力乎沟洫。禹，吾无间然矣。”①（《论语·泰伯》）这是孔子对禹高尚品德的赞扬，也是对他的这种为民兴修水利大公无私的奉献精神和与民共享精神的高度评价。孔子的理想社会就是“老者安之，朋友信之，少者怀之”②（《论语·公冶长》），他希望培养一个像尧舜那样以天下百姓为父母的人，建立一个“大同”社会。

孟子也严厉地批判了战国中期的社会不公现象：“庖有肥肉，厩有肥马。民有饥色，野游饿莩，此率兽而食人也。”③（《孟子·梁惠王上》）孟子把“正义”嵌入他的“王道”思想和“仁义”思想中，通过“施仁政于民”来维持社会的公平正义。荀子的理想正义社会主要体现在“至平”上，他认为理想社会就是“仁人在上，则农以力尽田，贾以察尽财，百工以巧尽械器，士大夫以上至于公侯，莫不以仁厚知能尽官职。夫是之谓至平”④（《荀子·荣辱》）。在这样的理想社会中，每个人能够尽其所能地付出和各有其得。

在《礼记·礼运》中描述“大同”社会时体现的共享思想是较为详尽的，“大道之行也，天下为公。选贤与能，讲信修睦，故人不独亲其亲，不独子其子，使老有所终，壮有所用，幼有所长，鳏寡孤独废疾者，皆有所养。男有分，女有归。货，恶其弃于地也，不必藏于己；力，恶其不出于身也，不必为己。是故，闭而不兴，盗窃乱贼而不作。故外户而不闭。是谓大同。”这里所描述的“大同”社会就含有共享

① 朱熹：《四书章句集注》，中华书局2011年版，第103页。

② 同上，第81页。

③ 同上，第191页。

④ 王森译注：《荀子白话今译》，中国书店出版社1992年版，第31页。

发展的意味。就社会而言，要行天下之大道，天下为公；以贤能为做官的标准；每个人通过发挥自己应有的价值而得到同等的物质和精神利益，身心皆满足，自然不会产生违法作乱的闲杂人；劳有所得，突显出了社会的公平正义。就个人而言，人和人之间是诚信而友善的，尊老爱幼，关爱孤独废疾者，人内心的善准则就要求人与人共同享有社会中的一切事物。“大同”理想一直被视为一种遥不可及的社会理想或者空想，但它不断激励、吸引着人们为人类平等、社会和谐以及天下太平的梦想而努力奋斗。

从先秦儒家的“大同”社会思想来看，都体现出主张社会公平，要求平等的劳动受到平等的所得这样一种与民共享的思想。纵观中国历史上，无论是社会思想家的观点还是农民起义的行动，都反映了人民反对特权、争取平等劳动和受到公平对待的愿望。人民从最基本的人身权、生存权到土地权再到自由和平等权的不断深化，也反映出人民共享意识不断提升。历史的发展潮流告诉我们：在当今这个时代，不论是物质财富还是精神财富的共享，都是人们在社会生活中的愿望，共享发展是一个不可避免的趋势，共享发展理念不仅是“大同社会”在当今现实中的反映，也是全面建成小康社会的现实需要和人民追求平等自由和社会公平的意识提升。

二、儒家共享思想的主要内容

儒家的共享思想主要体现在两个方面。第一，人和人之间的共享，即人要克服自己的私欲和贪欲，把分享视为一种美好的德行，“己欲立而立人，己欲达而达人”这是人类智慧和德行的一种表现。第二，共享发展是一种社会的建构，它要求社会的公正平等，要求社会对各个方面的关注和关怀，是理想社会的基本要素。早在两千多年前的儒家传统文化中对这两方面就有了很明确的表述。

（一）儒家共享思想对个人共享的要求

1. 无私奉公是共享的心理基础

春秋战国时期，私有制的出现打破了原始公社的共有制，群体利益与个人利益之间出现了对立，“公私”问题成为古代社会一个重要的政治与伦理问题。儒家关注的目标是治国平天下，因此他们关注的是普遍利益和群体利益。在个人修养方面，儒家要求人们忘私戒欲，克己奉公。儒家主张“克己复礼为仁”，即通过礼法的约束克制私欲才能达到“仁者爱人”的理想社会。儒家对人私欲的克制主要体现在：在物质方面，儒家提倡颜回的清贫之乐，“贤哉，回也。一箪食，一瓢饮，在陋巷，人不堪其忧，回也不改其乐。贤哉，回也！”①（《论语·雍也》）反对追求过多的物质欲望。在情感欲望方面，也要求自戒，避免自己的过失。“君子食无求饱，居无求安，敏于事而慎于言，就有道而正焉，可谓好学也已。”②（《论语·学而》）此外，孔子主张用自省的方法，“见贤思齐焉，见不贤而内自省也”③（《论语·里仁》），“躬自厚而薄责于人，则远怨矣”④（《论语·卫灵公》），要求先反省自己再寻找别人的过错。孟子也提出在欲望面前要保持“不动心”，荀子更是把人的私欲看作人性恶的一种表现，“化性起伪”实质上是在反对个人私欲。儒家的共享精神主要体现在对于欲望的克制，通过克制私欲，进而实现与人共享的“仁者爱人”的情怀，而“仁者爱人”又是人与人共享和大公无私的理论前提。

2. 义在利先是共享的道德前提

儒家的义利观本质上也就是公与私的问题，即社会与个人的关系问题。在物质利益和仁义道德的权衡中，儒家毫不犹豫地选择仁义道德，所谓“仁义”就是兼爱天下的家国情怀。孔子要求人应该“无求生以害仁，有杀身以成仁”⑤（《论语·卫灵公》），孟子主张舍生而取义，荀子也认为“义之所在，不倾于权，不顾其利，举国而与之不为改视，重死持义而不挠”（《荀子·荣辱》），⑥，这就要求在个人私利和国家公利之间二者取一。关于共享，儒家主张“因民之利而利之”和“与民同乐”，以百姓的利益为天下先。亚里士多德认为选择比行为更能体现一个人的德行，儒家的这种以“天下为公”的道德选择是一个社会发展必要的公共道德，它是构成共享社会的道德前提。在“共享”的社会中，人人都应该具有高度的人人为公的责任感和道德选择，自私自利只会导致穷者越穷，富者越富，贫富差距越大；反之，如果每个人在选择的时候能够从仁义出发，从社会利益出发，那么就会营造出共享的氛围。从儒家的思想中我们可以看出，“共享发展”不仅仅涉及政府的政策，个人的道德选择也是非常重要的。

（二）儒家共享思想对社会正义的要求

什么是社会正义？郭齐勇先生说：“环绕着下层百姓的根本利益的关怀，即

---

① 朱熹：《四书章句集注》，中华书局 2011 年版，第 85 页。

② 同上，第 54 页。

③ 同上，第 72 页。

④ 同上，第 154 页。

⑤ 同上，第 153 页。

⑥ 王森译注：《荀子白话今译》，中国书店出版社 1992 年版，第 28 页。

是社会正义”。[①] 孔孟之礼在“公”，孔孟之德在“平”，儒家根本的社会关怀在“公共性”的伦理，他们所倡导的君子人格都是为公共事务服务的。[②] 他们从百姓最基本的生存权到教育权以及社会的保障体系都给予了充分的关注，儒家精神中有着充分的“公正性”诉求。

1. 物质财富的合理共享

儒家的全民共享主要表现在社会财富的共享，并把尊重百姓的生存权和强调民生问题看作是社会公平的重要方面。子曰：“足食，足兵，民信之矣。”[③]（《论语·颜渊》）孔子认为良好的政治就是让百姓富足，有安全感的政治，是得到人民信任的政治。“今制民之产，仰不足以事父母，俯不足以蓄妻子，乐岁终身苦，凶年不免死亡。此惟救死而恐不善，奚暇治礼义哉？”[④]（《孟子·梁惠王上》）孟子认为对于百姓来说，恒产是必需的，民之为道也——有恒产者有恒心，无恒产者无恒心。一个公平正义的社会首先要百姓有一定的恒产，保证劳有所得，获得一定的物质财富。社会财富的公平与否直接关系到百姓利益诉求。所以，儒家也致力于建构一个物质资源合理分配、全民共享社会财富、人民可以信任的国家。

2. 学有所得的教育公平

儒家认为“善教得民心”，儒家的教育公平主要体现在两个方面：第一，教育过程的公平性。孔子主张“有教无类”的教育机会均等和“因材施教”的教育过程平等，这种教育观消除了受教育者在贫富、地位、地域和智力上的差别，鼓励受教育者平等地接受教育，使得贫苦家的子弟有走向仕途的机会，所谓“朝为田舍郎，暮登天子堂”体现的就是教育公平的结果。第二，教育本身的作用就使得社会公正。儒家的教育主要是伦理教育，受教育者通过培养自己的仁德，提升自己的素质，从而建立良好的人际关系，形成和睦的家庭，使得社会公平安定。儒家的教育观打破了森严的等级制度，使得选贤与能和天下为公具有可能性，这是社会公平在教育方面的体现，也使得人人共享平等的教育成为可能，这无疑是教育体系中最灿烂的一笔财富。

3. 老少兼爱的社会公平

儒家的“大同”社会构想是一个完整的社会保障体系，在理想社会中人人敬

---

① 郭齐勇：《中国儒学之精神》，复旦大学出版社 2009 年版，第 165 页。

② 同上，第 131 页。

③ 朱熹：《四书章句集注》，中华书局 2011 年版，第 127 页。

④ 同上，第 197 页。

老、人人爱幼、无处不均匀、无人不保暖，这涉及了社会保障的全面性和全体性。孟子和荀子把老少兼爱作为统治者应该承担的社会责任，比如孟子对齐宣王说："五亩之宅，树之以桑，五十者可以衣帛矣。鸡豚狗彘之畜，无失其时，七十者可以食肉矣。百亩之田，勿夺其时，数口之家可以无饥矣。谨庠序之教，申之以孝悌之义，颁白者不负戴于道路矣。老者衣帛食肉，黎明不饥不寒，然而不王者，未之有也。"[①]（《孟子·梁惠王上》）荀子主张"潢然兼覆之，养长之，如保赤子。生民则致宽，使民则綦理，辩政令制度，所以接天下之人百姓，有非理者如豪末，则虽孤独鳏寡必不加焉。"[②]（《荀子·王霸》）此外，他希望通过改变"人性恶"让人们怀有关爱社会、关爱老幼、关爱孤残的善心情感，"选贤良，举笃敬，兴孝弟，收孤寡，补贫穷"[③]，通过个人的修养去关爱老者，幼者和社会中需要关爱的人。这样各有所得的社会保障体系关切到了所有社会成员的利益，体现了共享的核心本质。

儒家对理想社会的构想体现着"公正性"诉求。首先，共享的主体不仅是青壮年而且包括老幼孤寡废疾者。其次，共享的客体也从最基本的生活需求到教育权利的共享，让人们不仅有基本的物质生活，还有社会安全感。最后，也要求统治者的行为为实现共享提供一定的制度保证，这都是社会公平的体现，也是"共享发展"的目标。

三、儒家共享思想的现代价值

通过对儒家共享思想的分析可以看出：儒家要求从个人的自身修养和道德选择、社会的制度建设两个方面体现它的共享思想，这为我们当今实践"共享发展"理念奠定了历史文化基础。

（一）共享发展必须契合民生的现实诉求

儒家的共享思想是针对当时社会不公的现实环境提出来的，它鼓励每个人都产生人人参与、人人尽力、人人享有的社会责任感。现如今，我国仍然面临着相对贫困、发展不平衡、资源的可持续发展等问题，儒家的"修身、齐家、治国、平天下"的公天下思想即心有他人、心有社会、心有国家的社会责任感契合了民生

① 朱熹：《四书章句集注》，中华书局 2011 年版，第 197 页。

② 同上，第 127 页。

③ 王森译注：《荀子白话今译》，中国书店出版社 1992 年版，第 84 页。

的现实诉求，有利于更好地发挥以人为本精神。儒家共享思想有利于使发展成果通过建立共享机制惠及全体人民，确保民生的整体生活水平有所提高，确保全面建成小康社会的优质质量。这就要求我们将发展和民生统一起来，既要考虑发展的速度和质量，又要关切民生的现实诉求，从而实现发展与民生的共融共生和统筹兼顾。

(二)共享发展必须提高个人的共享意识

儒家认为人的道德原则是利他的，并且这是人类天生的一种道德情感。培养“人人共享”的意识，其中心思想就是要培养一种人与人共同分享、以己之物、以己之心帮助和关爱他人的道德品质。“人是社会发展的主体、最宝贵的资源和核心动力”[①]，人的共享意识的提高可以促进社会中共享发展理念的践行，儒家的这种共享思想有利于提高个人的共享意识。从内容上讲，我们应该牢牢把握住儒家共享的内容，即从最基本的生存权逐渐提高到人的自由发展权，使之映射到现实生活中，使人在物质利益共享的基础上得以自由而全面的发展。从方法上讲，美德教育在人的教育中占有基础性的地位，儒家的共享思想是以道德情感来展开的，正义作为共享的核心思想更易于人们接受和实践。此外，个人共享意识的培育还应该通过政治经济教育培养平等意识和法律教育培养规则意识来实现，由道德他律转向道德自律。共享是理智德性和实践德性的相统一，这意味着它既关切人的思想意识，又关切人的生活实践。我们应该充分把握共享思想的道德价值，引导人们的共享精神，提高生活质量。

(三)共享发展必须健全社会的制度机制

儒家的共享思想是以增进人民的实际福祉为核心的，要把这一思想付诸实践，需要有效的制度建设，保障全体社会成员平等的发展权利和保障社会各阶层的充分利益。为了践行共享发展理念，需要从以下几个方面建立有效的制度建设：第一，坚持公平正义原则是建设社会制度的首要原则，无论在政治制度、经济制度还是在文化制度中都应坚持公正原则，这样才能实现人民主权、创造平等发展机会的社会条件，以及确保社会发展成果的全民化。第二，使得社会基本结构合理制衡，将共享思想深入贯彻到我国的政治建设、经济建设、社会建设、文化建设和生态建设的全过程，合理调整社会发展的基本结构（如城乡结构等），形成系统的思维模式，保障民生的各方面利益。第三，健全社会政策体系，“社会政策就

---

① 何建华：《发展正义论》，上海三联出版社 2012 年版，第 132 页。

是要使公众能够拥有更多的发展机会，能够争取正当的利益，从而扩展自己的生存空间”①。逐步建立起在社保、就业、医疗、住房、教育和社会福利方面的政策体系，这也是共享发展理念的题中之意。第四，激发全民参与社会发展的积极性，共享的一个重要条件就是每个人的机会均等，现阶段发展机会平等是增进民生福祉和推进民生改善的重要条件。在共享发展的过程中，要转变政府职能，激发社会活力，构建公平的社会环境，确保“人人参与、人人尽力、人人享有”。

共享发展理念是对儒家智慧的提炼和总结，也是对儒家共享思想的发展和超越，这一理念从内容上极大地丰富了儒家的共享思想，当今的外部环境也有利于共享发展理念的实践和全面建成小康社会的实现。在当今社会我们更倾向于用数字衡量社会的发展，而儒家的思想告诉我们应该如何去做，以什么为标准，群众的所需是什么。儒家的共享思想中体现的共享主体的全面性和共享成果的总体性以及发展过程的公平性，使我们从宏观上展望现在的发展环境和任务，给我们指引了一条更加清晰的路。共享发展是一种实践，它需要主观的正确认识和客观的环境相结合，现如今，我们应该把握住时代发展的潮流，以现有资源为基础，实现共享发展理念。通过共享发展，让人们“共同享有人生出彩的机会，共同享有梦想成真的机会，共同享有同祖国和时代一起成长与进步的机会”②，让人们拥有更多的获得感。

参考文献

[1] 朱熹.四书章句集注[M].北京：中华书局，2011.

[2] 王森.荀子白话今译[M].北京：中国书店出版社，1992.

[3] 习近平.在第十二届全国人民代表大会第一次会议上的讲话[R/OL].(2013-03-17)[2016-04-25]. http://news.xinhuanet.com/2013lh/2013-03/17/c_115055434.htm.

[4] 赵月莉.荀子社会正义思想及其现代意义[J].重庆第二师范学院学报，2016，2(1).

[5] 田杰英.《礼运》社会理想研究[D].北京：中国中央党校哲学教研部，2014.

[6] 王美玲.孟子正义思想研究[D].北京：中央民族大学，2006.

[7] 梁晓萌.共享发展成果：深化改革开放路径选择的基准[J].探求(经济与管理)，2008(6).

[8] 左鹏.共享发展的理论蕴含和实践指向[J].思想理论教育导刊，2016(1).

[9] 郭齐勇.中国儒学之精神[M].上海：复旦大学出版社，2009.

---

① 何建华：《发展正义论》，上海三联出版社2012年版，第352页。

② 习近平：《在第十二届全国人民代表大会第一次会议上的讲话》，http://news.xinhuanet.com/2013lh/2013-03/17/c_115055434.htm，2013年3月17日。

[10] 傅永聚，任怀国. 儒家政治理论及其现代价值[M]. 北京：中华书局，2011.
[11] 林存光. 儒家式政治文明及其现代转向[M]. 北京：中国政法大学出版社，2006.
[12] 何建华. 发展正义论[M]. 上海：上海三联出版社，2012.
[13] 刘晓璐. 公民正义品质培养机制研究[D]. 北京：中国中央党校，2014.
[14] 韩喜平，孙贺. 共享发展理念的民生价值[J]. 红旗文稿，2016(2).

“公地悲剧”理论下对浙江“五水共治”的思考

方　正[①]

【摘　要】随着我国社会的发展，经济提升和环境污染之间的矛盾愈发严重，高能耗、高污染的产业、企业严重破坏着自然环境，破坏着人与自然的和谐发展。在这些污染中，首当其冲的便是水资源污染。浙江在水资源治理这场“战斗”中冲在了全国最前线，提出了“五水共治”的战略目标，并取得了全国瞩目的巨大成就。然而，在“五水共治”的过程中，我们不仅要关注“治水”的实践，也要关注“治水”的理念，也就是应当从环境伦理的角度考量“五水共治”。本文试图运用生态伦理学家哈丁提出的“公地悲剧”理论来思考浙江“五水共治”的实践，一方面论证“五水共治”内在的环境伦理合目的性，另一方面也思考其存在的不足，并提出相关建议。

【关键词】公地悲剧；五水共治；思考

一、“五水共治”的提出与内涵

水资源污染的预防、控制与治理一直是我国在建设“两型社会”过程中的一大难点。随着社会的发展，我国经济迅速提升的同时，水资源污染问题也已经进入到了一个十分严重的阶段；并且随着人民生活水平的改善与环保意识的提升，经济发展与水资源污染之间的矛盾变得越发尖锐。如在2013年就有市民重金邀请瑞安市环保局局长下河游泳以提醒瑞安市政府对市内水污染进行治理，这类的“水闹剧”在全国各地不断上演，深深地刺痛了公众和环境治理者的神经——一定要下大决心、用大手笔对水资源进行治理。在这一点上，浙江省提出的“五水共治”已然走在了全国前列。

---

① 方正，中共浙江省委党校伦理学专业硕士研究生。

2013年11月，中共浙江省委通过了《中共浙江省委关于认真学习贯彻党的十八届三中全会精神，全面深化改革再创体制机制新优势的决定》(以下简称《决定》)。《决定》明确提出："着眼于推动结构调整和产业升级，以治污水、防洪水、排涝水、保供水、抓节水'五水共治'为突破口倒逼转型升级，完善实施创新驱动发展战略的体制机制，建立健全'四换三名'、市场主体升级、产业集聚区提升、扩大有效投资等体制机制，全面提升发展质量。"[①]显而易见的是，"五水共治"的首要任务是治污水，主要是指治理农业、渔业造成的面源污染和工业造成的点源污染；其次是防洪水，主要指推进强库、固堤、扩排等三类工程建设；再次是保供水，主要指推进开源、引调、提升等三类工程建设；然后是排涝水，主要指强库堤、疏通道、攻强排，着力消除易淹易涝片区；最后是抓节水，主要指改装器具、减少漏损、再生利用和雨水收集利用示范，合理利用水资源。[②]

"五水共治"含有两层意义，一方面，"五水"指明了对水资源污染的具体种类和治理方式；另一方面，"共治"表达了全面治理，共同发展的含义。也就是说，"五水共治"绝对不能是片面的"污水共治"，也绝不能是简单的各自为政。正如浦江县委书记在介绍浦江县"五水共治"取得的成绩和经验时说到的，"五水共治"是省委省政府制定的战略决策，各级政府要在省委省政府的统一指导下克服困难打赢一场又一场的"治水"战役。

二、"公地悲剧"的内涵与结论

"公地悲剧"这一概念最早是由劳埃德[③]于1833年讨论人口问题时所使用的比喻，是一个涉及个人利益与公共利益对资源分配有所冲突的社会问题。哈丁[④]在1968年将这个概念发表在《科学》期刊上，并进行了延伸；也以此奠定了他在生态问题和人口问题研究中的权威地位。纵观哈丁的相关著作和论文，可以发现其环境伦理的主要学术观点包括"人口禁忌""公地悲剧"和"救生艇伦

① 浙江日报:《中共浙江省委关于认真学习贯彻党的十八届三中全会精神 全面深化改革再创体制机制新优势的决定》，http://cpc.people.com.cn/n/2013/1204/c64387-23744149-4.html。

② 罗汉高、陈真亮:《关于"五水共治"的冷思考》，载《2014年全国环境资源法学研讨会论文集》，2014年版。

③ William Forster Lloyd(1794—1852):英国财经作家，因提出了"公地悲剧"的雏形而闻名。

④ Garrett James Hardin(1915—2003):美国人，一般认为他是生态经济学家，终生关注人口极限及相关环境问题，主要论文及著作有《公地悲剧》《救生艇上的生存》《生活在极限之内》等，并提出了著名的哈丁人口生态学第一定律，即"You can not do only one thing"。

理”,这三者的逻辑关系为:“人口禁忌”被突破必然会导致“公地悲剧”的出现,“公地悲剧”的加剧就必然“迫使”发达国家采取“救生艇伦理”观,“救生艇伦理”观必然能够“解决”贫穷国家人口问题,让全球环境重回“人口禁忌”的状态,并以此逻辑维持地球环境良性发展。在此,针对浙江“五水共治”问题,笔者着重讨论“公地悲剧”这一理论。

“公地悲剧”来源于这样一种假设:在世界牧场上,牧民自由地决定放牧的数量和强度。由于牧民的全部收入均来源于牧场,所以牧民会无节制地增加放牧数量以求最大正效用,但长此以往牧场的承受能力必然达到极限,就会出现严重的生态问题,这一生态问题将由全体牧民共同承担。哈丁认为,由于牧民群体数目巨大,牧场出现的生态问题如果平均分配到每一个牧民头上将仅产生极小的负效用,这样微小的影响并不足以引起牧民的重视,牧民仍将继续增加放牧数量以求达到更大的经济效应,直至牧场“公地”的毁灭。这就是哈丁的“公共资源的自由使用会毁灭所有的公共资源”[①]的“公地悲剧”。

哈丁对“公地悲剧”更深层次的解释是:生态环境有一个承载极限,一旦超过这个极限就会招致环境的报复。对于这一点,由于每个人都有足够的“理性”,因而是可以避免悲剧的。但是,由于牧场被划分成了“公地”和“私地”,这样一来,“不在牧场上放牧太多的牲口对私人牧场所有者是有利的,因为他将不得不自己承受因过度放牧带来的损失。相反,如果牧场归一群人所有,并且如果每个人都可凭自己的意愿随意增添牲畜,过度放牧所导致的损失将为全部所有者共担(因为牧场是公共财产),而拥有更多牲口的收益将归每个牲口所有者(因为牲口是私人财产)。”[②]哈丁在此大力赞赏了劳埃德指出的一个模型:共有化牧场+私有化牲畜[③]。并指出,“这一系统实际上是每一个‘理性的’牧人因做了错事而得到奖赏”,到了现代,“在一个坚信公地自由的社会里,所有人都‘抢前行动’,寻求自己的最佳利润,毁灭是最终目标。”[④]如果“公地”缺失了管理,其后果一定是全球掠夺。

哈丁将“公地悲剧”运用到环境问题中,他认为,解决环境“公地”问题主要在于两个方面:政府管理和人口控制。一方面,导致环境问题的主要原因是环境所

---

① Garrett Hardin: *The Tragedy of the Commons*, *Science*, 1968, p. 162.

② [美]哈丁:《生活在极限之内—生态学、经济学于人口禁忌》,戴星翼、张真译,上海译文出版社2001年版,第341页。

③ 也就是哈丁所说的CC-PP游戏:公有化的成本—私有化的利润。

④ 同②,第342页。

有权的缺失，导致市场失灵。在这种情况下，就需要政府来统一管理，把环境污染的成本计入企业的生产成本中，保护环境的责任首先由政府担当起来。另一方面，人口的无节制增长是环境问题的重要成因，“认为每个出生了的人对公地都享有平等的权利，用这个信仰看待生育自由这个概念，将使世界陷入悲惨的行动进程。”[①]哈丁的相关结论和建议很显然不能直接套用在浙江“五水共治”上，但他提出的相关建议的思路是可以借鉴的，具体将在下文进行论述。

三、“五水共治”中的“公地悲剧”问题

（一）“五水”问题体现了“公地悲剧”的特征

不论是污水、洪水、涝水，还是供水、节水，水资源问题的产生与根源在很大程度上都体现了“公地悲剧”相关特征。首先，“公地悲剧”最先关注的就是“公地”和“私地”的问题。哈丁指出，正是因为存在“公地”和“私地”的区分，加上所有人都是功利的“理性人”，才会导致“私地”受到很好的保护，“公地”惨遭破坏的悲剧。由此看“五水”问题，从微观层面来看，过往的经验表明，不论是高污染企业向河流排污，还是居民废水随意排放，再或者是公私单位用水浪费等问题都是一种因“公地”思路而产生的污染和破坏，高污染企业仅仅追求企业自身的利益忽视污染问题、居民只在乎自家洁净随意抛弃垃圾、公私单位不加节制地浪费水资源等，这些行为主体正如同哈丁所描述的“牧羊人”，他们保护着自己的“私人牧场”（工厂、家庭等），利用着“公共牧场”（水资源等），养肥自己的“羊”（利润、利益等）。长此以往，水资源遭受破坏也就在所难免了；从宏观来看，各级政府为了本地经济发展，扶持高污染产业和高污染企业，忽视水资源保护，这就是在用自然环境的“公地”圈养一时利益的“羊”，并且由于各政府发展思路的滞后，导致从制度上产生了“公地悲剧”的后果，如有学者就指出，在浙江某些县市，分管环保的副市长，同时也分管工业，而且工业成绩是该市与该副市长成绩考核的重要指标，这就必然导致该副市长在面临工业发展与环境保护两难选择时，不得不牺牲环境利益而趋向工业利益——这样的选择源自“公地”思路：首先，环境是全省，乃至全国共同拥有的“公地”，我这一市、一县的保护与治理并不能给大的环境问题带来明显的改善，我这一市、一县的污染与破坏也并不能给大的环境问题带来

---

① Garrett Hardin: *Carry Capacity as An Ethical Concept*, *Sounding*, 1976, p. 59.

明显的恶化；其次，其他市县利用环境、破坏环境、以环境为代价发展经济，作为环境"公地"中的我市、我县也必然遭受影响；最后，如果我市、我县为了保护环境而拒绝发展相关有污染的企业，但其他市县却依旧以牺牲环境为代价来发展经济，那么，我市、我县就会因为保护环境而使经济发展滞后，必然产生一种其他市县"因为做了错误的事而受到奖励"，但我市、我县却"因为做了正确的事而受到惩罚"的后果。以上三点，尤其是在各级政府各自为政的情况下，必然会为了"奖励"做出"错误的"决定，但长此以往必然将遭受到水资源的惩罚。

(二)"五水共治"解决了"公地悲剧"的矛盾

从《决定》提出的"着眼于推动结构调整和产业升级，以治污水、防洪水、排涝水、保供水、抓节水'五水共治'为突破口倒逼转型升级，完善实施创新驱动发展战略的体制机制，建立健全'四换三名'、市场主体升级、产业集聚区提升、扩大有效投资等体制机制，全面提升发展质量。"我们可以清晰地看出，浙江"五水共治"的战略目标并不是简单地对"五水"进行治理，而是以"五水"治理为契机和突破，以人为本，彻底解决因为水资源问题带来的发展瓶颈，促进浙江经济、政治、社会、环境、人文的和谐可持续发展。"公地悲剧"的矛盾主要在于"公地"和"私地"的冲突导致"抢前行动"，最终导致环境的毁灭。从制度上来看，"五水共治"之所以能够解决"公地悲剧"的矛盾，主要在于以下三点：首先，确定"五水"范围，不仅规定了"五水"的大致种类，还进一步明确了"五水"的具体内容，甚至具体到全省范围内每一个湖泊、每一条河流的名称和问题，这样一来就在全省水资源"公地"和各市县"私地"的地域范围内划定了责任，让任何级别的单位都不能免除保护水资源的责任；其次，"共治"这一理念的提出，并不仅仅是一个字面表达，"共"就说明要有共同责任、共同利益、共同行动，也就是"五水共治"的行动，是在全省范围内各级市县都必须接受统一管理，必须执行统一规划的战略行动，不能有任何地区和任何人妄图钻政策漏洞，任何人都不可以通过"侵占公地而收益"；最后，"五水共治"通过严格的"治"不仅确立了"治"的标准，还确保了必须要"做正确的事才能受到奖励"，通过严格的法律法规，并且依法行政、依法治水，加大了破坏"公地"的惩罚力度，并且使"牧羊人"认识到，在水资源保护这一事关国计民生的重大问题面前，"公地"利益至高无上，任何人的"私地"都不能侵害"公地"，任何人、任何行为对"公地"的破坏实际上就是对"私地"的毁灭。这样一来，就从根源上避免了"理性人"对环境、对水资源的"掠夺行为"。

(三)"五水共治"超越了"公地悲剧"的结论

哈丁认为，解决全球环境问题的"公地悲剧"的手段唯有政府管理和人口控制。暂且不论哈丁的观点是否正确，但很显然，哈丁的建议不能直接运用到浙江“五水共治”的实践中去，不过，哈丁结论的相关思路却是可以借鉴的。

从实践来看，“五水共治”的决策不仅和哈丁的相关思路不谋而合，更进一步超越了哈丁的结论。一方面，浙江省在进行“五水共治”的实践时一方面是加强了政府管理，在“五水共治”这一场战争中，省委省政府统一指挥、统一管理，各级政府按照省委、省政府的战略决策打好每一场“治水”战役，这样就避免了各自为政、执行不力的情况。这一问题曾经严重地困扰着省政府的“治水”工作，甚至已经牵扯到省与省之间的利益，如浙江省嘉兴市秀洲区与江苏省苏州市吴江区之间的水环境污染，20 世纪 80 年代嘉兴市秀洲区污染苏州市吴江区，20 世纪 90 年代苏州市吴江区反过来污染了嘉兴市秀洲区。由此可以看出，在水资源治理上，加强政府统一管理十分重要，这一点从“五水共治”战略决策的制定就已经实现，浙江的“五水共治”不仅加强政府管理，更进一步地将政府管理放进高层设计，从高层管理“五水”，更能够实现“共治”。另一方面，哈丁认为解决“公地悲剧”的一大关键是“控制”，放在全球环境问题上就是进行“人口控制”——维持适当数量的人口以保证环境的平衡，从而避免悲剧。放在“五水共治”上，就是要对行业、企业、个人进行“控制”。举例来说，为了保护水资源，为了“治污水”就应当关停相关污染企业，就应当限制相关污染行业，从污染治理的实践来看，这样的做法无异于“刮骨疗伤”，必然会损失经济利益，滞后经济发展，但这样的“阵痛”却是不得不承受的。然而，浙江的实践告诉我们，“发展才是硬道理”，要经济环境“两手抓”，不能“一个换一个”。在这一点上，浦江县的成功经验为“五水共治”树立了标杆：2013 年以来浦江县紧紧围绕省委省政府“以治水为突破口，坚定不移推进转型升级”的决策部署，对水晶行业进行全方位整治提升，倒逼转型升级，成为县域水环境综合整治的成功典范。[①] 从这一点来看，浙江的“五水共治”不仅维护了“公地”的和谐发展，更进一步地将“私地”升级转型，利用更少的“私地”圈养更多的“羊”，从而更好地保护了“公地”。

四、关于“五水共治”的一些思考

“五水共治”开展至今已有将近三年时间，短短两年多时间取得了巨大的改进和成就，但在前进的道路上也存在着一些问题。首先，“五水”问题的出现是因

---

① 许光：《浦江县五水共治倒逼企业转型升级的成功经验》，载《当代社科视野》2014 年第 5 期。

为20世纪我省，乃至全国经济发展水平较低，经济发展思路滞后导致的“用环境换发展”的“公地悲剧”，随着经济社会与人文素养的发展，“五水共治”的提出恰到好处，“五水共治”的坚决实施十分重要。但在具体政策实施的同时，对居民素养的教育却相对滞后，“人”才是一切发展的关键，解决好人的问题才能更好地实施“五水共治”。因而，对全民水资源乃至全部自然保护的教育应当在现有基础上进一步加强，这样才能让全民真正参与到“五水共治”中来。其次，进一步改进顶层设计是“五水共治”重中之重，好的顶层设计决定了“五水共治”的方向，也展示了“五水共治”决心，更保证了“五水共治”的效果，顶层设计的视野应当更加包容、长远和开阔，如在现有的“五水”基础上，增加“五水”内涵的外延。浙江是海洋大省，海水资源丰富，海洋产业发达，海水的治理和保护将是下一个重要的课题之一。因此，将海水、地下水等治理纳入“五水”范围十分有必要。最后，进一步加强“依法治水”，好的制度设计应当是靠法律进行保障的。浙江的“五水共治”是一个利国利民、举国瞩目的好决策，它符合国家的利益，更符合人民的利益，这样的决策应当以法律的形式保证其持续、连续，并且严格依照相关法律法规“依法治水”。

五、结　论

经过三年的努力，“邀请环保局长下河游泳”这一热门话题从《杭州毛源昌董事长出20万元请瑞安环保局长下河游泳》到《浙江副省长邀请地方环保局长两年后一起下河游泳》再到《浙江千人横渡兰江，15位环保局长带头下水》等多篇新闻报道我们可以看出，“五水共治”这一大手笔、大决心的战略决策已经初见成效。但我们不能因此就洋洋得意，更应当时刻警惕，并且要看到在中华大地的南边，随着珠江治理不断优化，“畅游珠江”已经成了广州市的招牌活动，市长带头畅游珠江更是彰显了广州市政府的亲和力，提升了广州市民的幸福指数，促进了广州市的和谐发展，更成了广州市的旅游名片。仰望星空，脚踏实地——相信在不远的将来，凭借“五水共治”的成效，浙江必定成为人与自然和谐共存的向往之地。

道德自律唤醒“生态内因”

——以“五水共治”为例

胡丹丹[①] 陈玲芬[②]

【摘 要】浙江省“五水共治”是社会发展与环境污染矛盾激发的产物。恶劣的水质使民众的自律意识开始觉醒，“道德自律”唤醒了对马克思“生态内因论”的深度解读：自然生态是人类一切生产的“物质基质”，只有充分认识到自然生态内嵌于生产链条之中，才能转变人类生产生活的取排水方式，从源头上缓解水污染。

【关键词】五水共治；道德自律；生态；内因

从原始采集文明、农业文明迈向工业文明，人类获得了丰硕成就的同时，也意识到了前所未有的生态危机。实现工业文明向生态文明的成功转型，迫切需要人类主体与自然环境之间主体性转换——从高扬“主体能动性”到“主体自律”。马克思的自然观认为“自然界是人为不致死亡而必须与之不断交往的、人的身体”，历史是“自然界对人来说的生成过程”。作为自然界的一个物种，人类与自然界平等享用自然资源。在开发利用自然的过程中，运用“道德自律”掌握好自然开发的限度，顺应自然规律展开社会生活，是生态伦理的应有议题。

在西方伦理史上，康德第一个系统地阐述了自律概念，并把它确立为伦理学的基础。他认为道德法则完全是意志的自律，个体的人作为理性的存在者，“在他立法时是不服从异己意志的”[③]，如果服从他人或者上帝意志就等于取消了自律。马克思在《莱茵报》工作时期说：“道德的基础是人类精神的自律，而宗教的基础是人类精神的他律。”[④]在一定程度继承了康德的道德自律说，同时看到了

---

① 胡丹丹，中共浙江省委党校哲学系硕士研究生。

② 陈玲芬，中共浙江省委党校哲学系硕士研究生。

③ [德]康德：《道德形而上学原理》，人民出版社1986年版，第86页。

④ [德]马克思、恩格斯：《马克思恩格斯全集》(第1卷)，人民出版社1956年版，第15页。

康德从人的纯粹理性中寻找价值根据的局限性，认为脱离现实生活社会关系的道德主体是根本不存在的。他指出，个人“不是处在某种虚幻的离群索居和固定不变状态中的人，而是处在现实的、可以通过经验观察到的、在一定条件下进行的发展过程中的人”①。因此，道德自律并不是先天的、超社会的，而是取决于道德主体的全部社会关系总和，尤其受道德个体所处的社会地位、阶级关系、主体性格、受教育程度等社会因素的制约。在人类结成的社会关系中，最基本的、起最终决定作用的是经济关系。人们“归根到底总是从他们阶级地位所依据的实际关系中——从他们进行生产和交换的经济关系中，获得自己的伦理观念”②。

从历史发展来看，经济关系的变更决定了伦理思想的转变，而一定时期的伦理观念又反过来揭露该时期的人类道德观念状况，并在一定程度上规范“经济人”的思想行为。“五水共治”是我省经济发展到一定阶段的产物，治理的直接对象是浙江的八大水系，但是从根源上改善水质，需要触及我省的工业转型与经济发展方式调整。“五水共治”的政策背后是人类主体对现阶段经济发展模式的深刻反思，也是生态伦理思潮下的一项重要社会实践。生态伦理的价值所指，为当下的生态治理提供有利的道德准绳和思想动力。

一、道德自律唤醒“生态内因”

马克思从现实的人出发，揭示了道德价值的社会历史根据。道德价值“是人们物质行动的直接产物”，是那些“发展着自己的物质生产和物质交往的人们，在改变自己的这个现实的同时也改变着自己的思维和思维的产物。不是意识决定生活，而是生活决定意识”③。人的生活本质上是“一切社会关系的总和”，是一系列现实的利益关系和社会规范的集合体，因此“道德自律的基础是利益，道德价值是人的需要和利益的内化”④。现阶段，全球水危机进一步加剧，水污染状况急剧加重，饮用水质量下降严重损害了人类正常的生存利益。因此，人类工业文明时代的伦理道德开始接受审问：人类还能高唱自由意志、“为自己立法”的律他型道德范式，继续本持为征服自然、谋取自身经济利益而“高扬主体性”伦理道

① ［德］马克思、恩格斯：《马克思恩格斯全集》（第1卷），人民出版社1995年版，第73页。

② ［德］马克思、恩格斯：《马克思恩格斯选集》（第3卷），人民出版社1995年版，第434页。

③ 同①，第73页。

④ 何建华：《论马克思对德国古典哲学道德自律说的扬弃》，载《毛泽东邓小平理论研究》2003年第4期。

德吗？21世纪，当生态文明成为人类发展新兴诉求，自然界的角色从人类奴役索取的对象转而成为人类和谐共赢的伙伴，人类的道德价值也随之由主体高扬转为“道德自律”。

“道德自律”是人类在当前历史条件和社会关系状态下对“自由”的深刻认识，也唤醒了人类对“生态内因论”的深度解读。马克思是从现实的社会关系中来考察自由、自律的问题。“人的本质不是单个人所固有的抽象物，在其现实性上，它是一切社会关系的总和。”[①]一切社会关系包含了人、物，人与人、人与物之间的关系综合。人的自由活动是具体的、历史的，一个人能在多大程度上发挥自由，很大程度上要受特定的历史条件和社会关系的制约。改革开放初期以经济建设为首要任务，在制度上鼓励自由贸易，粗放型生产，少有顾及生态环境的人为恶化。以资源消耗为代价的生产模式在一定时期内高速带动了国家经济增长，从长远来看却留下了生态破坏的苦果，限制了后世子孙享受正常自然生态环境的自由。道德自律唤醒人们将自然生态作为社会发展的重要因素，提升生态因素作为发展链条中不可或缺的内因地位。

马克思主义对经济要素的衡量是全面的、动态的。主流经济学大多没有将经济系统和生态系统作为一个有机整体进行看待，只是单纯地将可衡量的经济增长进行主导性评估，排除了生态损耗因素。马克思自然生态环境内因论将自然环境看作与劳动一样的物质财富资源，是人类物质生产实践的内在要素。马克思认为，劳动和自然力是形成财富的两个基本要素。《资本论》指出：“正像生产的第一天一样，形成产品的原始要素，从而也就是形成资本物质成分的要素，即人和自然，是同时起作用的。”[②]马克思说：“种种商品体，是自然物质和劳动这两种要素的结合，如果包含的各种不同的有用劳动的总和除外，总还剩有一种不借人力而天然存在的物质基质，人在生产中只能像自然本身那样发挥作用。就是说，只能改变物质的形态，不仅如此，他在这种改变形态的劳动中还要经常依靠自然力的帮助。因此，劳动并不是它所生产的使用价值即物质财富的唯一源泉。正像威廉·配第所说‘劳动是财富之父，土地是财富之母’。”[③]劳动所处的自然生态环境的差别，极大地影响甚至决定着劳动生产力实现结果的差别，成为社会生产增长快慢的重要因素。自然生态的破坏不仅在源头上决定生产产品的质量，影响产品生产进程，而且生态治理付出的社会财富在再次分配上占据重要

---

① [德]马克思、恩格斯：《马克思恩格斯全集》(第1卷)，人民出版社1995年版，第60页。

②③ [德]马克思、恩格斯：《马克思恩格斯全集》(第23卷)，人民出版社1972年版，第662页。

比例，消耗公共建设财用支出。例如2014年，浙江“五水共治”的资金根据国家的相关资金政策和政府计划指导确定投入比例，争取各类金融机构的支持，同时鼓励民间投资，形成全民治水的格局。省政府提出将2014年省级“三公”经费预算削减30%以上，省下来的钱用到水利建设。

从资金投入的具体项目看，“五水”治理首先是污水，由于农业、渔业造成的面源污染和工业造成的点源污染难以控制，水污染控制和治理成为当务之急。“由于法律难以全面的规定所有的水资源管理，当前《水污染防治法》也只是侧重于污染防治……从政府文件和各地治理现状来看‘五水’并没有涵盖‘酸雨、地下水、近海岸水’等，五水外延的不周延性，没法全部概括水的类型。”[①]从浙江省2013—2014年的环境质量公报可以看出，水环境基本呈现稳定状态，但并未得到较大改善。所以在浙江省十三届四次全会上，夏宝龙提出了“治理污水，倒逼转型升级”的治水观点。由此观之，由社会财富再分配开展水污染治理的效果十分有限。按照马克思的政治经济理论，自然生态是社会产生链条中的根源性要素，是人类一切生产的“物质基质”，只有充分认识到自然生态内嵌于生产链条之中，对生产、分配有着根源性影响，进而转变人类生产生活的取排水方式，才能从源头上缓解水污染。

二、“五水共治”的生成机制

改革开放以来，“以经济建设为中心”的指导路线引领了我国工业迅猛发展。“大国崛起”的经济新形势下，我国的生态环境却付出了惨重代价。浙江省作为我国经济大省，在2013年提出了“五水共治”的生态建设主题，首次将生态水资源问题提升到治省战略的高度。

浙江省从单纯的污水治理到“五水共治”倒逼转型升级，经历了对污染水源的直接处理、短暂性见效到根源性防范、长远性见效的目标转变。政府政策生态倾斜存在一定的社会条件：外部条件是工业污染与生活质量下降的利益矛盾被激发，内在生成机制是人类理性中的“道德自律”唤醒了“生态内因”。从外部因素看，环境污染造成民怨沸腾：2013年浙江省频发的“水闹剧”，如：各地市邀请环保局局长“下河游泳”、杭州市民哄抢饮用水等事件，警示我们水资源保护捉襟

① 罗汉高、陈真亮：《关于五水共治的冷思考》，载《生态文明法制建设——2014年全国环境资源法学研讨会论文集》，第96页。

见肘。从浙江省2013—2014年(上半年)跨省行政区域河流交接断面的水质情况以及浙江省环保厅的最新调查数据:2014年1—5月,全省145个跨行政区域河流交接断面中,有83个断面满足功能要求,达标率为57.2%。其中,Ⅰ—Ⅲ类水质断面85个,占58.6%;Ⅳ类18个,占12.4%;Ⅴ类11个,占7.6%;劣Ⅴ类31个,占21.4%。[①] 恶劣的水资源状况严重损害了居民的生存利益,激发了居民的"渴望绿水青山"的生态需求。

从内在机制看,"五水共治"的全面开展是人类道德自律唤醒生态内因的结果。道德自律是人的道德觉醒,人类"理性"思维开始指导实践。康德为了确立道德自律的普遍性和必然性,从人的两重性(感性和理性)出发,认为只有理性之人才能为寻找到自由并奠定一个永久的基础。他认为,在感性世界中,人的行为以欲望、利益、爱好为基础。在知性世界中,人的活动以自律的道德原则为基础,"不受任何感性利益所影响。"[②]在康德这里,感性和知性世界互不僭越,泾渭分明。黑格尔从"纯粹形式"角度批判康德的道德自律缺乏具体的内容;马克思则批判地吸取前人的观点,把道德自律的理解置于历史的客观现实的基础上,从具体的历史过程和现实的社会关系中来考察自由、自律问题。"现实的人"是感性和理性的交织体,随着社会环境、角色的变化而施展思维能力。就如马克思发现的人类历史规律:"人们首先必须吃、喝、住、穿,然后才能从事政治、科学、艺术、宗教等。"改革开放30多年,我国的经济水平快速发展,人民的基本生活、感性的吃穿用度基本得以保障。面对社会发展过程中出现的种种问题,人的理性思维不断被唤醒。在理性思维中,包含了人的道德思想和伦理价值,2013年频发的水闹剧是人道德意识的深刻反思。群众为表达不满邀请环保局长下河游泳,不仅是对政治忽视生态的抗诉,也是人群内部高呼"道德自律"的体现。由"高扬主体"到自律的态度转变,是浙江人民意识到了一对因果规律:人类对环境无底线地索取施压,环境给人类的不良回馈同样是无底线的。在生态与发展这对矛盾逐渐上升为社会主要矛盾之时,人类必须反观自身,调整发展模式。道德自律是当下群众为争取生存利益而选择的伦理价值。正如马克思说的:"道德自律的基

---

① 具体参见浙江省环保厅网站:《关于浙江省跨行政区域河流交接断面2014年1—5月水质变化情况的通报》,http://www.zjepb.gov.cn/root14/xxgk/hbdt/stdt/201406/t20140624_305135.html[EN/OL]。

② 康德:《实践理性批判》,商务印书馆1960年版,第63页。

础是利益，道德价值是人的需要和利益的内化。”[①]

三、道德自律对“五水共治”的作用

浙江省近几年十分注重对水环境的治理，2013—2014 年水质监测信息显示，浙江八大水系的质量在治理前后呈持平状态，并没有较明显起色。数据比对发现，“农业的用水量基本上呈现持平状态，但是工业供水与生活用水却在大大地增加，由此可见，污水和废水在处理上面临着严峻的挑战。”[②]水作为一种常见的自然资源，它的流动和净化有其自身运行的周期和规律。人类发展过程中的过度取水和排污是水资源污染的根源，所以“五水共治”的过程必然与企业转型、节能减排、生活节水等环节实施同步奏效，目的在于：一是减少排入河道的污水，二是减少河流取水量。为实现上述目的，法律法规、命令决议等“他律”形式至关重要，而“他律”的最终目的和立足点在于“道德自律”。只有意识到“道德自律”重要作用，才能将“保护水源”这个观念作为一种生活理念和道德判断准则内化于行为主体的思想中，从根本上制约水资源浪费、污染排放的不良行为。

道德自律能够作为一种道德认知，能够提升公民的环境保护意识，增进“五水共治”的群众情感认同。民众结合当下生活的基本矛盾，做出的律己向度的道德选择，是生态文明时期人类的新型生活方式。面对资源环境的压力，有理性的人选择自觉地完善自身，从身边的点滴做起节约水资源，协调自己与他人，社会的需要与需求，从而满足自己的需要。弗罗姆指出：人无法消除生存中最基本的矛盾，但却可以产生各式各样的反应方式，特别是产生从矛盾中解脱出来并使生活具有意义的希冀。在水源紧缺、雾霾频发的警示下，人们意识到原先对自然界无节制地索取、染污是违背自然规律的。人类要从生态与生产的矛盾中解脱出来，道德自律是当下“使生活有意义的希冀”，是人类理性精神活动的基本形式。

在行为上，道德自律的生态观能够指导人们做出理性的行为选择，促进“五水共治”的全民参与度。现实生活中，必然面对道德行为中的冲突，如不同评价系统、多重选择方案对道德主体行为产生的影响，而这些选择方案并不是法律制

---

① 何建华：《论马克思对德国古典哲学道德自律说的扬弃》，载《毛泽东邓小平理论研究》2003 年第 4 期。

② 黄庆良：《浙江省水资源利用优化研究》，载《中国水运》2014 年第 1 期。

度的底线价值能够做出选择的。因此，道德主体迫切需要一种更为普适性、指向性、原则性的道德评价尺度。而道德自律的丰富内涵正好填补了法律制度的刚性标准，作为一种柔性、自主的评价方式为道德主体做出行为选择提供了广阔的弹性空间，为现代生产模式和消费模式做出方向性指导。对于居民消费，道德自律引导人们以适度消费取代过度消费，以简朴生活取代奢侈浪费，缓解包括水资源在内的能源短缺，生活废弃物排放等状况。在生产领域，道德自律的生态观是推动浙江工业转型升级的精神动力。面对产业升级的选择，道德自律的生态观能够在企业整体规划中，尽可能地选择环保型原料进行流水运作，同时以一种负责任的态度进行废弃物处理，避免污水直接排放河流，对环境产生超负荷污染。

生态文明时期，人类的利益取向是和谐自然的品质生活。道德自律的伦理观念揭示出人类认知自然的全新尺度：自然和人类的利益是一体共生的，破坏自然的恶果终究会被人类自身食得。因此，自我节制而保护自然，本质上就是尊重人类自身。"五水共治"作为生态治理的浙江模式，是道德自律唤醒马克思"生态内因"的现实呈现，也为全国性的生态综合治理提供经验。

疑“郭嵩焘之疑”

——兼论子思学源与荀子对孔子后学的态度

陈若宇[①] 彭传华[②]

【摘 要】清代郭嵩焘认为《非十二子》中“以为仲尼、子游为兹厚于后世”一句中的“子游”为“子弓”误，本文称这一观点为“郭嵩焘之疑”，学界对此疑议历来众说纷纭。本文认为，理清“郭嵩焘之疑”需着力从训诂、子思学源及荀子对孔子后学的态度三方面入手，通过讨论此三者以期最终指出郭嵩焘之得失：郭氏之得在于正确认识到了荀子对子游及其弟子的批评，但郭氏未能明了文中暗示了子游与子思思想之联系，由此招致了百年来人们对“子游”的误解。

【关键词】子游；子思；荀子；非十二子；郭嵩焘

一、引 言

为了讨论的方便，先摘录《非十二子》原文中提到“子游”“子弓”之处如下：

> 略法先王而不知其统，犹然而材剧志大，闻见杂博。案往旧造说，谓之五行，甚僻违而无类，幽隐而无说，闭约而无解。案饰其辞而祗敬之曰：此真先君子之言也。子思唱之，孟轲和之，世俗之沟犹瞀儒，嚾嚾然不知其所非也，遂受而传之，以为仲尼、子游为兹厚于后世，是则子思、孟轲之罪也。[③]

---

① 陈若宇，浙江财经大学伦理研究所研究生。

② 彭传华，浙江财经大学伦理研究所教授，主要从事儒家伦理思想及明清政治哲学研究。

③ 王先谦撰，沈啸寰、王星贤点校：《荀子集解·非十二子篇》，中华书局1997年版，第95页。

无置锥之地而王公不能与之争名，在一大夫之位则一君不能独畜，一国不能独容，成名况乎诸侯，莫不愿以为臣，是圣人之不得势者也，仲尼、子弓是也。

一天下，财万物，长养人民，兼利天下，通达之属，莫不从服，六说者立息，十二子者迁化，则圣人之得势者，舜、禹是也。

今夫仁人也，将何务哉？上则法舜、禹之制，下则法仲尼、子弓之义，以务息十二子之说，如是则天下之害除，仁人之事毕，圣王之迹著矣。①

弟佗其冠，衶禫其辞，禹行而舜趋，是子张氏之贱儒也。正其衣冠，齐其颜色，嗛然而终日不言，是子夏氏之贱儒也。偷儒惮事，无廉耻而耆饮食，必曰君子固不用力，是子游氏之贱儒也。

彼君子则不然。佚而不惰，劳而不僈，宗原应变，曲得其宜，如是，然后圣人也。②

另外，《荀子》书中将仲尼、子弓并提之处摘录如下：

盖帝尧长，帝舜短；文王长，周公短；仲尼长，子弓短。③

通则一天下，穷则独立贵名，天不能死，地不能埋，桀、跖之世不能汙，非大儒莫之能立，仲尼、子弓是也。故有俗人者，有俗儒者，有雅儒者，有大儒者。④

清代王先谦《荀子集解》中引郭嵩焘之言：

郭嵩焘曰：《荀子》屡言仲尼、子弓，不及子游。本篇后云"子游氏之贱儒"，与子张、子夏同讥，则此"子游"必"子弓"之误。⑤

---

① 王先谦撰，沈啸寰、王星贤点校：《荀子集解·非十二子篇》，中华书局1997年版，第96—97页。

② 同上，第104—105页。

③ 王先谦：《荀子集解·非相篇》，中华书局1997年版，第73页。

④ 王先谦撰：《荀子集解·儒效篇》，中华书局1997年版，第138页。

⑤ 同①，第95页。

郭嵩焘认为“仲尼、子游为兹厚于后世”中的“子游”为“子弓”误，本文称其为“郭嵩焘之疑”。纵览近20年的研究成果，致力于思想史研究的学者大多反对郭嵩焘的观点，如郭沫若、蒙培元、姜广辉、梁涛等，语言学家则大部分赞成郭嵩焘，仅有极个别反对者。本文认为，轻易改“子游”为“子弓”并非严谨的学术态度，故将尝试驳郭嵩焘之断言，以证原文无误。笔者以为，“郭嵩焘之疑”的产生和发展涉及三个深层问题，以往争论的分歧点正在于对这三个问题看法不一：第一，如何理解“以为仲尼、子游为兹厚于后世”的含义，需用训诂的方法，分析各校注版本可能发生的校勘失误，理清前后文的思路线索，明确此句的正确含义，正所谓“训诂明则义理明”；第二，需明晰荀子对孔子、子游、子思、孟子之间思想联系的认识，把握他们思想的发展脉络；第三，则需明确荀子对孔子后学的态度，即荀子批评的到底是子游、子夏、子张还是他们的后学，因为，如若荀子并非批评子游之辈，则此处并无郭嵩焘所说的矛盾。此三者得以完满解决，一方面使读者更为清晰地、有逻辑有层次地深入认识“郭嵩焘之疑”，同时便于读者把握《非十二子》全文的思想脉络。

二、“郭嵩焘之疑”之前的注疏概况

此节将重点耙疏郭嵩焘之前“仲尼、子游为兹厚于后世”一句的注释情况，兼列举“仲尼、子弓”“子游氏之贱儒”的注释，以说明郭嵩焘之前未有学者质疑“子游”，并且对这句话的理解也基本能够达成共识没有异议。

（一）《荀子》注本概说

在刘向校定《孙卿书》后，流传最广的是唐杨倞的《荀子注》，因为此书照录汉代的底本原文，未有改动，仅在注中注明了讹误、异文，所以后世各种校勘版本多录杨注。[①] 我们今天看到的这些《荀子》注本，都属于杨倞所作的《荀子注》系统，这一注本在明末清初“荀子热”兴起前，近千年未有突破，直到清代荀学复活为显学，才有大量《荀子》校释本问世。基于以上原因，本文主要关注杨倞的《荀子注》以及清代以后的《荀子》注本。

（二）详论郭嵩焘之前各注家按语

（1）杨倞《荀子注》书中将“五行”注为五常；在“仲尼、子游为兹厚于后世”后

① 参见高正：《〈荀子〉版本源流考》，中华书局2010年版。

加注："仲尼、子游为此言垂德厚于后世也"[①]。杨倞此注有两种句读方式，一为"仲尼、子游为此言，垂德厚于后世也"，《诸子平议》《荀子集解》等多数出版物都用此句读；个别版本用"仲尼、子游为此，言垂德厚于后世也"。两种句读方式理解上稍有差异，但并无太大区别，后世学者对这两种训诂句读似乎各有采纳。第一种句读："为此言"的"为"一般训为介词"因为"，但有些学者将"为"理解成动词"做"的意思；"此言"即具体指"五行"说，仲尼、子游没有五行思想，所以不是"做五行"，而是"因为思孟五行"的意思；"厚于后世"是"及物动词＋于＋施事者"的被动句，意思是"被后世看重"。整句话的意思即"仲尼、子游因为思孟的'五行'说，其流传的思想才被后世看重"。第二种句读方式与第一种的区别主要在于，"为此"可笼统地意指行为，而不必具体指思孟五行。通过以上分析可以看出，原文中"兹"并不确定是特别指代五行说，还是指思孟唱和"五行"的行为，杨倞在注中加一"言"字，仍是语焉不详。

(2)卢文弨校谢墉刻本、王念孙《读书杂志》、王绍兰《读书杂记》等经学家并未特别关注此处，仅著录杨注，并未加以明说。

(3)郝懿行《荀子补注》："今按'兹'者，益也，多也，与'滋'义同。"[②]郝懿行认为"兹"通"滋"，为副词，"更加"的意思。但如果"兹"做"更加"之意，无论"为"是"因为"还是"做"的意思，该句皆为省略句，少宾语。此解略显牵强，"为"后加代词更合文意，而非副词，故郝氏之说错辨通假，当为误。

(4)俞樾《诸子平议》：

> 樾谨按杨注曰："仲尼、子游为此言，垂德厚于后世"。则"为兹厚"三字，于文未足，殆非也。"厚"犹重也。《战国策·秦策》曰："其于敝邑之王甚厚"。注曰："厚，重也。""为兹厚于后世"者，"兹"即指子思、孟子而言。盖荀子之意，谓仲尼、子游之道不待子思、孟子而重，而世俗不知，以为仲尼、子游因此而后得重于后世。故曰："是则子思、孟轲之罪也"。[③]

俞樾认识到了"为兹厚"三字于文未足，按"兹"指子思、孟子，俞樾揣度荀子之意，似乎暗含荀子并未批评子游而仅批评的是子游门人之意，且荀子承认子游

---

① 杨倞注，耿芸标校：《荀子》，上海古籍出版社1996年版，第44页。

② 郝懿行撰：《荀子补注》，北京出版社1998年版，第14页。

③ 俞樾：《诸子平议》(卷十二)，商务印书馆1935年版，第239页。

思想的价值。而荀子所说的“瞀儒”们之所以认为子游之学是因思孟才得以发扬，显然是因为他们知道子思曾从学于子游。

纵观以上资料可见，由于古汉语词汇单音多义的特点，易造成语意的模糊性，增加文本理解的难度，虽然针对这一特点产生的“小学”一定程度上弥补了这种语言传播的缺陷，但仍然无法完全避免文献信息遗失的情况。《荀子》在很长的历史时期未受到足够的重视，固然有宋代理学视其为异端之原因，但与其文本信息传播不畅也不无关系。韩愈就曾批评荀子之文“择焉而不精，语焉而不详”①。可见，至少在韩愈的时代，由于其文本语意模糊以及先秦文献资料的大量散佚，《荀子》书中所载的信息已多有遗失。例如，杨倞对“五行”的错注，即反映了这种信息的遗失。清代经学家的贡献一方面在于重新考证荀子生平及师承，另一方面则在于发掘了《荀子》书中过去没有被关注到的重要信息，其中即包括郭嵩焘所指出的问题。下文将详细分析郭氏之后的学者对“郭嵩焘之疑”的看法，以及其得失情况。

三、“郭嵩焘之疑”的产生及影响

有清一代，中国社会在最初相对平稳的政治经济环境中孕育着缓慢的思想文化变迁。鸦片战争后，社会动荡，思想变革急剧加速，各种新思想冲破国门，文化传统不断受到反思与挑战，自乾嘉以来的疑古之风也加入了新元素。虽然清代朴学家校释《荀子》的过程中重新发掘了其思想价值，但清代去先秦已远，古籍文献多已散佚，语言习惯上也发生了变化，学者们提出的许多“新问题”事实上已脱离了文献本身的历史语境。作为当时地位显赫的经学家，郭嵩焘虽治学思路开阔，出入汉宋之学，不牖于门户之见，可谓当时前沿的学术人物却也难摆脱客观局限。尤为可惜的是，由于郭嵩焘本人不重视，其经学注疏多半散佚，研究《荀子》的原作也未留于世，郭嵩焘《荀子》研究的价值现在仅能从王氏《集解》中窥探一二。② 而据刘师培《荀子补释》序记载，郭嵩焘与刘拱台、顾涧蘋、陈奂都曾研究《荀子》，刘师培认为其成就虽不及王念孙、俞樾，却也有所补益。据引言所载，

---

① 韩愈：《原道》，载吴楚材、吴调侯选：《古文观止》，中华书局 1959 年版，第 324 页。

② 孙玉敏：《王先谦与郭嵩焘学术交游浅探》，载《杭州电子科技大学学报》2008 年第 2 期。文中指出，王、郭是交游密切的学术伙伴，王先谦还是郭嵩焘遗著的整理者。《集解》中并未说明所引郭氏之言源自何处，郭氏遗书中也并未有《荀子》相关文献存世，故笔者提出一个猜测，以待进一步论证：《集解》中收录的材料源于郭氏偶得的读书按语及他们切磋学问时郭氏提出的观点，并非郭氏专门的研究著作。

郭嵩焘明显认为"子游氏之儒"应包括"开宗立派"的子游本人，他从《非十二子》全篇的行文逻辑上考虑，"仲尼、子游为兹厚于后世"是肯定子游之言，而后文却十分不客气地批评了"子游氏之贱儒"，这明显有矛盾。此后大批学者纷纷赞同郭氏，足可见郭嵩焘的学术影响力。赞成郭说的有梁启雄《荀子柬释》(《荀子简释》)、高亨《诸子新笺》、久保爱《荀子增注》、熊公哲《荀子今注今译》、杨柳桥《荀子诂译》、张觉《荀子译注》、王天海《荀子校释》。其中高亨在认同郭说的基础上，为其做了训诂学上的解释，其他注本则并未对此做更多注解，仅表明从郭说：

> 亨按郭说是也。但"弓"无由误为"游"。疑"游"本作"泓"，形似而误。子泓即子弓、古人姓名虽在同书之中，往往异字，如本篇之陈仲，不苟篇作田仲、庄子逍遥游篇之宋荣子、天下篇作宋钘，是其例。"以为仲尼子泓为兹厚于后世者"，谓世人以为仲尼子弓，为有子思孟轲之唱和、明道、而始见重于后世也。……本篇云"仲尼子游为兹厚于后世"，"兹"指子思孟轲。[①]

高亨的解释，似乎是在已作出"郭说是"的判断后，再为该判断找寻理由。按照高亨的逻辑，既然可将"游"看作是"泓"字误，那么同样可将"弓"或"泓"当作"游"字误。日本学者武内义雄即认为，"荀子所说的子弓实际为子游之误。盖'子游'二字，汉石经《论语》作'子斿'，'斿'失去右旁，因而误为'弓'。"[②]这种联系实则不具有必然性，也并非佐证郭说的有力证据。高亨的证据虽不成立，但他认识到这句话暗含了人物间的师承关系，那么，据史料记载，子思究竟师承子游还是师承子弓？这一问题留待稍后讨论。

与上述诸位相反，刘师培、郭沫若、钟泰皆给出了反对郭说的证据。刘师培在《荀子补释》中说：

> 又案郭嵩焘，谓"子游"当作"子弓"，实则"子游"二字非讹。下文称子游氏之儒，谓其"偷儒惮事，无廉耻而嗜饮食，必曰：君子固不用力。"观《孟子·滕文公》篇，答彭庚之问正与荀子所讥者合。则孟子之学说未尝不出于子游。盖尊孔子为荀孟所同，一尊子弓，一法子游，则所趋

① 高亨：《诸子新笺》，齐鲁书社1980年版，第151页。

② 转引自梁涛：《郭店竹简与思孟学派》，中国人民大学出版社2008年版，第37页。

各异。若此文作子弓，则子思、孟子之书固无一语道及子弓也。①

刘师培基本赞成上文所述俞樾的解释，并且从师承关系上反驳了郭嵩焘。他认为“仲尼、子游为兹厚于后世”一句意欲说明“俗儒讬此以自重于后世也”。刘师培强调思孟未传子弓的学说，又根据《孟子》中的一则材料，追溯孟子之说源于子游。子思师承子游，孟子又授业于子思门人，故依刘师培之意，思孟所唱和的关乎子游之学，而非关乎子弓，因此将此处改为子弓则不合文义。

郭沫若在《十批判书·儒家八派的批评》一文中指出了郭嵩焘之误。首先，与俞樾一样，他认为“子游氏之贱儒”并不一定是骂子游，故而此处无前后文的矛盾。其次，他认为正因为荀子在此处将仲尼、子游并提，所以可以证明思孟之学出于子游。他说：

这项极现成的重要材料，两千多年来都被人忽略了，甚至还有人说“子游”错误了。郭嵩焘云……这真是以不狂为狂了。问题是很简单的。别处之所以屡言“仲尼、子弓”者，是荀子自述其师承；本处之所以独言“仲尼、子游”者，乃指子思、孟轲的道统。这是丝毫也不足怪的。②

他进而论证了子游思想与思孟“五行”相合之处，但他的论证并不十分妥帖。首先，他将《礼运》归为子游氏之儒的作品，《礼运篇》体现了“色、声、味、季，都配以五行（金木水火土）”的思想，他认为思孟“五行”正是继承了这种思想。又举章太炎《子思孟轲五行说》，“木神则仁，金神则义，火神则礼，水神则智，土神则信”，郭沫若认为思孟“五行”即金木水火土五行系统的演化，这显然与最新的研究不符，且金木水火土五行与思孟五行的关系并不明确。

钟泰《荀子订补》曰：

案五行水火金木土也，五行自五行，五常自五常，杨以五常解五行，非是。

……

案“以为仲尼、子游为兹厚于后世”云云，盖与上曰：“此真先君子之

① 刘师培：《刘申叔先生遗书》第29册《荀子补释》，宁武南氏校印1934年版，第14、27页。

② 郭沫若：《十批判书·儒家八派的批评》，人民出版社2012年版，第101页。

言也”相应。“兹”即指五行之说。“厚于后世”,犹云“赐于后世”。杨注未尝误,特语欠明耳。若俞说转失之迂曲,且罪荀旨。[1]

钟泰显然没有认识到思孟“五行”理论的独特指称,但他对全句的理解比较到位,也意指思孟传子游之学。

虽然没有严格的分野,但学界对“郭嵩焘之疑”赞成或反对的态度,大体上分别呈现于校勘著作和思想史著作中。通过上文的分析可以看出,赞成的学者实际并未给出有力的证据,表态之言也十分苍白无力,而反对者的资料却要丰富许多,反对者刘师培、郭沫若和钟泰皆注意到原文蕴含了思孟道统的问题,当代学者的研究也大多着眼于此。

四、思孟为“子游氏之儒”

思孟是否为“子游氏之儒”是“郭嵩焘之疑”关涉到的最重要问题,也是“郭嵩焘之疑”备受关注的主要原因。也正因为此,在研究荀子或思孟学派的相关著述中,作者多少都会发表对“郭嵩焘之疑”的看法和评价。[2] 可见,解决“郭嵩焘之疑”无论对荀子还是思孟思想的研究都十分重要。

过去因缺乏重要的文献资料,很多问题无法明确,研究的开展基本靠推测。如上述刘师培、郭沫若皆从思孟师承上切入,但他们同样面临论证本身稍欠说服力和缺乏可靠文献证明这两个问题。自马王堆帛书和郭店竹简等重要文献出土之后,庞朴、蒙培元、李学勤、姜广辉、陈来、廖名春、梁涛等学者发表了大量研究儒家简与思孟学派的论著,根据他们的研究基本可确证思孟五行是一套独立的理论系统,其内容为“仁义礼智圣”。[3] 儒家简中丰富的“性与天道”思想十分引人瞩目。李泽厚先生匆匆草就的《初读郭店竹简印象记要》一文,认为竹简“毫无‘人性善’的道德说法”“后儒直到今天的现代新儒家对‘人性’和‘天命’的道德形

---

① 钟泰:《荀子订补》,商务印书馆1936年版,第28页。

② 如姜广辉《郭店楚简与〈子思子〉——兼谈郭店楚简的思想史意义》、蒙培元《〈性自命出〉的思想特征及其与思孟学派的关系》、梁涛《郭店竹简与思孟学派》等著作,他们都将“以为仲尼、子游为兹厚于后世”一句视为子思、孟子是子游一派的证据。

③ 具体论述见庞朴《竹帛〈五行〉篇与思孟五行说》、陈来《竹帛五行篇为子思、孟子所作论》和《竹简〈五行〉篇与子思思想研究》。

而上学的阐释，似乎值得重新考虑”。[①] 对比，郭其勇先生专门撰文论述了孟子心性论对郭店儒家简的继承与发展以驳李先生。郭先生虽然不同意将大部分儒简归为某一学派，但他同样重视部分儒简与孟子思想的联系，他认为楚简“情气为善”和“即心言性”“存心养性”等思想与《孟子》有一定联系。

对于子思的师承问题则主要有师承子游说和师承曾子说，也有学者认为曾子和子游都对思孟产生过影响。综合现有的文献资料，本文认为，子思很可能受学于多位孔门弟子，其中子游对子思的影响最深。对于子游深研于礼这一点，学界基本能达成共识，孔子生前多次夸赞子游，毫不掩饰对他的喜爱。姜广辉先生就认为子游思想立意高远，议论宏深，非曾子可比。一般认为，《礼运》与子游一派密切相关，梁涛教授称该文“是对已逝的禅让思潮的理论总结，也是对未来社会的规划和预言”[②]。文中记载了“大同”“小康”说，梁涛教授认为“大同”是上古以禅让的方式选举“万邦”盟主的察举制度，“小康”则是“天下为家”的世袭制。同时也传达了子游学派对礼的主要观点：一是强调礼应与社会发展相协调；二即重礼之“本”的形上学思考，他认为习礼的过程中礼意具有优先性，必须明了礼的内在精神之后再现于行；三则是贵“情”的思想，他认为礼缘人情而作。

姜广辉先生称子游、子思、孟子一脉为“弘道派”，传承了孔子的“大同”“小康”说，秉承“天下为公”“君宜公举”“民可废君”的思想。[③] 孟子更提出如君主德不称位，臣民就有革命的权利，同时还肯定了“汤武革命”的合法性。其次，《礼运》篇还系统阐发了一种阴阳五行的理论用以解释宇宙、人生的本源[④]，实则可将其看作是从物质形态为基础的“五行”宇宙论向子思形上学“五行”工夫论、境界论转变的先声。陈来教授将子思《五行》篇的重点归结为“人不仅要在行为上符合仁义礼智圣，更要使仁义礼智圣成为自己的内在德性”[⑤]，也就是说，如果仁、义、礼、智、圣五行能够和谐生发于心则为“德”，如仁、义、礼、智四行相调则为“善”。陈来先生认为，荀子批评子思，正是因为子思将分属不同概念的“圣智”与“仁义礼”列为同一德行体系。子思“把圣智与仁义并列，在一定程度上减弱了道德价值优先的儒家立场；在德目表的意义上看，过于突出理智德性，带有智识主

① 李泽厚《初读郭店竹简印象记要》，收录于国际儒联学术委员会编：《郭店简与儒学研究》，辽宁教育出版社 2000 年版。

② 梁涛：《郭店竹简与思孟学派》，中国人民大学出版社 2008 年版，第 178 页。

③ 姜广辉：《郭店楚简与道统攸系——儒学传统重新诠释论纲》。收录于国际儒联学术委员会编：《郭店简与儒学研究》，辽宁教育出版社 2000 年版，第 13 页。

④ 详细讨论参加邹旭光《子游其人及其学术要旨》，载《江南大学学报》2006 年第 1 期。

⑤ 陈来：《竹简〈五行〉篇与子思思想研究》，载《北京大学学报》2007 年第 2 期。

义的倾向，从而有可能发展成为早期儒学的一种认识论和天道哲学的探究，而孟子七篇重新强调仁义，似乎是自觉地修正突出圣智这一发展的方向，重新突出儒学的价值方向”①。虽然与子思五位一体的德性要求不同，子游是在古代阴阳五行的基础上建构自己的理论，但他们所建构的形上学理论皆侧重将主体性自觉推向外在存有。从以上几点来看，荀子至少有部分理由将思孟归于“子游氏之儒”。

五、荀子对孔子传人的态度

从《荀子》书中可以确知荀子十分推崇子弓，他多次将仲尼、子弓并提，对于子弓没有受到应有的重视深表惋惜，他说“是圣人之不得势者也，仲尼、子弓是也”。相较于对子弓的颂扬，书中对子游则仅有两次提及，第一次引发了郭嵩焘的质疑，第二次则令读者无法明确“子游氏之贱儒”究竟指子游以及子游的门人，还是仅指子游的门人。依上文所述，俞樾、郭沫若皆认为荀子批评的并非子游本人，而是子游的后学。如果按照他们的理解，荀子这里仅批评子张、子夏、子游的后学，而不包括他们本人，那么，荀子同时将仲尼、子游并提则并无郭嵩焘所认为的逻辑矛盾。如果荀子批评了子游及其门人，那他说“以为仲尼、子游为兹厚于后世”等又作何解？对此，钟泰的理解非常到位，他认为这是为了与“此真先君子之言也”相应。笔者以为，荀子批判思孟时提及子游，正表达了对子游及思孟的讥讽。而荀子究竟是否批评了子游之辈？要解决这个问题则需跳出《荀子》文本。

我们知道，孔子因材施教、有教无类的思想凸显了学生的个体性，无疑是一种高明的教育方式；但也正因此，孔子的学说看起来似乎有些散乱而缺乏贯彻始终的标准，他的弟子们对孔子学说的理解也大相径庭，这造成了孔子死后他的弟子们各自为政的状况，从而导致了儒家学派的分化。这一状况在《韩非子·显学》中得到了确证（“儒分为八”）。荀子将“子张氏之贱儒”“子夏氏之贱儒”以及“子游氏之贱儒”分别批判，说明荀子自觉地根据孔门弟子思想流派的传承谱系做了相应的分别。虽然荀子与韩非子分门别派的着眼点不尽相同，但这些材料都体现了两点：第一，当时学者们已认识到儒家各派的分裂；第二，荀子本人对孔子死后，儒家分裂成各个派系的事实有深刻的认识和体会。他当时已经意识到

---

① 陈来：《竹简〈五行〉篇与子思思想研究》，载《北京大学学报》2007年第2期。

孔子的弟子们对孔子学说的理解并不一致，这些理解的偏差在传承发展的过程中被不断放大，甚至有逐渐掩盖孔学真实面貌的危险。荀子对此十分警觉，他所担心的正是孔子思想的精髓被他所认为的“俗儒”歪曲，所以他极其激烈地批评了除他认可的孔子传人之外其他的孔门传人，并急于建立他所认为的儒学“道统”。焦国成教授曾列举八条理由，说明《荀子》书中的“子弓”应为“子贡”，他认为子贡是儒家经世学派的第一任领袖，荀子则是经世之道的传人，所以子贡才是荀子真正推崇的人。[①] 无论荀子所重是子弓还是子贡，我们至少可以推论，荀子在文中曾树立了一个他认为得孔子真传的圣人，并自认为师承自这位圣人。荀子之所以极力讥斥“子游氏之贱儒”，因为儒家弟子发展到战国时期，出现了“士习多僻，诸贤之门人守道不笃，流为伪儒”[②]的状况，荀子认为，正是由于他们的先师仅具“圣人之一体”，以至后儒之学渐露弊端。其实，荀子所要建立的“道统”，传自子弓还是子贡并不重要，他所要强调的仅是一种观念上的儒学的统一，其目的是追本溯源，砍除儒家的支脉，保持他所认为的孔学的真实面貌。虽然这种做法如今看来必定是失败的，但追求“道统”似乎是当时思想界的迫切需求。既然荀子要建立“道统”，那么他所反对的必然是他认为没有忠实于孔子学说的孔门弟子。所以，除了他自己认可的先师以外，荀子极有可能不满孔子的其他弟子，并且直接批评儒学的其他传承人，也就是子张、子夏、子游等。

六、结　语

由于对子思学源和荀子对孔子后学的态度这两个问题认识不清，致使很多学者未能正确看待“郭嵩焘之疑”。而这两个问题的完满解决，主要得益于从整体上认识先秦儒家的发展格局，深入了解子游、子思、荀子的思想，以及他们与孔子的关系。究其根本，这些问题反映了先秦儒家学者所建构的形上学理论之分歧，孟子与荀子分别延续了儒家“天人合一”的德性论、形上二元论两派的血脉，其思想旨趣显然各有侧重，但不可否认的是，他们都是建构儒家形上学体系的探路者，都是为儒家思想探寻理论证说的大师。孟子的先师子游，继承了孔子“大同”、禅让的思想，并发展了经孔子整合的阴阳五行理论。子思进而提出了超越阴阳“五行”的德之“五行”，他强调德的内在性，即以内在意识的发端为德行实现

① 详见焦国成：《儒家经世学派考原》，载《中州学刊》2014年第12期。

② 李慈铭撰，由云龙辑：《越缦堂读书记》，1959年版，第30页。

的根本动力，他还详论了德行得以实现的心理过程，以及德行的外在表现，这几点正是孟子性善四端思想的奠基。虽然我们通常将荀子放在思孟的对立面，荀子本人也自视为孔子的正统传人而批驳思孟，但事实上荀子的思想既兼容并蓄又博杂繁复。他所批判的十二子，很可能是他曾深入学习研究过的十二个人，对他们的学说他的理解也相当精深。梁涛即认为荀子早期曾学习、吸收孔子及其门人的思想，在晚年思想日臻成熟后，则开始以学界泰斗的身份批评那些早年他曾暗中接受的思想。[①] 台湾学者郭梨华则具体研究了子思与荀子思想的异同，她认为荀子的“积善之说”、慎独与形之说、“报”的思想、“法”的思想等都体现了对子思的继承，荀子“在批判子思之余，对子思学仍有所深知与传承”。[②]

通过上文的讨论，对荀子批评思孟之言合乎事实与逻辑的解释当为：子思提出“五行”说，孟子发展了“五行”说，他们的思想皆非孔子学说的原貌，而是对孔子的歪曲，但思孟的追随者们并不知道那不是孔子的思想，所以都学习并传播了思孟的思想；时人皆知子思受学于子游，子思、孟子的思想受到追捧，则孔子、子游也成为后人重视的对象。但荀子认为，子游并没有资格作为孔子的正统传人为孔子代言，但子游却受到了不应有的重视与推崇，这种错误的发生，应归咎于子思、孟子。

郭嵩焘则功过参半，虽然他正确地认识到了荀子对“子游氏之贱儒”的批评应包含对子游的批评(而俞樾、郭沫若等人则并未意识到这一问题)，但他却没能揣度出原文中暗含子游与子思思想的内在关联。赞同郭嵩焘的学者正是与他犯了一样的错误，为了照顾行文逻辑，而强改“子游”之名。黄侃先生曾说：“凡读古书如有所疑须辗转求通，不可遽断为误而轻加改易”[③]，所谓“郭嵩焘之疑”至少有部分为“遽断”之疑。目前吊诡的是，思想界讨论的成果，却总与大众传媒脱节。今天市面上出版的《荀子》注本仅有个别版本如王先谦一样录各家之言而未轻易下断语，其他则或在“子游”后加注“子游”为“子弓”误，或直接将“子游”改为“子弓”而不加注解，这似乎并非严谨的工作态度。笔者涉学未深，学识有限，不到之处，请方家指正。

---

① 详见梁涛：《荀子对思孟〈五行〉说的批判》，载《中国文化研究》2001 年第 32 期。

② 郭梨华：《荀子与子思学》，载《邯郸学院学报》2015 年第 4 期。

③ 黄侃：《文字声韵训诂笔记》，上海古籍出版社 1983 年版，第 221 页。

附录 2015年浙江省伦理学研究成果一览表

论 文

成果名称	作者(单位)	发表刊物	发表时间
欲望的本质和休谟式的动机	徐向东(浙江大学)	道德与文明	2015年第5期
休谟主义、欲望与实践承诺	徐向东(浙江大学)	自然辩证法通讯	2015年第2期
欲望、普纽玛与行动:亚里士多德心理学对身心二元论的突破	陈玮(浙江大学)	自然辩证法通讯	2015年第2期
现代性之后:福柯哲学与当代性的提问法	杨大春(浙江大学)	哲学动态	2015年第4期
修身与治国:董仲舒身心修炼的功夫论	彭国翔(浙江大学)	中国儒学	2015年
重思"形而上学":中国哲学的视角	彭国翔(浙江大学)	中国社会科学	2015年第11期
"五常"应成为核心价值体系基本内容	董平(浙江大学)	古今谈	2015年第2期
孔子的"一贯之道"与心身秩序建构	董平(浙江大学)	孔子研究	2015年第5期
"差等之爱"与"博爱"	董平(浙江大学)	哲学研究	2015年第3期
良知学研究的新视域——读耿宁教授《人生第一等事》	董平(浙江大学)	广西大学学报(哲学社会科学版)	2015年第3期
论多样化的个人追求与社会公共价值认同	庞学铨(浙江大学)	中国浦东干部学院学报	2015年第2期
重建世界形而上学:作为胡塞尔现象学之根本动机的"生活世界"	王俊(浙江大学)	浙江社会科学	2015年第6期

续 表

论 文			
成果名称	作者(单位)	发表刊物	发表时间
作为跨文化哲学实践的“多极对话”概念浅析	王俊(浙江大学)	哲学分析	2015年第4期
自然与礼法的融合	林志猛(浙江大学)	自然辩证法研究	2015年第12期
柏拉图的神话诗	林志猛(浙江大学)	浙江学刊	2015年第3期
自创生:生命与认知	李恒威,肖云龙(浙江大学)	上海交通大学学报(哲学社会科学版)	2015年第2期
走出政治孤立——新法兰克福学派及其政治哲学转向	应奇(浙江大学)	贵州大学学报(社会科学版)	2015年第5期
工程师角色道德冲突问题研究	丛杭青,文芬荣(浙江大学)	昆明理工大学学报(社会科学版)	2015年第4期
以儒融耶还是以耶代儒:宋明儒学知识系统与杨廷筠宗教知识系统之比较分析	曾麒玥(浙江大学)	河北学刊	2015年第5期
德性之冠:亚里士多德论大度	柳孟盛(浙江大学)	道德与文明	2015年第1期
胡瑗经学思想与庆历学风的转变	朱广龙(浙江大学)	学术界	2015年第5期
幽溪传灯法师性具思想析论:以《性善恶论》为中心	俞汉群(浙江大学)	浙江学刊	2015年第2期
“不言之教”与圣人之治	何善蒙,赵琳(浙江大学)	中原文化研究	2015年第4期
从正义理论的批判到批判的正义理论	惠春寿(浙江大学)	贵州大学学报(社会科学版)	2015年第5期
论罗尔斯的道德人格观念	惠春寿(浙江大学)	世界哲学	2015年第5期
罗尔斯《正义论》中的反至善论及其效应	敖素(浙江大学)	道德与文明	2015年第3期
何谓经典	潘立勇(浙江大学)	艺术广角	2015年第3期
如何从本体工夫论切入阳明心学美学研究	潘立勇(浙江大学)	吉林大学社会科学学报	2015年第6期

续 表

论 文			
成果名称	作者(单位)	发表刊物	发表时间
邹守益的道德修养论:“易恶至中”:心学立场上对“变化气质”的重构	陈瑞新(浙江大学)	道德与文明	2015年第1期
物种民主:对人类中心主义环境哲学方案的超越	郭喨(浙江大学)	科学技术哲学研究	2015年第3期
“斯密问题”的终结:兼论“茅于轼问题”的破解	王国乡(对外经济贸易大学),李高阳(浙江大学)	社会科学战线	2015年第4期
宗教对于促进和谐世界的作用:一个中国宗教学者的视角	王志成(浙江大学)	宗教与哲学	2015年
浅论高校思想政治理论课教学的艺术性——以《思想道德修养与法律基础》为例	晁乐红(台州学院)	台州学院学报	2015年第1期
大国企善用“微文化”	张彦(浙江大学)	思想政治工作研究	2015年第7期
论价值排序与当代道德教育模式之创新	张彦(浙江大学)	云梦学刊	2015年第4期
基于共享安全的非传统安全合作	余潇枫(浙江大学)	中国社会科学院国际研究学部集刊	2015年
“选择性”再建构:安全化理论的新拓展	余潇枫(浙江大学)、谢贵平(塔里木大学人文学院)	世界经济与政治	2015年第9期
“和合主义”:建构“国家间认同”的价值范式——以“一带一路”沿线国家为例	余潇枫,张泰琦(浙江大学)	西北师大学报(社会科学版)	2015年第6期
参与式性别预算:温岭的“嵌入式”发展模式	郭夏娟(浙江大学)	中国行政管理	2015年第3期
女性赋权何以可能?——参与式性别预算的创新路径	郭夏娟(浙江大学)	妇女研究论丛	2015年第2期
社会性别预算的倡议与行动	郭夏娟(浙江大学)	国际学术动态	2015年第6期
参与式性别预算	郭夏娟(浙江大学)	中国行政管理	2015年第36期

续 表

论 文			
成果名称	作者(单位)	发表刊物	发表时间
略论历史虚无主义思潮对中国传统文化的影响	胡卓群(浙江艺术职业学院)	长江论坛	2015年第4期
以优秀传统文化加强青年社会主义核心价值观的认同机制建设研究	章天顺(浙江医学高等专科学校社科部),王希坤(中共浙江省委党校哲学教研部)	青年学报	2015年第4期
"红船"历史坐标及其价值研究	汪浩鸿,康文龙(嘉兴学院)	人民论坛	2015年第17期
红色文化中廉洁思想的地位及其内涵	阚莹莹(中共嘉兴市委党校)	安顺学院学报	2015年第2期
传统基层社会治理文化的现代转型	杨建华(浙江省社科院)	中国特色社会主义研究	2015年第5期
"水环境社会治理与十三五社会建设"研究笔谈:现代型社会治理理念与路径思考	杨建华(浙江省社科院)	浙江工商大学学报	2015年第2期
中国乡土社会与现代社会发展	杨建华(浙江省社科院)	浙江学刊	2015年第2期
试论社会主义理论与实践的两条线路	陈华兴(浙江省社科院),张光斌(浙江理工大学)	浙江学刊	2015年第3期
红船精神生成与发展的内在逻辑及其当代价值	陈华兴,唐晓燕(浙江省社科院)	嘉兴学院学报	2015年第4期
清代净土宗师述略	任宜敏(浙江省社科院)	人文杂志	2015年第7期
清代律宗师匠述略	任宜敏(浙江省社科院)	浙江学刊	2015年第2期
马克思意识形态理论的三重向度	唐晓燕(浙江省社科院)	浙江学刊	2015年第5期
批判、建构与超越:《德意志意识形态》中意识形态理论的三重逻辑	唐晓燕(浙江省社科院)	社会主义研究	2015年第5期
卢卡奇《历史与阶级意识》中现代性批判思想的价值与局限	唐晓燕(浙江省社科院)	观察与思考	2015年第1期

续 表

论 文			
成果名称	作者(单位)	发表刊物	发表时间
浅论毛泽东时代文化建设的历程、成就与问题	任映红(温州大学)	马克思主义研究	2015年第8期
农民政治参与的冷漠并非民智未开	任映红(温州大学)	中国老区建设	2015年第9期
“毛泽东、邓小平与中国道路”全国学术研讨会论文综述	任映红(温州大学)	温州大学学报(社会科学版)	2015年第2期
明清儒学对君臣关系与忠君伦理的多元省思	孙邦金(温州大学)	武汉大学学报(人文科学版)	2015年第3期
清代嘉道时期的“治平之虑”与乡村改革方案——以龚自珍的农宗方案为中心	孙邦金(温州大学)	城乡社会观察	2015年
脑之伦理与伦理之脑——迈克尔·伽扎尼加的神经伦理思想	汤剑波(杭州师范大学)	哲学动态	2015年第7期
论王阳明中后期对道家道教思想的融摄	朱晓鹏(杭州师范大学)	中共宁波市委党校学报	2015年第6期
论中国传统哲学的内在化进路:以王阳明良知学为中心的考察	朱晓鹏(杭州师范大学)	孔子研究	2015年第1期
从朱熹到王阳明:宋明儒学本体论的转向及其基本路径	朱晓鹏(杭州师范大学)	哲学研究	2015年第2期
道家生态伦理思想的主要贡献、现代价值及其展望	朱晓鹏(杭州师范大学)	商丘师范学院学报	2015年第5期
试论塞涅卡“治疗哲学”的多重维度	徐建芬(杭州师范大学)	求是学刊	2015年第6期
生态文明可教吗:生态文明教育的可行性研究	傅德田(杭州师范大学)	榆林学院学报	2015年第5期
“这是为你好”错了吗?	何杨勇(浙江经贸职业技术学院)	中国德育	2015年第20期
权力道德的制度之维——基于特性探究	王明霞(浙江科技学院)	云南行政学院学报	2015年第6期

续　表

论　文			
成果名称	作者(单位)	发表刊物	发表时间
社会主义核心价值观视域下的公民道德建设	李泽泉(浙江科技学院)	中国特色社会主义研究	2015年第4期
推进核心价值观向道德规范转化	李泽泉(浙江科技学院)	精神文明导刊	2015年第12期
社会主义核心价值观与道德建设	李泽泉(浙江科技学院)	小康生活·文明风	2015年第12期
以家训家风为切入点培育和践行社会主义核心价值观——浙江省第十届精神文明建设理论研讨会暨“家训家风与社会主义核心价值观”论坛综述	吕铁鹰(浙江省文明办综合处),孙保胜(浙江省文明办综合处),吕若禾(浙江省文明网)	精神文明导刊	2015年第12期
试论周恩来的艺术为人民服务思想	丁红旗(中国美术学院)	长春师范大学学报(人文社会科学版)	2015年第3期
马克思对古典自由主义公平正义观的反思和超越	何建华(浙江省委党校)	伦理学研究	2015年第5期
基于畲族“美丽乡村”特色经济建设中的相关问题探究:以左溪村和上金贝村为分析样本	陈寿灿(浙江工商大学)	特区经济	2015年第1期
“诚”可贵——义乌小商品市场诚信建设策略及其现实意义	陈寿灿(浙江工商大学)	经营与管理	2015年第2期
浙江家风家训的历史传承与时代价值	陈寿灿,于希勇(浙江工商大学)	道德与文明	2015年第4期
习近平生态思想初探	周光迅(浙江理工大学)	杭州电子科技大学学报(社会科学版)	2015年第4期
从人类文明发展的宏阔视野审视生态文明:习近平对马克思主义生态哲学思想的继承与发展论略	周光迅(浙江理工大学)	自然辩证法研究	2015年第4期
中国特色生态伦理话语权简论	周光迅(浙江理工大学)	浙江社会科学	2015年第8期

续 表

论　文			
成果名称	作者(单位)	发表刊物	发表时间
资本主义制度才是生态危机的真正根源	周光迅(浙江理工大学)	马克思主义研究	2015年第8期
国家治理现代化的民主形式和实现路径	胡文木(浙江省委党校)	浙江社会科学	2015年第5期
国家治理现代化的民主形式和实现路径	胡文木(浙江省委党校)	党政干部参考	2015年第12期
论全面深化改革的总体性逻辑、根本特性和原则——基于市场、社会和国家三者关系的维度	胡承槐(浙江省委党校)	中共浙江省委党校学报	2015年第1期
永远敬仰、坚守与践行红船精神——学习习近平《弘扬"红船精神"走在时代前列》的体会	胡承槐(浙江省委党校)	嘉兴学院学报	2015年第4期
从马克思的历史总体观视角看国家治理体系现代化的内涵、实质和路径	胡承槐(浙江省委党校)	浙江社会科学	2015年第5期
公共文化服务的均等化与效率	陈立旭(浙江省委党校)	中共浙江省委党校学报	2015年第5期
关于"十三五"时期浙江省公共文化服务体系建设的建议	陈立旭(浙江省委党校)	党政视野	2015年第1期
基于国家治理体系现代化的简政放权逻辑	何显明(浙江行政学院)	行政管理改革	2015年第7期
脚踏实地地承担起社会科学工作者应尽的社会责任	何显明(浙江省委党校)	浙江社会科学	2015年第1期
融入文化领域的生态文明建设之关键——促使工业文明价值认同系统向生态文明价值认同系统转型	胡建(浙江省委党校)	浙江传媒学院学报	2015年第6期
工业文明与生态文明的反馈对立格局:新中国邓小平时期的生态文明理路探析	胡建(浙江行政学院)	中共杭州市委党校学报	2015年第1期

续　表

论　文			
成果名称	作者(单位)	发表刊物	发表时间
从“发展主义”到“可持续发展观”——析江泽民时期的生态文明思想	胡建(浙江行政学院)	中共浙江省委党校学报	2015年第1期
马克思恩格斯后发国家发展理论的三个维度	郭祥才(浙江省委党校)	浙江社会科学	2015年第2期
论生产与交往的互动作用	郭祥才(浙江省委党校)	中共浙江省委党校学报	2015年第2期
论王阳明的治国理政思想	董根洪(浙江省委党校)	贵州大学学报(社会科学版)	2015年第2期
传统生生观:中国人的生存智慧	董根洪(浙江省委党校)	浙江社会科学	2015年第4期
唯物史观视阈中的当代中国政治能动性	任玉秋(浙江省委党校)	科学社会主义	2015年第6期
休闲发展及其对生活品质提升的促进意义	李一(浙江省委党校)	中共浙江省委党校学报	2015年第2期
网络社会治理的界域指向研究	李一(浙江省委党校)	杭州(周刊)	2015年第13期
网络社会治理的逻辑起点、运作机制和界域指向	李一(浙江省委党校)	中共杭州市委党校学报	2015年第3期
政治新常态下党内“山头主义”的风险及治理	黄丽萍(杭州市委党校),赵宬斐(杭州师范大学)	宁夏党校学报	2015年第3期
提升医学生人文素养的重要性及对策研究	周文俊(浙江中医药大学)	教书育人(高教论坛)	2015年第6期
海德格尔论形而上学的基本问题	梅学兵(浙江中医药大学)	新教育时代电子杂志(教师版)	2015年第33期
海德格尔论形而上学基本问题的意义	梅学兵(浙江中医药大学)	今日湖北(中旬刊)	2015年第11期
论道德教化	肖会舜(绍兴文理学院)	内蒙古师范大学学报(哲学社会科学版)	2015年第4期

续 表

论 文			
成果名称	作者(单位)	发表刊物	发表时间
生态德性原则与美好生活的道德基础——兼论生态伦理的德性路向	尹怀斌(湖州师范学院)	湖州师范学院学报	2015 年第 11 期
资本逻辑与道德构境	程广丽(湖州师范学院)	新视野	2015 年第 2 期
学术对话与学科整合:整体性视野下马克思主义研究与学科建设的路径选择	程广丽(湖州师范学院)	山东青年政治学院学报	2015 年第 4 期
人本主义异化史观的逻辑建构——《1844 年经济学哲学手稿》的深层解读	程广丽(湖州师范学院)	湖州师范学院学报	2015 年第 11 期
论我国发达地区农村青年思想现状与引导:基于 739 个样本的实证分析	王锋(湖州师范学院),孙和平(复旦大学),杨志军(贵州大学)	青年学报	2015 年第 1 期
湖州公民公共道德现状及提高对策	陈文庆(湖州师范学院)	湖州职业技术学院学报	2015 年第 2 期
慈善救助及其工具性与价值性的研讨	陈文庆(湖州师范学院)	湖州师范学院学报	2015 年第 9 期
在程序与利益平衡间化解青年教师与学校的合约纠纷	陈文庆(湖州师范学院)	湖州师范学院学报	2015 年第 12 期
公民诚信、公共信任、信用评价与“道德银行”	曲蓉(宁波大学)	宁波大学学报(人文科学版)	2015 年第 1 期
道德想象力的悖论、矛盾与概念张力探析	曲蓉(宁波大学)	伦理学研究	2015 年第 3 期
邓小平榜样教育思想及其现代启示	曲蓉,徐运娜(宁波大学)	宁波大学学报(教育科学版)	2015 年第 5 期
地方高校实践育人的理论与实践	陈正良,王贤斌(宁波大学)	宁波大学学报(教育科学版)	2015 年第 6 期
试论浙东学术的精神特质和民间影响:兼述浙东、湖湘、岭南地域文化的异同	方同义,陈正良(宁波大学)	浙江社会科学	2015 年第 8 期
宁波高校辅导员教育素质现状与对策研究	张莉,陈正良(宁波大学)	宁波大学学报(教育科学版)	2015 年第 1 期

续 表

论 文

成果名称	作者(单位)	发表刊物	发表时间
当前我国学者国外马克思主义研究的热点与方法	李包庚,陈正良,郑礼平(宁波大学)	马克思主义研究	2015年第11期
"第二届全国国外马克思主义研究年会(2015)"在宁波大学召开	陈正良,郑礼平(宁波大学)	光明日报	2015年10月28日
高校思想政治理论课教学与校园文化建设相结合的探索	兰婷(中国计量学院)	思想理论教育导刊	2015年第3期
先秦生态思想对大学生生态道德教育的启示	兰婷(中国计量学院)	思想教育研究	2015年第8期
试论习近平总书记的人民性思想	周正艳(中国计量学院)	社会主义研究	2015年第4期
宋代助学活动的特点及影响	徐娴,杨宁芳(中国计量学院)	兰台世界	2015年第30期
改革开放以来我国私营企业主政治参与的嬗变	崔华前(浙江工商大学)	广东省社会主义学院学报	2015年第2期
私营企业主政治参与现状分析——以浙江省为据	崔华前(浙江工商大学)	湖南省社会主义学院学报	2015年第3期
试析当代西方社会思潮网络传播的主要方式	崔华前(浙江工商大学)	陕西行政学院学报	2015年第4期
以中华优秀传统文化涵养社会主义核心价值观的有效路径	崔华前(浙江工商大学)	山西社会主义学院学报	2015年第4期
私营企业主政治参与动因的基本特征:基于对浙江省部分私营企业的调研	崔华前(浙江工商大学)	理论月刊	2015年第8期
试析"中国梦"的世界价值	崔华前(浙江工商大学)	理论导报	2015年第11期
实践的"边际现象"探讨	何丽野(浙江工商大学)	学术交流	2015年第2期
八字易象对性二元论的思想贡献及其意义:兼论术数对中国古代哲学的影响	何丽野(浙江工商大学)	周易研究	2015年第2期
"消灭"与"实现"哲学的辩证关系及其当代意义	何丽野(浙江工商大学)	哲学动态	2015年第5期

续 表

论 文			
成果名称	作者(单位)	发表刊物	发表时间
马克思从“哲学”转向“实证科学”的逻辑探析	潘惠香(浙江工商大学)	学理论	2015 年第 5 期
从“哲学”到“实证科学”:马克思哲学革命的实质	潘惠香(浙江工商大学)	学理论	2015 年第 6 期
论奥古斯丁《上帝之城》的教会历史观念	石敏敏(浙江工商大学)	浙江工商大学学报	2015 年第 1 期
中国社会建设的基本历程与未来发展	李梦云(浙江工商大学)	学术探索	2015 年第 8 期
在建构语义关联中育德:论网络时代的德育路径变革	于希勇(浙江工商大学)	理论探讨	2015 年第 4 期
理智卓越、真理之爱与知识	方红庆(浙江工业大学)	道德与文明	2015 年第 2 期
论托马斯·里德的知识论	方红庆(浙江工业大学)	科学技术哲学研究	2015 年第 4 期
知识、断定与价值——索萨的等价论证及其批判	方红庆(浙江工业大学)	世界哲学	2015 年第 5 期
葛雷克的行动者可靠主义:问题与前景	方红庆(浙江工业大学)	哲学与文化	2015 年第 8 期
当代消费主义语境下视觉文化的审美反思	吕月米,韩素梅(浙江工业大学)	消费导刊	2015 年第 5 期
论制度道德环境	朱巧香(浙江财经大学)	齐鲁学刊	2015 年第 6 期
论应用伦理学方法——基于方法史的考察	郑根成(浙江财经大学)	哲学动态	2015 年第 11 期
王船山关于分配正义的论说	彭传华(浙江财经大学)	武汉大学学报(人文科学版)	2015 年第 4 期
荀子语言哲学的历史定位	彭传华(浙江财经大学)	浙江学刊	2015 年第 6 期
王船山政治思想的历史地位与历史影响	彭传华(浙江财经大学)	哲学与文化	2015 年第 10 期
康德法哲学视野下的公民权利	李金鑫(浙江财经大学)	北京工业大学学报(社会科学版)	2015 年第 1 期
道德判断视域下的道德冷漠	李金鑫(浙江财经大学)	河北学刊	2015 年第 1 期
关于“风险”问题的几点思考	李金鑫(浙江财经大学)	黑河学刊	2015 年第 3 期

续　表

论　文

成果名称	作者(单位)	发表刊物	发表时间
政治秩序的伦理意蕴及对国家治理的启示:兼谈康德政治哲学	李金鑫(浙江财经大学)	学术论坛,人大复印资料转载	2015年第7期
盖伦论如何避免悲伤——兼析与斯多亚派之离合	于江霞(浙江财经大学)	道德与文明	2015年第5期
斯多亚学派论德性训练	于江霞(浙江财经大学)	中国社会科学报	2015年9月15日
"亚里士多德德性伦理学"国际学术研讨会综述	于江霞(浙江财经大学)	哲学动态	2015年第1期
基于企业社会责任视角,促进企业文化建设——以食品企业为例	刘婵娟(温州医科大学)	中国医学伦理学	2015年第3期
新常态下的医学人文教育:困境与出路	刘婵娟,李军红(温州医科大学)	高等工程教育研究	2015年第3期
医学院校本科生对医疗预立的认知状况分析	管秉书,刘婵娟,崔仕臣,孟雪晖(温州医科大学)	中国医学伦理学	2015年第5期
医疗技术临床准入伦理审查的道德考量	张文英,李芳,黄钢,李悦,刘婵娟(温州医科大学等)	中国卫生事业管理	2015年第11期
医学院校医学人文教育现状调查与对策分析	吕青波,刘翔,邵奇鑫,李翩翩,陈勰(温州医科大学等)	中国医学伦理学	2015年第6期
陈望道与中国早期马克思主义的传播	陆珠希,王长金(浙江农林大学)	观察与思考	2015年第5期
推进生态文明法律与经济激励机制建设的路径	宋宇晶,苏小明(浙江农林大学)	福州党校学报	2015年第2期
恩格斯《家庭、私有制和国家的起源》关于文明时代的经典论述	李长莎,苏小明(浙江农林大学)	长江论坛	2015年第5期
生态文明消费模式构建探微	安明霞,苏小明(浙江农林大学)	学习论坛	2015年第2期
基于生态问题下的新型城镇化建设对策思考	侯蕊,俞田荣(浙江农林大学)	佳木斯职业学院学报	2015年第9期

续 表

论 文			
成果名称	作者(单位)	发表刊物	发表时间
马克思主义生态文明思想与中国美丽乡村建设	侯蕊,俞田荣(浙江农林大学)	甘肃农业	2015年第23期
生态文明消费模式构建探微	安明霞,苏小明(浙江农林大学)	学习论坛	2015年第2期
推进我国文化产业发展的政治意义	张明,钱杭园(浙江农林大学)	贵阳市委党校学报	2015年第1期
我国文化产业发展的困境及解决路径	张明,钱杭园(浙江农林大学)	长春理工大学学报(社会科学版)	2015年第3期
学生道德宽容研究引论	闫闯(华南师范大学),蔡志良(浙江师范大学)	教育理论与实践	2015年第1期
学校撤并:农村学生道德成长中的非连续性事件	蔡志良(浙江师范大学)	教育科学	2015年第5期
美国对高校师生不正当关系的规制及其启示	杜维超(浙江大学),蔡志良(浙江师范大学)	比较教育研究	2015年第7期
学校撤离后农村文化建设的困境与出路	蔡应妹(浙江师范大学)	浙江师范大学学报(社会科学版)	2015年第2期
养老服务补贴制度的创新及完善:由浙江省实践经验引发的思考	董红亚(浙江外国语学院)	中国民政	2015年第2期
建构与老龄化社会相适应的照护文化	董红亚(浙江外国语学院)	浙江外国语学院学报	2015年第4期
“最美现象”化解社会道德焦虑的心理分析	许志红(浙江传媒学院)	浙江传媒学院学报	2015年第4期
论中国新型社会主义民主治理模式	姜志强(杭州电子科技大学),杨小明(浙江警官职业学院)	浙江学刊	2015年第3期
试论“新爱国主义”的历史、现实及其影响	戴韶华(浙江警官职业学院)	特区实践与理论	2015年第2期
历史记忆中的民族英雄与社会主义核心价值观建设	戴韶华(浙江警官职业学院)	渭南师范学院学报	2015年第9期

续 表

论 文

成果名称	作者(单位)	发表刊物	发表时间
大学理性的力量三解:评张学文先生《大学理性研究》	弓静,贺武华(杭州电子科技大学)	教育学术月刊	2015年第6期
杨叔子的"四论"与大学生创新素质教育	贺武华(杭州电子科技大学),高学峰(浙江音乐学院)	高校教育管理	2015年第6期
大学的理性张力——读《大学理性研究》	杨小芳,贺武华(杭州电子科技大学)	教育发展研究	2015年第21期
农村寄宿制学校办学发展的价值重构与功能再造	贺武华(杭州电子科技大学)	浙江社会科学	2015年第3期
马克思恩格斯荣辱思想探析	黄岩(杭州电子科技大学)	学校党建与思想教育	2015年第10期
"旁观"现象成因的多维审视	黄岩(杭州电子科技大学)	南昌大学学报(人文社会科学版)	2015年第4期
社会主义核心价值观与"普世价值观"之辨	黄岩(杭州电子科技大学)	中共云南省委党校学报	2015年第5期
马克思人的本质理论及其对思想政治教育的启示	黄岩,刘利娟(杭州电子科技大学)	南昌师范学院学报	2015年第2期
论社会主义文化民主	姜志强(杭州电子科技大学)	东岳论丛	2015年第5期
论民主技术的异化及其根源分析	王海稳(杭州电子科技大学)	辽宁行政学院学报	2015年第7期
中国精神的生动诠释与现实展现——基于知情意行视角的综合分析	王海稳(杭州电子科技大学)	杭州电子科技大学学报(社会科学版)	2015年第3期
高校二级学院廉政建设问题研究	王秩龙(杭州电子科技大学)	杭州电子科技大学学报(社会科学版)	2015年第6期
德性品格要素对大学生创造力的影响研究	殷开达(杭州电子科技大学)	国内高等教育教学研究动态	2015年第1期
印度社会救助工作中的朴素思维及创新价值	殷开达(杭州电子科技大学)	中国民政	2015年第13期

续 表

论 文			
成果名称	作者(单位)	发表刊物	发表时间
"朴素式创新"范式中蕴含的中国传统朴素哲学思想	殷开达（杭州电子科技大学），陈劲（清华大学）	学习与探索	2015年第4期
社会主义核心价值观视域下的公民道德建设	李泽泉（浙江科技学院）	中国特色社会主义研究	2015年第4期
专 著			
成果名称	作者(单位)	出版机构	出版时间
老子研读	董平（浙江大学）	中华书局	2015年
先秦儒学广论	董平（浙江大学）	浙江大学出版社	2015年
近世儒学史的辨正与钩沉	彭国翔（浙江大学）	中华书局	2015年
良知学的展开	彭国翔（浙江大学）	生活·读书·新知三联书店	2015年
以德齐家 浙江家风家训研究	陈寿灿（浙江工商大学）	浙江工商大学出版社	2015年
一种可能作为比较纯正的规范伦理的原义"责任伦理"纲要	高湘泽（浙江财经大学）	武汉大学出版社	2015年
道德环境研究	朱巧香（浙江财经大学）	武汉大学出版社	2015年
马克思主义生态哲学综论	周光迅，武群堂等（浙江理工大学）	浙江大学出版社	2015年
获 奖			
成果名称	作者(单位)	颁奖机构	获奖时间
伦理视野中的中国当代文学	周保欣（浙江财经大学）	教育部第七届高等学校人文社科科学优秀成果三等奖	2015年9月
The Body in Spiritual Exercise: A Comparative Study between Epictetan Askēsis and Early Buddhist Meditation	于江霞（浙江财经大学）	浙江省第十八届哲学社会科学优秀成果三等奖	2015年11月

续　表

课　题			
成果名称	作者(单位)	课题来源	立项时间
柏拉图法哲学思想研究	林志猛(浙江大学)	国家社科后期资助项目	2015 年 12 月
“柏拉图《法义》疏证”	林志猛(浙江大学)	省哲社规划常规性一般课题	2015 年 10 月
幸福在哪里	朱培霞(浙江大学)	浙江省社科联社科普及课题年度课题	2015 年 11 月
“立德树人”视域下高校公共艺术教育的德育价值及培育机制研究	王亚萍(浙江师范大学)	省社科联一般课题	2015 年 10 月
当代大学生学术诚信状况与对策分析	张爱芳(杭州电子科技大学)	教育部人文社科规划青年基金项目	2015 年 7 月
道德冷漠现象下的道德能力研究	李金鑫(浙江财经大学)	省哲社规划常规性一般课题	2015 年 10 月
道德能力研究	李金鑫(浙江财经大学)	国家社科后期资助项目	2015 年 12 月
“四个全面”战略思想的战略定力研究	何历宇(浙江财经大学)	省社科规划“高校思想政治工作”专项研究预立项课题	2015 年 9 月
儒家的羞耻现象学与“义”的观念	卢盈华(浙江工商大学)	省哲社规划常规性一般课题	2015 年 10 月

后　记

传承着丰厚的伦理资源，当代浙江学人从未停止过对伦理的学术兴趣与研究。早在 1983 年，浙江省伦理学研究会就开始了有组织的学术活动。但直到 2009 年，浙江省伦理学会才正式获得合法的组织身份。在此期间，浙江省伦理学者们虽然在各自的研究中取得了不错的成绩，但省内的伦理学学术交流却并不充分，相互间的支持明显不够。正是基于这种现状，省内的伦理学者们才共同勉力，最终促成了省伦理学会的正式成立。当时，大家的共同心愿实乃在于加强省内伦理学者间的交流与合作。2009 年以来，省伦理学会也一直以致力于省内、国内伦理学交流平台的建构为自己的最重要使命，并为此做了大量的工作。在这个意义上，《浙江伦理学论坛》是全省伦理学工作者们多年来共同努力的结果，她的诞生也实现了浙江伦理学工作者们多年来的期盼，这实在是一件值得欣慰的事。

为了凝聚全省伦理学理论研究队伍，持续开展浙江省伦理学研究，更好地反映浙江省伦理学理论研究状况和进展情况，为浙江省伦理学者提供学术交流平台，浙江省伦理学会在《浙江伦理学论坛Ⅰ》《浙江伦理学论坛Ⅱ》的基础上继续推出了《浙江伦理学论坛Ⅲ》。本期《浙江伦理学论坛》主要收录了 2015 年浙江伦理学年会获奖论文、省内部分高校学者以及博士研究生、硕士研究生的部分优秀成果，共 20 余篇。需要说明的是，浙江省伦理学会拟围绕每年浙江省伦理学年会主题，选取当年的一批优秀成果，持续推出《浙江伦理学论坛》，以及时反映浙江省伦理学研究的进展情况。敬请全省从事伦理学研究的专家、学者惠赐佳作，批评指正。

本期《浙江伦理学论坛》得到了郑仓元教授、陈寿灿教授、何建华教授、汪俊昌教授、徐向东教授等省伦理学会领导与专家的大力支持与帮助，浙江工商大学的李梦云博士、浙江财经大学的李金鑫博士、于江霞博士等人也为本期《浙江伦理学论坛》的编录工作提供了极其有益的帮助，在此特表谢意。

本期《浙江伦理学论坛》由郑根成负责具体的书稿编辑、统稿工作，陈寿灿参与统稿并最终定稿。限于我们的水平，书中难免有错漏之处，敬请赐教惠正。

编 者

2016 年 5 月

浙江伦理学名家介绍

王国银

王国银，男，甘肃武威人，哲学博士、教授。主要研究方向：价值哲学、伦理学。在《自然辩证法通讯》《哲学动态》《伦理学研究》等专业刊物发表学术论文50余篇。出版学术专著1部，获浙江省哲学社会科学优秀成果二等奖1项，浙江省教育厅高校优秀科研成果三等奖1项。参与国家社科基金项目3项，主持教育部人文社科规划项目1项、省社科规划项目和市厅级课题多项。

主要代表性学术成果：

论文：

1.《技术社会的解释学分析》，《自然辩证法通讯》2007年第2期。

2.《人发展的伦理诠释》，《学术交流》2007年第6期。

3.《现代德性治理视域中的和谐社会》，《马克思主义与现实》2006年第4期。

4.《走向交往实践的普世伦理》，《中州学刊》2005年第6期。

5.《论价值自发和价值自觉》，《学术论坛》2005年第12期。

6.《风险社会的伦理意蕴》，《伦理学研究》2005年第5期。

7.《和谐社会的财富价值追求》，《求实》2008年第9期。

专著：

1.《德性伦理研究》，吉林人民出版社，2006。

2.《价值自觉与人的价值》（第二作者），人民出版社，2007。

浙江伦理学名家介绍

郑根成

郑根成，1970 年 9 月出生于湖南耒阳。2001 年获湖南师范大学哲学硕士学位，2006 年获东南大学哲学博士学位。2014 年 8 月—2015 年 3 月在美国伊利诺大学香槟分校访学。2001 年 7 月—2007 年 5 月任教于湖南工业大学，2007 年 5 月至今任教于浙江财经大学伦理研究所，从事伦理学原理、应用伦理学的研究。2012 年被聘为教授。

近年来，主要从事传媒伦理研究，初期的传媒伦理研究主要从伦理的维度考察大众传播中的重大道德问题及其解决的伦理进路。2010 年以来，逐渐由大众传播伦理研究转向新媒介伦理研究。研究旨趣在于从社会环境与结构要素的维度解读新媒介，考察在新的媒介化时代下，新媒介对社会结构以及人们的行为方式、社会文化方式的影响，进而考察其伦理意义。已发表论文 20 余篇，出版专著 1 部，获浙江省哲学优秀成果奖二等奖 1 项。入选各项人才计划项目包括：2009 年入选浙江省优秀中青年教师资助计划、2012 年入选浙江财经大学杰出中青年学者资助计划、2013 年入选浙江省中青年学科带头人。

主要学术兼职：浙江省伦理学副会长、中国伦理学会网络伦理学副主任、中国青年伦理学会理事、中国伦理学经济伦理学专业委员会理事。

主要学术成果

著作：

1.《媒介载道——传媒伦理研究》(独著)，中央编译出版社，2009。

2.《浙江伦理学论坛Ⅰ》(副主编)，浙江工商大学出版社，2014。

3.《浙江伦理学论坛Ⅱ》(副主编),浙江工商大学出版社,2015。

获奖:

《媒介载道——传媒伦理研究》,浙江省第十六届哲学社会科学优秀成果奖二等奖,2011。

课题:

1. “社会媒介化态势下的道德风险研究”,2012 年国家社科规划项目(12BZX082),主持,在研。

2. “媒介的德性”,2003 年湖南省哲学社科规划重点项目(03ZD14),主持,已完成。

3. “法治伦理研究”,2009 年国家社科规划项目(09BZX044),参与(3),已完成。

4.“高科技伦理问题研究”,2012 年国家社科重大项目(12&ZD117),子项目“普适计算的科学特征、伦理问题及其语境”参与(1),在研。

5.“儒家日常生活伦理及其现代价值研究”,2015 年国家社科规划项目(15BZX064),参与(1),在研。

4. “道德的资本逻辑研究”,2004 年湖南省教育厅项目(04C740),主持,已完成。

5. “基于城乡一体化的和谐社会的伦理维度研究”,2007 年浙江财经学院校级重大项目(2007YJZ12),主持,已完成。

6. “应用伦理学基础理论研究”,2008 年浙江省教育厅课题(Y200803987),主持,已完成。

7. “人肉搜索的伦理维度研究”,2010 年杭州市哲学社会科学规划课题(B10ZX04),主持,已完成。

8.“传媒伦理视阈下的社会主义和谐社会建构研究”,浙江省邓小平理论研究中心 2010 年度课题(10JDYB10),主持,已完成。

论文:

1.《试论道德的资本性特点——兼论道德资本》,《株洲工学院学报》,2002(5);人大复印资料《伦理学》,2003(2)全文复印。

2.《我国传媒伦理研究综述》,《哲学动态》,2003(7);人大复印资料《伦理学》,2003(10)全文复印。

3.《传媒自由的道德解读》,《学术界》,2004(6)。

4.《回归现代性——论后现代传媒的道德立场》,《社会科学辑刊》,2004(6)。

5.《传媒娱乐化的伦理反思》,《湖南师范大学学报(哲社版)》,2006(2)。

6.《论传媒伦理的界定》,《伦理学研究》,2007(5);人大复印资料《伦理学》,2007(12)全文复印。

7.《论道德的资本逻辑》,《湖南工业大学学报》,2007(1)。

8.《论传媒伦理的必要性》,《湖南大众传媒职业技术学院学报》,2008(6)。

9.《邓小平小康思想的道德意义》,《毛泽东思想研究》,2008(2)。

10.《论传媒社会责任理论的伦理意蕴及其困境》,《伦理学研究》,2009(3)。

11.《国内外传媒伦理研究的比较与启示》,《哲学动态》,2008(7);人大复印资料《伦理学》,2008(10)全文复印。

12.《传媒立法的伦理审视》,《浙江学刊》,2009(5)。

13.《对大众传媒道德审判的伦理反思》,《浙江大学学报(人文社科版)》,2009(6)。

14.《人肉搜索的伦理反思》,《道德与文明》,2010(5);人大复印资料《伦理学》,2011(1)全文复印。

15.《当代中国社会公德建设的三个基本维度》,《绍兴文理学院学报》,2011(2)。

16.《电视节目低俗化的深层反思》,《湖南大学学报(人文社科版)》,2013(2)。

17.《最美妈妈事件的伦理启示与反思——兼议道德的本质》,《浙江日报》,2011-09-23。

18.《波特模式的实践启示与反思——行为伦理决定模式中道德推理的理论与实践分析》,《伦理学研究》,2012(3)。

19.《浙江伦理学三十年的回顾与展望》,《中共浙江省委党校学报》,2010(3)。

20.《道德陷入工具化的危险境地》,《社会科学报》,2012-07-05。

21.《“受助逆袭”现象的伦理探析——以“扶不起的老人”为例》,《社会科学战线》,2014(10)。

22.《应用伦理学基础研究概况》,《井冈山大学学报》,2015(4)。

23.《论应用伦理学方法——基于方法史的考察》,《哲学动态》,2015(11)。